国家"十三五"重点图书

当代经济学系列丛书
Contemporary Economics Series

主编 陈昕

理性的边界
博弈论与各门行为科学的统一

[美] 赫伯特·金迪斯 著

董志强 译

当代经济学教学参考书系

格致出版社
上海三联书店
上海人民出版社

主编的话

上世纪 80 年代,为了全面地、系统地反映当代经济学的全貌及其进程,总结与挖掘当代经济学已有的和潜在的成果,展示当代经济学新的发展方向,我们决定出版"当代经济学系列丛书"。

"当代经济学系列丛书"是大型的、高层次的、综合性的经济学术理论丛书。它包括三个子系列:(1)当代经济学文库;(2)当代经济学译库;(3)当代经济学教学参考书系。本丛书在学科领域方面,不仅着眼于各传统经济学科的新成果,更注重经济学前沿学科、边缘学科和综合学科的新成就;在选题的采择上,广泛联系海内外学者,努力开掘学术功力深厚、思想新颖独到、作品水平拔尖的著作。"文库"力求达到中国经济学界当前的最高水平;"译库"翻译当代经济学的名人名著;"教学参考书系"主要出版国内外著名高等院校最新的经济学通用教材。

20 多年过去了,本丛书先后出版了 200 多种著作,在很大程度上推动了中国经济学的现代化和国际标准化。这主要体现在两个方面:一是从研究范围、研究内容、研究方法、分析技术等方面完成了中国经济学从传统向现代的转轨;二是培养了整整一代青年经济学人,如今他们大都成长为中国第一线的经济学家,活跃在国内外的学术舞台上。

为了进一步推动中国经济学的发展,我们将继续引进翻译出版国际上经济学的最新研究成果,加强中国经济学家与世界各国经济学家之间的交流;同时,我们更鼓励中国经济学家创建自己的理论体系,在自主的理论框架内消化和吸收世界上最优秀的理论成果,并把它放到中国经济改革发展的实践中进行筛选和检验,进而寻找属于中国的又面向未来世界的经济制度和经济理论,使中国经济学真正立足于世界经济学之林。

我们渴望经济学家支持我们的追求;我们和经济学家一起瞻望中国经济学的未来。

陈昕

2014 年 1 月 1 日

译者序

终于译完了！这就是我现在的心情，心底不由自主冒出的感觉。

整个翻译的过程，绝不轻松。一方面是智力上的不轻松，因为这本学术著作不但思想厚重，而且有深刻的跨学科背景，对翻译工作本身就提出了很大挑战。另一方面是体力上的不轻松，在翻译最吃紧的时候，我的右眼遇到一点麻烦，麻烦虽小但也是两个多月时间不能伏案工作，以至于我不能确定翻译工作将拖到什么时候完工。不过，现在终于得以卸下心中这块石头。好好坏坏，也算交出了一份译作吧。

我不打算在此介绍本书的内容，任何精确的介绍都不如原著深刻到位；何况该书的名字已经浓缩了一切信息，或者直接查看第13章不足一千字的总结，亦可一目了然。我也不打算在此评论该书的思想，因为我个人的信念是，学术著作的译者应自觉避免兜售私货的嫌疑，若有评论，不妨另找发表途径，没有理由通过绑架原著来强加自己的评论。特别是，对于像本书这样存在着不少争议内容的著作，保持原著的原汁原味，就是对立场各不同、看法各相异的读者最大的公正。

我打算在此特别说明的是，关于本书一些术语的翻译问题。这当中，最重要的一个术语问题是"reciprocity"的翻译。这个词通常翻译成"互惠"。近年来，桑塔费学派（金迪斯本人是桑塔费学派的代表人物）提出了"strong reciprocity"这个术语，它也是本书的一个关键性术语，该术语在国内目前翻译为"强互惠性"。《现代汉语词典》对"互惠"的解释是"彼此给对方以好处"。"strong reciprocity"包含着以善报善的倾向，这的确有互惠之意；但它还包含着以恶制恶的倾向，这似乎就不是互惠了；而且它还包含着对无关于自己利益的第三方之善恶行为进行奖励或惩罚的倾向，即惩恶扬善，这就更不是"互惠"一词可以反映出的含义了。基于这种种考虑，本书将"strong reciprocity"翻译成了"强对等性"①，这相对更贴近该术语的本来含义。

另外还有两个在本书中常用的重要术语，"self-regarding"和"other-regarding"。国内有人将"self-regarding"翻译成"自利"、"自私"，这样的翻译也不是完全不可以，但总觉得还未能完全反映出原词的意思，而且本书术语使用上明确了"self-regarding"与"self-interested"或"selfish"是根本不同的。"self-regarding"本意是只关心或者只考虑自己，即一切以自我为考虑的出发点；与此对应，"other-regarding"就是会关心或考虑到他人。金迪斯认为，"self-regarding"比"self-interested"是一个更准确的术语；因为，一个"self-interested"的人，不仅可以是"self-regarding"的，也可以是"other-regarding"的。基于这种种考虑，本书将这两个词分别译为"自虑"和"他虑"，取"只考虑自己"和"会考虑他人"之意。② 金迪斯对宾默尔"自然正义"理论的微词，就是建立在人是"other-regarding"的这个基础之上的。

一般而言，翻译工作应尽可能遵循既有的译法，避免产生旧词新译的混乱。但问题是，既有的译法如果确实存在一些缺陷，也会带来一些麻烦（比如术语上的冲突）。所以要不要对一个已有常见译法的词语进行新译，是一件很难把握的事。当然，如果把翻译也放在一个演化过程中来看，那么新译其实是突变的策略，如果它没有生命力自然就会消失。既然如此，我在本书中大胆地对一些已有的译法进行了改变——这里用"改变"而不用"纠正"，意味着本书对这些词语的译法并不一定是更正确或更好的，仅仅是我个人认为做出改变可能会更好。如果本书对这些术语的翻译并不好也不会有太大的关系，毕竟这里把英文都附出来了，阅读中有此英文概念也不至于对新的译名犯糊涂。这些术语大致包括："payoff"，常译为"支付"，本书译为"赢利"，因为赢利比支付更符合生活常用语义，更容易为初次接触博弈论的人所接受；"perfect"，有时被人们译为"精炼"，本书译为"完美"，因为博弈论中"perfect"是针对记忆之完美而言的，而且又专门有术语"refinement（精炼）"在翻译上需要避开。"assessment"，常译为"状态"，本书译为"评估"，因为"assessment"实际上是对状态的主观评价或主观评价中的状态。"folk theorem"，此术语译名较多，有"大众定理"、"民间定理"等等，本书从其中一种翻译为"无名氏定理"，因为该定理冠以"folk"正是由于无法追溯是谁最先提出它来。此外，"evolution"一词，常见的译法有"进化"和"演化"，本书同时沿用了这两种译法，基本上是讲到生物学方

---

① 需要说明，"强对等性"的翻译并非译者所创，实应归功于汪丁丁老师。译者的记忆中，应该是汪丁丁老师某本著作的一篇对话记录中提到将"strong reciprocity"翻译成"强对等性"。不过由于译者身在海外难以查找中文出版物核对出处，对此谨表歉意。

② 国内亦有著作将此两术语翻译为"自涉"、"他涉"（或"涉他"）的，但译者感觉也不是太妥当，没有反映出只考虑自己或会考虑他人的意思。

面时就译为"进化",讲到经济和社会方面时就译为演化,这样的译法也没有特别的理由,也许只是为了与当前的自然科学和社会文献中对"evolution"的不同译法保持一致吧。

本书的跨学科特性,以及金迪斯行文纵横捭阖、旁征博引、多用长句的行文风格,都对翻译造成了困难。对此,我只能说,我已经尽力降低翻译理解上的失误,但我的确不能保证完全没有失误。以基因遗传之精确,尚有变异之存在,何况翻译这种本来就容易产生误读的工作乎? 这并不是为了给我自己潜在的失误开脱罪责,我的本意是,希望有能力阅读原著的读者,应该尽量阅读原著而不是译著,因为这是降低误读概率的一种有效方式。当然,我更希望,发现本书翻译失误的读者,能够向译者或出版社指出失误之处,以便将来可以有所弥补。

当初我接受上海世纪出版集团格致出版社的邀请翻译这本书,一个主要的原因是因为它与我主持的国家社会科学基金项目"桑塔费学派经济思想研究"紧密相关。现在看来,接受翻译的决定是明智的,因为我确实从这本书中学到了很多。感谢金迪斯为我们奉献了这样一部"美妙而激荡的著作"(纽约大学 A. Brandenburger 对本书的评价)。同时感谢他热情为本书专门写下中文版序言。本书的翻译工作是在奥塔戈大学完成的,为此我也感谢奥塔戈大学经济系为我提供的良好工作条件,并且我在这里享受到了宁静的生活。我也感谢本书编辑们的辛苦工作,使本书得以及时面世。还要感谢上帝,使我的眼睛尽快得以恢复,从而及时完成了本书的翻译工作。

董志强

于但尼丁,新西兰

d_zq@163.com

中文版序

很高兴见到拙著《理性的边界》以中文面世,我亦甚盼书中的观点能获得当代中国学者和知识分子的认同。在当今世界,中国正迅速成为现代科学的重要推手,倘若我的研究有助于促进中国的跨学科研究理论和实践之统一,从而促进各门行为科学之重组,则我将备感荣幸。

马克思曾在其生命中某个富有诗意的时刻说过:"一代又一代故去的人们,其思想传统如同梦魇,在活着的人们之脑海中挥之不去。"以此来形容欧美国家的各门行为科学(经济学、社会学、心理学、人类学、政治学和行为生物学)之建构简直再贴切不过。在这些学科中,靠某个学科单独的理论工具"一招鲜吃遍天"的想法,正日益遭受质疑。行为科学在中国的复兴,将会为世界提供观察学科重组的新的良机,此种重组方式将克服人们脑海中梦魇般的分裂和混乱。

不过,诚如音乐大师马友友所说:"从内部有机地产生出的创新,必定以一套完善的传统为基础。"《理性的边界》亦奉行这一道理。每一门行为科学,都为我们提供了关于人类行为、策略互动及其社会意义之性质的深入洞见。我们冒天下之大不韪,抛弃了昔日的真理。眼前您看到的这本书,深深扎根于对传统的学科优势之认同,致力于求解人类社会性的某些疑惑。正如艾萨克·牛顿爵士所言:如果我看得比别人更远些,那是因为我站在巨人的肩膀上。您将会看到,我的观点将严重冲击这些巨人的耳膜。而我对他们的批判是否合理,只能留待历史来评判。

本书所提议的各门行为科学之统一,对于几个哲学分支有一些重要的启示。但在这里我只想谈谈对道德规范理论的影响。长期以来，存在两种主要的研究道德哲学的方法。一些应然的道德规范理论认为，道德规范可以通过理性和内省的认知而得以发现和维持。这一思想分支包括了康德主义的定言律令、功利主义的"愉悦加总"，以及直觉主义所认为的善（good）和正当（right）乃原始的、不可拆分的命题。近年来有少数哲学家反对这一思想方法，他们偏爱自然主义的道德规范，认为道德行为是人类自然而然的追求和奋斗目标，将人类行为视为自然界的一部分加以研究便可推衍出道德行为的轮廓。最负盛名的自然主义道德哲学家无疑当数亚里士多德，他的德性论基于德性行为可以促进人类繁荣为道德行为做出了辩护。政治哲学家托马斯·霍布斯、大卫·休谟以及亚当·斯密也几乎不曾偏离彻底的道德规范的自然主义。

自然主义道德规范有两大核心原则。其一，道德行为乃人性的一部分，能够从社会研究中推断出来；其二，社会因其成员的德性行为而得以存在。古罗马诗人贺拉斯（Horace）很好地表达了后一个原则，他写道："没有道德威力支持的法律是空洞的。"言外之意，研究道德规范是一项科学事业，这也正是本书衷心拥护的观点。

奉行自然主义传统的道德哲学家之中，当代的领军人物是肯尼思·宾默尔，他对人类社会性的深入研究已总结于其近作《自然正义》中。由于宾默尔借鉴了我在本书中强烈批判的当代经济理论，同时出于对宾默尔著作的深深敬意，我打算在序言结束之际勾勒一下我们之间的差异，并对宾默尔的分析提出一点相对较小的改动，这将使得宾默尔的著作和本书所辩护的思想水乳交融。

《理性的边界》与《自然正义》都将公平和对等作为核心的道德条件，同时基于个人接受社会规范背后的道德准则，将社会规范理解为协调人类行为和引发合作的社会手段。对于宾默尔而言，公平和对等涉及不同时间上得失的恰当权衡，而社会规范则是一种机制，它将从重复性社会互动的诸多可行均衡中拣选出合意的纳什均衡。此种人类道德观念源于宾默尔对经济学理论中理性行动者假设的认可。而所谓的"经济人"实质上是自虑的（self-regarding）主体，他们仅在对个人私利有利时才会去促进社会公益。因而宾默尔的社会秩序是对亚当·斯密在《国富论》中的洞见的极其精妙的扩展。在《国富论》中，斯密认为，当社会制度得以正确构建，便会有一只看不见的手将个人私利引向社会公益，"我们有望得到晚餐并非源于屠夫、酿酒师或面包师的仁慈，而是源于他们关心自己的私利"。

在《理性的边界》一书中，我严厉批评了纳什均衡概念，并提出将相关均衡概念作为更为自然而然的均衡概念。相关均衡概念由获得诺贝尔奖的经济学家罗伯特·奥曼首创。我认为社会规范就是相关机制（设计者）。当一个设计者拥有完全信息，对自虑行为的小小扩展就足以证明相关均衡能够达成。然而，在社会并不拥有关于其成员行为的完全信息时，则只有在个体牺牲私人赢利去成全亲社会的但有代价的行为时，相关均衡才会达到。换言之，只有在合约是完备的且可由第三方（比如司法体系）无成本实施时——第三方实施在现代社会甚为寻常——物质激励才是管用的。因此，面对当今社会所特有的不完备契约，社会制度将不能有效地协调纯粹自虑的主体的行为。由于这层原因，我花了大量的时间在本书前几章来证明个体大致上是理性的，但是他们在很多重要的方面也是他虑的（other-regarding），而正是这些方面促进了人类社会走向繁荣。

我相信，本书提出的论点大大强化了宾默尔在《自然正义》中的分析，故我们可以将两种分析视为互补的。

赫伯特·金迪斯

前　言

世界永恒的奥秘在于其可理解性。

Albert Einstein

离开自然历史,数学便贫瘠不堪;离开数学,自然历史便令人困惑。

John Maynard Smith

对于一般生命形式,特别是人类,博弈论是理解其动态变化的关键。生物不仅参与博弈,还会动态地改变其参与的博弈,并因而演化出其独特的个性。由于这层原因,本书的内容对于从生物学、心理学和经济学到人类学、社会学和政治科学的各门行为科学都甚为根本。轻视博弈论的学科,将因其轻视而变得更糟——事实上,是越发更糟。

我们人类有极其了不起的能力,去推理以及利用推理结果去改变我们的社会存在。许多物种中的社会交往都可用博弈论加以分析,然而只有人类,能够在告知规则后展开一场游戏(博弈)。演化和推理在形成人类社会和策略互动的过程中相互影响,这便是本书的基础。

不过,博弈论并非包罗万象。本书将系统批驳当代博弈论的一个主流偏见,即如下观念:人类是理性的,在这种情况下,博弈论足以解释所有的人类社会存在。事实上,博弈论与各门行为科学所提出并拥护的思想乃是互补的。对博弈论拥趸的言过其实,一些行为科学家的反应是抛弃博弈论;然而,离开渊博的社会理论,博弈论只不过是唬人的技巧,而离开博弈论,社会理论则只是一项残破的事业,意识到这一点,那些行为科学家可能要因此而反思其主张。

博弈论中盛行的文化维护着博弈论的自负,使得博弈理论家在研究社会理论时既不关心事实,也不关心其他社会科学的理论贡献。恐怕也只有各门行为科学的封建式结构,才可能容忍如此明明白白的荒谬观念盘踞在一群聪慧开明的科学家之间。博弈理论家的行为,就像俗语所说,手里提着锤子看什么问题都是钉子。在本书中,我将直截了当,从宽泛的社会事实出发——这些社会事实取自行为决策理论和行为博弈论,以便向读者纠正这种偏激的看法。博弈论是一把奇妙的锤子,简直是魔锤!但是,它也就只是一把锤子而已,并非社会科学家工具箱里的唯有之物。

博弈论最根本的失误在于,缺乏一套关于参与人何时以及如何共享心理建构的理论。人是理性的这一假设,算是一个非常好的基本的近似。但是,当代博弈论所偏爱的贝叶斯理性行动者生活在一个主观性的世界中,博弈论专家不但不去建构真实的社会认识论,反而提出了一大堆遁词以便使理性人看起来会享有信念共性(共同先验、共同知识),可这全都失败了。人类具有**社会认识论**,这意味着我们有推理过程为我们提供知识和理解的形式,特别是使我们得以理解和共享他人心灵内容,那并非仅有"理性"的生物所能做到的。社会认识论是我们这个物种的特性。因而,理性的边界并不是非理性的,而是社会的。

博弈论无法单打独斗,这使得否定**方法论个人主义**甚为必要。方法论个人主义是一种哲学观点,它断言,所有的社会现象都可以根据理性主体的特性及其可选的行动和面临的约束得到彻底的解释。这一观点并不正确,因为,正如我们所看到的,人类社会是一个具有**涌现性**的系统,包括社会规范,这并不能从相互作用的理性主体模型中解析推导出来,就如物质的化学和生物特性无法从我们关于基本粒子性质的知识中解析推导出来一样。

经典博弈论失灵的地方,演化博弈论却常常大获成功(Gintis,2009)。策略互动的演化分析有助于我们理解行为的涌现、转化和稳定化。在演化博弈论中,成功的策略在参与人群体中扩散,而不是由脱离实际的理性主体来归纳学习。而且,推理太费神,所以理性的个体甚至从不尝试学习针对复杂博弈的最优策略,而是复制他们所遇到的成功的主体的行为。在信息处理代价不菲的时候,演化博弈论使得我们可以探究学习、突变和模仿在策略扩散中的相互作用。

但是演化博弈论无法处理稀有事件,比如新奇环境中陌生人的交往,或者中东和平谈判。而且,由于假定主体只有很低的认知能力,演化博弈论忽视了人类最重要的能力之一,即推理的能力。人类社会是一个演化而来的系统,而人的推理正是相关的关键性演化力量之一。本书将尊崇以形式逻辑、认知博弈论和社会认识论为基础的统一方法,视之为对经典博弈论的一种替代以及对演化博弈论的一种补充。

这一方法坚信,最有成效的人类行为建模方式是,把人类行为看作是具有社会认识论的个体在社会规范背景下的互动交往,社会规范充当了**设计**社会交往的相关机制。这一方法对当代社会学发出了挑战,当代社会学抛弃了理性行动者模型。我对社会学家的反应是,这种抛弃正是社会学理论自 1979 年 Talcott Parson 辞世之后便萎靡不振的原因。这一方法也对当代社会心理学发出了挑战,社会心理学不仅抛弃了理性行动者模型,而且常常为发现了人类的"非理性"而幸灾乐祸。我对社会心理学家的反应是,这种抛弃解释了该学科为何缺乏坚实的分析基础,该学科沾沾自喜于一大堆琐碎的模型,这些琐碎的模型阐释了高度具体的、彼此缺乏分析联系的人类功能的各个部分。

各门行为科学之间的划界和自赏在科学上毫无意义。例如,同是研究组织和社会行为,何以会有社会学、人类学和社会心理学三个隔绝的领域? 三个领域基本的概念框架,如同它们各自的"大师"所勾勒出来并传授给博士生的,何以截然不同? 就科学而言,必须清理掉这些专横武断的东西。在本书最后一章,我提出了各门行为科学的概念整合,它在分析上和经验上都可以自圆其说并加以实施;但由于当代大学体制中各门行为科学的几近麻木的封建式组织、以这种封建式组织为榜样的研究资助机构,以及重视一团和气和衣钵传统甚于为真理而斗争的跨学科伦理观,我提出的概念整合现在并未得到实施。

博弈论是研究世界的一种工具。由于它允许我们精心设定社会互动交往的条件(参与人特征、规则、信息假定、赢利),故它的预言是可以被检验的,其结果在不同的实验室背景下是可以重现的。由于这层原因,**行为博弈论**在研究序的设定中已变得越来越有影响。这一部分博弈论,怎么强调都不过分,因为行为科学当前的几个构成领域中,理论的演进几乎没有顾及事实,也没顾及事实丰富而理论缺乏的其他方面。

由于无视关于人类行为的事实,经济理论已变得特别中庸。对我来说,这一情形在 2001 年夏天就已变得清晰,那时我碰巧读到一本颇受欢迎的量子力学研究生教材,也读到了一本领军的微观经济学研究生教材。物理学教材从黑体辐射异常开始,这无法由电磁理论的标准工具予以解释。1900 年,Max Plank 假定辐射是离散的而不是连续的,推导出了一个能完美拟合数据的公式。1905 年,Einstein 利用 Plank 的技巧,解释了经典电磁理论的另一个异常,即光电效应。这本教材一页接一页不停地提到新的异常(康普顿散射、低原子序数元素的频谱线等等),以及新的、部分成功解释这些异常的模型。大约在 1925 年,以 Heisenberg 的波动力学和 Schrödinger 方程达到顶峰,它们彻底统一了这一领域。

相反,那本微观经济学教材,尽管很优美,但整整上千页的大作竟然一个事实都未包括。相反,作者们以公理化的方式构建经济理论,基于其直觉上的合理性、日常生活中"程式化事实"的整合或者他们对理性思维原理的诉求来做出假设。在 20 世纪,许多卓越的经济理论都是以这种方式发展形成的。可惜,现在已到了山穷水尽的地步。我们将发现,经验证据对经典博弈论和新古典经济学的每一块根基都发出了挑战。经济学在未来的发展,势必要求模型的构建与经验检验、行为数可以做一简单概括：决策论提供了人们赖以最好地达成其目标的有效算法。但是，给定这些目标，当人们拥有决策论的信息前提条件时，他们却并不像理论所预言的那样行动。理论通常是对的，错的是观察到的行为。的确，向聪明的个人指出其背离理论预言后，他们常常承认自己失误了。但与此相反，从决策论到贝叶斯决策制定者的策略互动，这一扩展只得到了少许有用的原理，当行为背离预言时人们常常仍坚持其行为。

大多数博弈论的应用者仍未留意这一事实。相反，当代博弈论文化（根据期刊论文毫无异议地接受来衡量）的表现，就好像近二十多年来欣欣向荣的认知博弈论根本不存在一样。于是，理性人采取混合策略、运用逆向归纳法，甚至更笼统地采取纳什均衡，这几乎成了普遍的假定。当人们的行为与上述预期不符，其理性就会受到质疑。而事实上，上述假设没有哪一个可以成功地得到捍卫。理性的主体恰恰不是按照经典博弈论所预言的方式采取行动，除非在特定的情景中，比如在匿名市场交往中。

决策论无法扩展到策略互动情形的原因相当简单。决策论表明，只要少数合理的公理成立，在建模上便可假设主体具有信念（主观先验）和结果效用函数，使得主体的选择能最大化其结果的期望效用。在策略互动情形下，无法保证所有互动各方均有彼此相符的信念。正如我们所看到的，要确保主体选择恰当的彼此协调的策略，还必须要有高度的主体间信念一致性。

各门行为科学都还没有采取认真的行动把博弈论和经验研究结合起来。实际上，不同的行为科学保留着不同的且互不兼容的人类行为模型，各路领军的理论家也还没打算去理会这些差异（见第12章）。在经济学中，理论和经验数据在过去几十年都取得了惊人的进步，但理论学家和实验学家仍对彼此的成就怀着抵制的态度。这诸多怪现状，必须终结。

当代经济理论的数学缜密倾向，据说归因于经济学家的"物理学嫉妒"。事实上，物理学家通常根据模型对事实的解释力来判断一个模型，而不是根据其数学的缜密性。物理学家常常认为，缜密是创造性物理学洞见的敌人，所以他们就把缜密的公式留给了数学家。经济理论家过于重视缜密，恰是他们过于轻视解释力的征兆。事实就是其自身的证明，不需要求助于缜密性。

不懂得或者不在乎数学之深奥，而仅仅把数学看作探求事实所调用的几种工具之一，对于这样的研究者来说，运用博弈论将大有斩获。此外，我认为，我的观点是正确的且在逻辑上是有说服力的。我把缜密性也留给数学家。

在另一本姊妹作《博弈演化》（Game Theory Evolving, 2009）中，我曾强调，理解博弈论需要解决大量问题。我也曾强调，经典博弈论的诸多缺陷，在演化博弈论中已得到完美的补救。所强调的两点在《理性的边界》中都不曾考虑，故我请读者朋友把《博弈演化》当做补充文献。

桑塔费研究院、中欧大学（布达佩斯）以及锡耶纳大学的知识环境为我提供了时间、资源和研究氛围，来完成这本《理性的边界》。我衷心感谢 Robert Aumann、Robert Axtell、Kent Bach、Kaushik Basu、Pierpaolo Battigalli、Larry Blume、Cristina Bicchieri、Ken Binmore、Samuel Bowles、Robert Boyd、Adam Brandenburger、Songlin Cai、Colin Camerer、Graciela Chichilnisky、Cristiano Castelfranchi、Rosaria Conte、Catherine Eckel、Jon Elster、Armin Falk、Ernst Fehr、Alex Field、Urs Fischbacher、Daniel Gintis、Jack Hirshleifer、Sung Ha Hwang、David Laibson、Michael Mandler、Stephen Morris、Larry Samuelson、Rajiv Sethi、Giacomo Sellari、E. Somanathan、Lones Smith、Roy A. Sorensen、Peter Vanderschraaf、Muhamet Yildizy 以及 Eduardo Zambrano 给我特别的帮助。尤其要感谢 Sean Brocklebank 和 Yusuke Narita，他们审阅并校对了整个书稿。感谢普林斯顿大学出版社编辑 Tim Sullivan、Seth Ditchik 和 Peter Dougherty，是他们支持我完成了本书。

目　录

1

决策理论与人类行为

人们不随理,只随心。

佚　名

人们常犯数学错误。但这不意味着我们应抛弃算术。

Jack Hirshleifer

决策理论,是面临非策略不确定性的个体的行为分析。即,不确定性缘于我们所谓的"自然"(诸如投掷硬币、季节性庄稼歉收、个人病患之类的随机性自然事件);或者,若牵涉到其他个体,则决策者将其他个体行为的统计分布视为已知。决策理论依存于概率论,后者是在 17 到 18 世纪由 Blaise Pascal、Daniel Bernouli 和 Thimas Bayes 等人建立起来的。

理性行动者是具有一致性偏好的个体(§1.1)。理性行动者并非必定自私。的确,倘若理性意味着自私性,则唯有天良丧尽者才会是理性之人。信念,即决策理论中的主观先验,合理地存在于选择和赢利之间。对于理性行动者模型,信念是初始数据。事实上,信念是社会过程的产物,并且会在个体之间分享。在建模选择中,为强调信念的重要性,我常常将理性行动者模型说成是信念、偏好和约束(beliefs, preferences and constraints)模型,或 BPC 模型。因为术语 BPC 有助于回避容易令人混淆且意义过于丰富的"理性"一词。

BPC 模型仅仅要求偏好的一致性,这个偏好一致性可谓得到了基本的进化理由的支持。尽管有很多针对偏好一致性的猛烈批判,但那些批判意见只能在非常狭小的范围内成立。因为偏好一致性并没有预先假定无限的信息处理能力和完美的知识,即便有限理性(Simon, 1982)也与 BPC 模型相符。[①]若不假设偏好一致性,人们就无法研究行为博弈论——我的意思是指将博弈论应用于人类行为的实验研究,所以我们必须接受偏好一致性公理,以回避那些拒绝 BPC 模型的行为学科(包括心理学、人类学和社会学;见第 12 章)的分析缺陷。

---

① 的确,每一有限理性个体,均是受恰当的与自然状态有关的贝叶斯信念约束的完全理性个体,这是可以证明的(Zambrano, 2005)。

行为决策理论家主张，在许多重要场合，个人似乎具有非一致性的偏好。不过，这是基于错误设定决策者偏好函数的概念之失，除非个人不清楚自己的偏好。在本章我们会说明，假定个人清楚其偏好，再附加上与选择空间关系重大的个人现状信息，就可以消除偏好的不一致性。而且这种附加是完全合理的，因为，除非将决策者现状的有关信息包括进来，否则偏好函数便没有任何意义。当我们饥饿、恐慌、困乏或性饥渴时，我们的偏好序便会相应调整。想找到一个不依存于我们当前财富、当前时间或当前策略环境的效用函数，这样的想法并不合理。传统的决策理论忽视了个人现状，而这又恰恰是行为决策理论唤醒我们注意到的疏忽之处。

行为决策理论中那些令人信服的实验表明，人类系统地违背了期望效用原理（§1.7）。必须再次强调，这并非意味着人类违背了恰当的选择空间上的偏好一致性，而是人们拥有从或可称为"俗概率论"*的理论中推衍出的错误信念，并在一些重要场合犯下系统性的行为失误（Levy，2008）。

要理解何以如此，我们利用涉及到时间的双曲线贴现之例外情况（§1.4），从评论如下看法开始：在非人类物种中，不曾有研究指出期望效用定理失效，反倒有一些满足它的绝好例子（Real，1991）。此外，在很多物种中，地盘权是损失厌恶的表现（第11章）。人类与其他动物的差异在于，后者在现实生活或精心模拟的现实生活——如 Leslie Real（1991）利用大黄蜂进行的研究，其中受试的大黄蜂被释放到精心设计的花圃空间模型里——中受到了检验。相反，人类所受的检验则是利用不完美的现实彩票事件的解析模型来进行的。尽管，弄清楚人们在这样的情形中将如何选择是很重要的，但这肯定不能保证在现实情形或者经分析所创造出的用以代表现实的情形中，人们将会做出同样的选择。演化博弈论正是基于这样的观察：个体更可能采用看上去比其他行为更成功的行为。"采纳看上去比其他风险组合更成功的风险组合"的直觉推断，可以得到偏好一致性，即便在个体没有能力评估实验室中经分析而提供的彩票时也是如此。

除了基于 BPC 模型的理论在解释方面的成功之外，来自当代神经科学的支持性证据也表明，期望效用最大化并非简单的"仿佛是"（as if）故事。事实上，大脑神经回路确实会将不同选择的赢利内在地表现为神经放电率来做出选择，并且会选择最大的神经放电率（Shizgal，1999；Glimcher，2003；Dorris and Glimcher，2003；Glimcher and Rustichini，2004；Glimcher, Dorris and Bayer，2005）。神经科学家日益发现，大脑中的加总决策过程会将所有可得的信息合成为单独统一的值（Parker and Newsome，1998；Schall and Thompson，1999）。的确，当动物在设置有可变奖赏的重复实验中受试时，多巴胺（dopamine）神经元似乎对动物预期获得的奖赏和动物在特定实验中实际获得的奖赏之间的差异进行了编码（Schultz，

---

* 俗概率论（folk probability theory）强调人们对可能性的定性感知（几乎不可能、不大可能、不可知、可能、很可能），与数量化的概率论存在系统的差异。但人们对可能性的感知很容易犯错，比如倾向于过度规避几乎不可能的风险，而对影响重大的不大可能的风险厌恶不足。这使得人们即便在给定结果偏好时，也常常会做出较劣的选择。——译者注

Dayan and Montague，1997；Sutton and Barto，2000），此编码评价机制强化了动物决策制定系统对环境的敏感性。这种差错预报机制有一个缺点，就是只能寻找局部最优（Sugrue，Corrado and Newsome，2005）。Montague 和 Berns（2002）探究了这个问题，结果表明，眶额叶皮质（orbitofrontal cortex）和纹状体（striatum）包含了一个更大程度上进行全局预报的机制，此种全局预报包括风险评估以及对未来奖赏的贴现。他们的研究数据表明，决策制定模型类似于著名的 Black-Scholes 期权定价方程（Black and Scholes，1973）。

人类大脑中存在集成的决策制定器官，本身就可从演化理论中得到预示。生命有机体的适存性取决于它在一个不确定且不断变化的环境中如何有效地做出选择。有效选择必定是生命有机体知识之状态的一个函数；这些知识由监督内部状态和外部环境的感知输入器官所提供的信息来组成。在相对简单的生命有机体中，对环境的选择是原始的，且以分散的方式分布于感知输入器上。然而，在三类不同的动物群体中，即颅骨动物（脊椎动物及相关生物）、节肢动物（含昆虫、蜘蛛和甲壳类动物）和头足动物（鱿鱼、章鱼及其他软体动物），进化出了具有大脑的中枢神经系统（在决策制定和器官控制中处于中心地位）。脊椎动物的生物进化树，展示了随时间流逝而日益增加的复杂性，以及日益增加的维护大脑活动的代谢和形态成本。从而，大脑的进化是因为更大容量和更复杂的大脑强化了其载体的适存性，尽管这有其代价。因此，大脑必然被结构化，以便在面临不同感知输入丛时做出与其常识经验相符的选择。

若没有 Bernoulli、Savage、von Neumann 及其他专家的贡献，世上将无人知道如何评估彩票。不过，人们不知道如何评估抽象彩票这一事实，并不意味着人们对日常生活中面临的彩票会缺乏一致性偏好。

尽管有这些附带条件，有关不确定性选择的实验证据仍然非常重要；因为在现代社会，我们日益需要在有关赢利及其概率的科学证据的基础上来做出此类"不合常理"的选择。

1.1　信念、偏好和约束

在本节中我们将提出一系列行为性质，其中一致性是最重要的。把这些性质放在一起，便可确保我们把行为主体当作偏好最大化者进行建模。

集合 A 上的一个二元关系 $\odot_A$，是 $A \times A$ 的一个子集。通常，我们将命题 $(x, y) \in \odot_A$ 写为 $x \odot_A y$。例如，运算符"小于"（$<$）是一个二元关系，$(x, y) \in <$ 一般写为 $x < y$。①A 上的偏好序 $\geq_A$，是具有如下三个性质的二元关系，这三个性质必须对所有的 $x, y, z \in A$ 及任意集合 B 成立：

---

① 本书使用的基本数学符号请参阅第 14 章。实数集 $\mathbf{R}$ 上另外的二元关系包括 $>, <, \leq, =, \geq$ 以及 $\neq$，但是 $+$ 不是一个二元关系，因为 $x+y$ 并非一个命题。

1. **完备性**:要么 $x \geq_A y$,要么 $y \geq_A x$;

2. **传递性**:若 $x \geq_A y$ 且 $y \geq_A z$,则有 $x \geq_A z$;

3. **无关选择的独立性**:对于 x, $y \in B$,当且仅当 $x \geq_A y$ 时有 $x \geq_B y$。

由于第三个性质,当我们无需设定选择集时可以简单地写为 $x \geq y$。我们对行为也做出如下假设:给定任一集合 A,对于 $y \in A$,$x \geq y$,个人将选择元素 $x \in A$。当 $x \geq y$,我们称"x 弱优于 y"。

第一个条件即完备性,它意味着集合 A 中的任一元素都弱优于其自身(对于 A 中的任一个 x,有 $x \geq x$)。通常,对于所有的 x 若有 $x \odot x$,则我们称二元关系 $\odot$ 是自反的。因而,完备性蕴含着自反性。我们用 $\geq$ 表示"弱优于",以区别于"强优于" $\succ$。我们定义 $x \succ y$ 意指"$y \geq x$ 不成立"。若 $x \geq y$ 且 $y \geq x$,则我们称 x 和 y 是等价的,记为 $x \simeq$。作为一个练习,大家不妨用初等逻辑学知识去证明,若 $\geq$ 满足完备性条件,则 $\succ$ 会满足如下相斥条件:若 $x \succ y$,则 $y \succ x$ 不能成立。

第二个条件是传递性,它说的是若 $x \geq y$ 且 $y \geq z$,则 $x \geq z$。对于任意的我们可称为偏好序的东西,这个条件几乎都不会失效。[①]作为一个练习,大家可证明 $x \succ y$ 且 $y \geq z$ 将有 $x \succ z$,而 $x \geq y$ 且 $y \succ z$ 将有 $x \succ z$。同样,大家可用初等逻辑学知识证明,若 $\geq$ 满足完备性条件,则 $\simeq$ 是传递的(即满足传递性条件)。

第三个条件,无关选择的独立性(ⅡA),指的是两个选择的相对吸引力,并不取决于个人的其他可行选择。例如,假设一个人外出吃饭时喜欢肉甚于鱼,然而如果饭馆提供虾,此人则会认为饭馆提供了优质的鱼并因而偏好鱼甚于肉,尽管他没有选择虾;从而,ⅡA 条件失效了。当 ⅡA 失效,它可以由一个适当改善之后的选择集来恢复。例如,在前面的例子中,我们可规定两种鱼的质量来取代一种质量。更一般地,若结果 x 的合意性依存于其来源集合 A,则我们可构建一个新的选择空间 Ω^*,其中的元素为有序对 (A, x),这里 $x \in A \in \Omega^*$,并且将 Ω^* 中的选择集限定为 Ω^* 的所有第一个元素相等的子集。在这个新的选择空间中,ⅡA 条件便轻松得到满足。

当偏好关系 $\geq$ 是完备的、传递的,并且是独立于无关选择的,我们称之为是一致的。若 $\geq$ 是一致的偏好关系,则总是存在一个效用函数,使得个体仿佛是从约束其选择的集合 A 中采取行动最大化其效用函数。用正式的语言说,对于所有的 x,$y \in A$,若当且仅当 $x \geq y$ 时有 $u(x) \geq u(y)$,则偏好函数 $u : A \to \mathbf{R}$ 就代表了一个二元关系 $\geq$。于是我们有如下定理:

定理 1.1 当且仅当 $\geq$ 是一致的时候,有限赢利集合 A 上的二元关系 $\geq$ 可由效用函数 $u : A \to \mathbf{R}$ 来表示。

显然,$u(\cdot)$ 并不唯一;事实上,我们有如下定理:

定理 1.2 若 $u(\cdot)$ 代表偏好关系 $\geq$ 且 $f(\cdot)$ 是一个严格递增函数,则 $v(x) =$

---

① 非传递性的唯一一个貌似有理且得到一些经验支持的模型是后悔理论(Loomes, 1988;Sugden, 1993)。但是,他们的分析仅适用于选择情形的一个狭小范围。

$f(u(x)) > f(u(y)) = v(y)$ 也可表示 $\geq$。反过来，若 $u(\cdot)$ 和 $v(x)$ 都表示了 $\geq$，则必有递增的函数 $f(\cdot)$ 满足 $v(\cdot) = f(u(\cdot))$。

上述定理的前半部分为真是因为若 f 严格递增，则 $u(x) > u(y)$ 蕴含着 $v(x) = f(u(x)) > f(u(y)) = v(y)$，反之亦反。对于后半部分，假定 $u(\cdot)$ 和 $v(x)$ 都表示了 $\geq$，且对于任一 $y \in \mathbf{R}$ 若对于某些 $x \in X$ 有 $v(x) = y$，令 $f(y) = u(v^{-1}(y))$，这是可能的，因为 v 是一个递增函数。则 $f(\cdot)$ 递增（因为它是由两个增函数组成的）且 $f(v(x)) = u(v^{-1}(v(x))) = u(x)$，这就证明了定理。∎

1.2　理性行动的含义

BPC 模型起源于 18 世纪 Jermy Bentham 和 Cesare Beccria 的研究。经济学家 Paul Samuleson 在其著作《经济分析基础》(1947)中，剔除了效用最大化的享乐主义假设；如同我们在前一节中所讨论的，他争辩说，效用最大化所需的前提条件并不比传递性多，无非预设了一些类似于前述规定的无害的技术性条件而已。

理性并不意味着自私。关心他人、信奉公正，或者为社会理想而牺牲，没有什么是不理性的。这些偏好也并不与决策理性相抵触。例如，假想某人拥有 100 美元，他正在考虑花多少钱供自己消费以及花多少钱捐赠给慈善机构。假设他每捐赠给慈善机构的 1 美元都面临一笔税或补贴，而必须付出 p 美元。从而，$p > 1$ 代表有税，而 $0 < p < 1$ 代表有补贴。因此我们可将 p 视为对慈善机构的单位捐赠的价格，并以最大化个人消费 x 和慈善捐赠 y 的效用来对此人进行建模，即 $u(x, y)$ 受到 $x + py = 100$ 的预算约束。的确，Andreoni 和 Miller(2002)已经证明，在此类选择中，消费者的行为方式与在个人消费品之间选择的行为方式是一样的；即，这些行为满足显示性偏好的一般化公理。

决策理论并不理所当然地认为，人们所做的选择定会有利于其福祉之改善。事实上，人们常常受感性的奴役，诸如吸烟、吃垃圾食品以及不洁性交等。这些行为绝未违背偏好一致性。

当人们未能像决策理论所指示的那样行动，我们不宜断定他们是非理性的。事实上，他们可能只是出于无知或者被误导了。不过，若人们在彩票上始终作出非传递性的选择(例如 §1.7)，则他们不仅不会满足期望效用理论的公理，而且也不会懂得如何评估彩票。后者通常被称为行为失误。正规教育有助于减少或消除行为失误，所以，社会赖以做出有效决策的专家们能够非常理性地决策，即使在常人容易违背偏好一致性的情况下也是如此。

1.3　偏好为何是一致的？

偏好一致性源起于进化生物学(Robson, 1995)。决策理论应用于非人类物种时，效果常常出奇地好，包括运用于昆虫和庄稼(Real, 1991；Alcock, 1993；Kagel,

Battalio, and Green, 1995)。生物学家将生命有机体的预期后代数量定义为其适存性。为简化问题，不妨假设无性繁殖。最为适存的个体将繁殖最多的期望后代数量，而每个后代都将继承有利于最大适存性的基因。因此，适存性最大化是进化生存的先决条件。若生命有机体直接最大化适存性，则决策理论的条件将可以直接得到满足，因为我们只需把生命有机体的效用函数描述为其适存性即可。

然而，生命有机体并不直接最大化适存性。例如，飞蛾扑火以及人类自愿限制家庭规模。更确切地说，生命有机体具有偏好序，即它们受制于根据其改善适存性的能力所做的选择(Darwin, 1872)。我们可以认为偏好会满足完备性条件，因为一个生命有机体必须能够在其日常面临的局势中做出一致性的选择，否则，它们就会被那些偏好序可做出一致选择的其他生命体击败。

当然，除非当前的选择环境与人类偏好体系进化的历史环境一样，否则我们就不宜认为个人选择是适存性最大化的，甚或必定是有利于改善福祉的。

这种生物学的解释也表明，偏好一致性在有缺陷的完整生命体中可能会失效。不妨假想生命有机体大脑中有三个决策中心，对于任何两个选择，由多数法则决定生命有机体会偏好其中的哪一个。比如可行选择为 A、B 和 C，三个决策中心分别具有偏好 $A \succ B \succ C$, $B \succ C \succ A$ 和 $C \succ A \succ B$。则，当提供 A 或 B，个体将选择 A；当提供 B 或 C，个体将选择 B；而提供 C 或 A 时，个体将选择 C。因而有 $A \succ B \succ C \succ A$，非传递性产生了。当然，若每个选择均有与之关联的客观的适存性，达尔文式的选择将有利于如下的突变体(mutant)——该突变体抑制了三个决策中心的其他两个，或者使得三者合为一体。

1.4 时间不一致性

人类有几个行为模式似乎展现了脆弱意志。在长期中，就选择成本和收益的决定以及感受而言，个人能够做出明智的选择。但是，倘若成本和收益是立即发生的，人们常常会做出糟糕的选择，为了眼前的利益而牺牲长期利益。例如，烟民知道吸烟的习惯在长期中对自己健康有害，但还是做不到为了将来的健康而克制当前吸烟的欲望。类似地，一对陷入性爱激情的夫妇可能会充分意识到，将来的某一天会为疏于安全防患而后悔，但他们却抑不住现在的冲动。我们把这些行为称为时间不一致性。[1]

人们在时间上始终如一吗？例如，采取冲动行为。经济学家无意争辩，那些看似冲动的行为——如抽烟、吸毒、不洁性交、过量饮食、退学、袭击老板等——在事实上可视为具有高贴现率或偏好那些正好有高未来成本之行动的个人之福祉最大化的行为。实验室中的受控实验已使得人们对上述解释产生了怀疑。实验揭示，人们表现出了系统性的对近期贴现率更高而对远期贴现率更低的倾向(Chung and

---

[1] 这一领域实证结果的优秀综述，可参阅 Frederick, Loewenstein and O'Donoghue (2002)。

Herrnstein, 1967；Loewenstein and Prelec，1992；Herrnstein and Prelec，1992；Fehr and Zych，1994；Kirby and Herrnstein 1995；McClure et al.，2004）。

例如，考虑 Ainslie 和 Haslam(1992)所进行的如下实验：受试者要在实验当天的 10 美元和一周后的 11 美元之间做出选择。大多数受试选择了立即可得的 10 美元。但是，当同样的受试者面临实验日之后一年得到 10 美元和实验日之后一年又一周得到 11 美元时，那些不愿为即可得到的额外 10％而等待一周的受试者中，一旦给定谈妥的等待时间为一年之后，他们中大多数又都宁愿为了额外的 10％而等待一周。

仔细看看这个例子在哪里违背了一致性条件将大有裨益。令 x 代表"在某个时间 t 的 10 美元"，令 y 代表"在某个时间 $t+7$ 的 11 美元"，其中 t 以天数来衡量。从而，急功近利的受试者在 $t=0$ 时表现出 $x \succ y$，而在 $t=365$ 时又表现出 $y \succ x$。结果，$\succ$ 的相斥条件被违背了；由于 $\succeq$ 的完备性条件蕴含着 $\succ$ 的相斥条件，所以完备性条件也同时被违背了。

不过，若我们建模时将个人行为看作是在一个更为复杂的选择空间上抉择，在该选择空间中，抉择时刻和所定目标达成时刻两者之时间距离明确包含于抉择目标之中，则时间不一致性就消失无踪了。例如，我们可用 x_0 表示"立即得到的 10 美元"，用 x_{365} 表示"自今起一年之后得到的 10 美元"，y_7 和 y_{372} 亦可类似定义。那么，$x_0 \succ x_7$ 同时 $x_{372} \succ x_{365}$ 的观测结果就并不会矛盾。

当然，若人们的偏好具有时间不一致性，而人们又清楚这一点，则人们就不会奢想自己会在将来某刻来临之际执行针对那一刻的计划。因此，人们将甘愿事先禁锢自己去做出未来的选择，哪怕要为此付出代价。例如，若你正为了年度 3 的采购而在年度 1 存钱，但你深知在年度 2 你总想花掉这笔钱，则你可以把钱存入银行定期账户，不到第三年就别想取出来。我的老师 Leo Hurwicz 称此为"储钱罐效应"。

跨越时间的选择之基本原理在于，时间一致性源于如下假设：效用是跨期可加的，且即时效用在所有时期均保持相同，同时未来效用以一固定比率贴现到当下(Strotz，1955)。此即指数贴现，它在经济模型中得到了广泛采纳。例如，假设某个个体可在如下两种消费流之间选择：$x=x_0$，x_1，$\cdots$ 或 $y=y_0$，y_1，$\cdots$。根据指数贴现，他具有效用函数 $u(x)$ 和常数 $\delta \in (0, 1)$，于是消费流 x 的总效用由下式给定：①

$$U(x_0, x_1, \cdots) = \sum_{k=0}^{\infty} \delta^k u(x_k) \tag{1.1}$$

我们称 δ 为个人的贴现因子。通常我们记 $\delta = e^{-r}$，其中 $r > 0$ 被解释为个人单期连续复息的利率，此种情况下，式(1.1)变为

---

① 在本书中，我们始终将 $a < x < b$ 写成 $x \in (a, b)$，将 $a \leq x < b$ 写成 $x \in [a, b)$，将 $a < x \leq b$ 写成 $x \in (a, b]$，以及将 $a \leq x \leq b$ 写成 $x \in [a, b]$。

$$U(x_0, x_1, \cdots) = \sum_{k=0}^{\infty} e^{-rk} u(x_k) \tag{1.2}$$

上述公式表明了我们为何称之为"指数"贴现。当且仅当 $U(x) > U(y)$，个体才严格地偏好消费流 x 甚于消费流 y。在简单复利情况下，利息仅在期末产生，我们记 $\delta = 1/(1+r)$，于是式(1.2)变为

$$U(x_0, x_1, \cdots) = \sum_{k=0}^{\infty} \frac{u(x_k)}{(1+r)^k} \tag{1.3}$$

尽管指数贴现很简练，观察到的人类跨期选择行为却似乎更接近于双曲线贴现模式(Ainslie and Haslam，1992；Ainslie，1975；Laibson，1997)。该模式最早由 Richard Herrnstein 在研究动物行为时发现(Herrnstein，Laibson and Rachlin，1997)，而后多次得到重复证实(Green et al.，2004)。例如，接着刚才的例子，令 z_t 表示"自今天之后第 t 天得到的货币金额"，令 z_t 的效用为 $u(z_t) = z/(t+1)$，则 x_0 的价值为 $u(x_0) = u(10_0) = 10/1 = 10$，而 y_7 的价值为 $u(y_7) = u(11_7) = 11/8 = 1.375$，故 $x_0 > y_7$。但是，$u(x_{365}) = 10/366 = 0.027$ 而 $u(x_{372}) = 11/373 = 0.029$，故 $x_{372} > y_{365}$。

也有证据表明，对于不同类型的结果，人们具有不同的贴现率(Loewenstein，1987；Loewenstein and Sicherman，1991)。对于可在完美市场中买进或卖出的结果，这是非理性的，因为在均衡中所有此类结果必按照同一市场利率贴现。然而，毫无疑问，人们所关心的诸多事物并不能在完美市场上买进或卖出。

脑神经学研究表明，平衡即期和远期赢利的行为涉及结构不同且空间分离的神经模块之间的判断，而这些模块是在智人进化的不同阶段出现的(Tooby and Cosmides，1992；Sloman，2002；McClure et al.，2004)。长期决策制定的能力位于大脑前额叶的特定神经结构之中，其功能在这些区域受损时便会紊乱；尽管事实表明，此类受损的受试者在大脑功能的其他方面看起来完全正常(Damasio，1994)。根据大脑构造，智人在结构上倾向于呈现出系统的即期导向的行为。

总而言之，时间不一致性无疑是存在的，且对于人类行为建模也是很重要的；不过，在偏好一致性这点意义上，那并不意味着人们是非理性的。的确，假定人们最大化其时间依存性偏好函数，我们就可对时间不一致的理性个体之行为进行建模(O'Donoghue and Rabin，1999a，b，2000，2001)。关于时间依存性偏好的公理化处理，可参阅 Ahlbrecht 和 Weber(1995)以及 Ok 和 Masatlioglu(2003)。事实上，人类更近乎时间一致性，比任何其他物种都具有更长远的眼光，可能要超过其他物种好几个数量级(Stephens，McLinn and tevens，2002；Hammerstein，2003)。我们不清楚，为什么生物进化中时间一致性和长远眼光会无足轻重，即使在寿命长久的生物中也是如此。

1.5　贝叶斯理性与主观先念

考虑一下参与人赢利由某随机事件决定的决策。令 X 为奖金集合。赢利来

自 X 的彩票是函数 $p: X \to [0, 1]$，满足 $\sum_{x \in X} p(x) = 1$。我们把 $p(x)$ 解释成赢利为 $x \in X$ 的概率。对于有限数 n，若 $X = \{x_1, \cdots, x_n\}$，记 $p(x_i) = p_i$。

彩票的期望价值是赢利之和，其中每个赢利由该赢利发生的概率进行加权。若彩票 l 具有赢利 $x_1, \cdots, x_n$，对应有概率 $p_1, \cdots, p_n$，则彩票 l 的期望价值由下式给出：

$$\mathbf{E}[l] = \sum_{i=1}^{n} p_i x_i$$

由于有大数定理，故期望价值非常重要(Feller, 1950)。大数定理说的是，一张彩票若无限次赌下去，则该彩票的平均赢利将以概率 1 收敛于其期望价值。

看看图 1.1(a) 中的彩票 l_1，其中 p 是赢得金额 a 的概率，而 $1-p$ 则是赢得金额 b 的概率。从而，该彩票的期望价值为 $\mathbf{E}[l_1] = pa + (1-p)b$。请注意，我们是像扩展式博弈那样来对彩票进行建模的——只不过其中只有唯一一个参与人。

看看图 1.2(b) 所示的具有三个赢利的彩票 l_2。此处 p 是赢得金额 a 的概率，q 是赢得金额 b 的概率，而 $1-p-q$ 则是赢得金额 c 的概率。该彩票的期望价值为 $\mathbf{E}[l_2] = pa + qb + (1-p-q)c$。

图 1.1(c) 给出了具有 n 个赢利的彩票。现在，奖金为 $a_1, \cdots, a_n$，概率分别为 $p_1, \cdots, p_n$。该彩票的期望价值为 $\mathbf{E}[l_3] = p_1 a_1 + p_2 a_2 + \cdots + p_n q_n$。

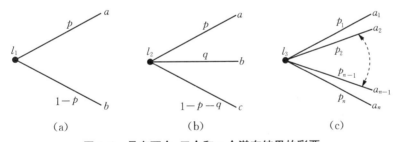

图 1.1　具有两个、三个和 n 个潜在结果的彩票

在这一节，我们将建立一套行为性质，来获得结果之上的效用函数以及自然状态之上的概率分布，使得期望效用原理得以成立，来对前述论断进行一般化。Von Neumann 和 Morgenstern(1944)，Friedman 和 Savage(1948)，Savage(1954)，以及 Anscombe 和 Aumann(1963) 曾证明，期望效用原理可由如下假设推导出来：个体在特定的彩票集合上具有一致偏好。我们大概勾勒一下 Savage 对此问题的经典分析。

在本节其余部分，我们假设 $\geqslant$ 为偏好关系(§1.1)。为确保分析不致太繁琐，我们还假设 $x \geqslant y$ 至少对于某些 $x, y \in X$ 是不成立的。Savage 的功劳在于证明了若个人在彩票集上的偏好关系具有合理的性质，则不但可以用一个效用函数表示此人的偏好，而且可以推出此人隐含地置放于其他事件之上的概率，且期望效用法则对这些概率也是成立的。

令 Ω 为一有限的自然状态集合。我们称 $A\subseteq\Omega$ 为事件。令 $\mathcal{L}$ 为彩票集合，其中彩票即函数 $\pi:\Omega\to X$，每个自然状态 $\omega\in\Omega$ 都与一个赢利 $\pi(\omega)\in X$ 相联系。请注意，这样一个彩票概念并未囊括自然状态上的概率分布。更确切地说，Savage 公理使我们可以在每个自然状态 ω 上联想一个主观先念，来表达决策者个人对 ω 将发生之概率的评估。我们假定，个体在彩票之间进行选择时并不清楚自然的状态；在个人选择之后，自然才选择实现的状态 $\omega\in\Omega$。于是，若个人选择彩票 $\pi\in\mathcal{L}$，其赢利便为 $\pi(\omega)$。

现在假定，个体在 $\mathcal{L}$ 上具有偏好关系 $\succ$（对于结果和彩票上的偏好关系，我们都用同样的符号 $\succ$）。我们要寻找彩票上 $\succ$ 的一系列合理的性质，这些性质放在一起便可让我们推导出：(a)一个效用函数 $u:X\to\mathbf{R}$，它对应于 X 中结果之上的偏好关系 $\succ$；(b)一个概率分布 $p:\Omega\to\mathbf{R}$，从而期望效用原理对于彩票上的偏好关系 $\succ$ 和效用函数 $u(\cdot)$ 是成立的；即，若我们定义

$$\mathbf{E}_\pi[u;\ p]=\sum_{\omega\in\Omega}p(\omega)u(\pi(\omega)) \tag{1.4}$$

则对于任一 $\pi,\rho\in\mathcal{L}$，

$$\pi\succ\rho\Longleftrightarrow\mathbf{E}_\pi[u;\ p]>\mathbf{E}_\rho[u;\ p]$$

我们的第一个条件是，$\pi\succ\rho$ 仅仅依存于 π 和 ρ 具有不同结果的自然状态。更正式地，我们陈述如下。

公理 1 对于任意 $\pi,\rho,\pi',\rho'\in\mathcal{L}$，令 $A=\{\omega\in\Omega\mid\pi(\omega)\neq\rho(\omega)\}$。假定我们还有 $A=\{\omega\in\Omega\mid\pi'(\omega)\neq\rho'(\omega)\}$。假定对于 $\omega\in A$ 还有 $\pi(\omega)=\pi'(\omega)$ 以及 $\rho(\omega)=\rho'(\omega)$。则，$\pi\succ\rho\Longleftrightarrow\pi'\succ\rho'$。

上述公理相当充分地表明了两张彩票的相对吸引力并不取决于两者在赢利上有多少相同之处。该公理使我们可以定义一个条件偏好 $\pi\succ_A\rho$，这里 $A\in\Omega$，我们将其解释为"在事件 A 的条件下，π 严格优于 ρ"，如下。若对于某些 $\pi',\rho'\in\mathcal{L}$，对于 $\omega\in A$ 有 $\pi(\omega)=\pi'(\omega)$ 且 $\rho(\omega)=\rho'(\omega)$，对于 $\omega\notin A$ 有 $\pi'(\omega)=\rho'(\omega)$，且 $\pi'\succ\rho'$，则我们称 $\pi\succ_A\rho$。因为有公理 1，上述条件偏好是意义明确的（即，$\pi\succ_A\rho$ 不会取决于特定的 $\pi',\rho'\in\mathcal{L}$）。这使得我们可用同样的方式去定义 $\succeq_A$ 和 $\sim_A$。从而，若对于所有的 $\pi,\rho\in\mathcal{L}$ 有 $\pi\sim_A\rho$，我们就定义事件 $A\subseteq\Omega$ 为空。

接下来，我们的第二个条件如下：记 $\pi=x\mid A$ 表示对于所有的 $\omega\in A$，$\pi(\omega)=x$（也就是说，$\pi=x\mid A$ 意即 π 乃是当 A 发生时赢利为 x 的彩票）。

公理 2 若 $A\subseteq\Omega$ 非空，则对于所有 $x,y\in X$，$\pi=x\mid A\succ_A\pi=y\mid A\Longleftrightarrow x\succ y$。

上述公理说的是，结果和彩票之间将会有一种自然而然的关系：若给定事件 A 时 π 回报 x，给定事件 A 时 ρ 回报 y，且 $x\succ y$，则 $\pi\succ_A\rho$；反之亦反。

第三个条件主张的是，自然状态发生的概率独立于该状态发生时人们所获得的结果。陈述这一公理的困难在于，个体无法选择概率而只能选择彩票。但是，若个体偏好 x 甚于 y，且 $A,B\subseteq\Omega$ 均为事件，则当且仅当这样一张彩票（当 A 发生时

赢得 x 而 A 未发生时赢得 y)优于另一张彩票(当 B 发生时赢得 x 而 B 未发生时赢得 y)的时候,个体才会认为 A 比 B 更有可能发生。无论如何,对于满足 $x \succ y$ 的任意 $x, y \in X$,或者个体对概率的看法自以为是的情况(即,概率取决于我们所谈论的特定的赢利——例如,个体想当然地认为,与事件相联系的奖金越高则该事件越可能发生),这都必然为真。更正式地,我们有如下公理,其中我们以 $\pi = x$, $y \mid A$ 表示"对于 $\omega \in A$ 有 $\pi(\omega) = x$,而对于 $\omega \notin A$ 有 $\pi(\omega) = y$"。

公理 3 假设 $x \succ y$,$x' \succ y'$,$\pi, \rho, \pi', \rho' \in \mathcal{L}$,且 $A, B \subseteq \Omega$。假设 $\pi = x$, $y \mid A$,$\rho = x'$,$y' \mid A$,$\pi' = x$,$y \mid B$ 以及 $\rho' = x'$,$y' \mid B$。则 $\pi \succ \pi' \Leftrightarrow \rho \succ \rho'$。

第四个条件是一阶随机占优的一个弱化版,它说的是:在任何事件下,若一张彩票的赢利都高于另一张,则前一张彩票优于后一张彩票。

公理 4 对于任意事件 A,若对于所有的 $\omega \in A$ 有 $x \succ \rho(\omega)$,则 $\pi = x \mid A \succ_A \rho$。另外,对于任意事件 A,若对于所有的 $\omega \in A$ 有 $\rho(\omega) \succ x$,则 $\rho \succ_A \pi = x \mid A$。

换句话说,若对于任意事件 A,$\pi = x$ 在 A 事件上的赢得比 ρ 在 A 上的最大赢得还要多,则有 $\pi \succ_A \rho$;反之则反是。

最后,我们需要一点技术性质来说明偏好关系为何可由效用函数表示。我们称非空集合 $A_1, \cdots, A_n$ 来自集合 X 的一个分划,如果 A_i 互不相交(对于 $i \neq j$ 有 $A_i \bigcap A_j = \varnothing$)且它们的并集为 X(即 $A_1 \bigcup \cdots \bigcup A_n = X$)。我们所需的技术性条件说的是,对于任意 $\pi, \rho \in \mathcal{L}$,以及任意 $x \in X$,存在 Ω 的一个分划 $A_1, \cdots, A_n$,满足:对于每一个 A_i,若我们改变 π 以使得其在 A_i 上的赢利为 x,则 π 依然优于 ρ;同样地,对于每一个 A_i,若我们改变 ρ 以使得其在 A_i 上的赢利为 x,则 π 依然优于 ρ。这意味着,没有哪个赢利是"超级好的",故不管事件 A 是多么不可能,一张具有 A 发生时的赢利的彩票,都优于另一张 A 发生时具有其他不同赢利的彩票;同样地,没有什么赢利是"超级坏的"。该条件正式表述如下:

公理 5 对于所有的 $\pi, \pi', \rho, \rho' \in \mathcal{L}$,且 $\pi \succ \rho$,以及对于所有的 $x \in X$,存在 Ω 的非相交子集 $A_1, \cdots, A_n$,满足:$U_i A_i = \Omega$,且对于任意 A_i 有(a)若对于 $\omega \in A_i$ 有 $\pi'(\omega) = x$,以及对于 $\omega \notin A_i$ 有 $\pi'(\omega) = \pi(\omega)$,则 $\pi' \succ \rho$;(b)若对于 $\omega \in A_i$ 有 $\rho'(\omega) = x$,以及对于 $\omega \notin A_i$ 有 $\rho'(\omega) = \rho(\omega)$,则 $\pi' \succ \rho$。

于是,我们得到了 Savage 定理。

定理 1.3 假设公理 1—5 成立,则 Ω 上存在一个概率函数 p 和一个效用函数 $u: X \to \mathbf{R}$,满足:对于任意 $\pi, \rho \in \mathcal{L}$,当且仅当 $\mathbf{E}_\pi[u; p] > \mathbf{E}_\rho[u; p]$,有 $\pi \succ \rho$。

这个定理的证明有点冗长乏味;Kreps(1998)提供了证明梗概。

我们称概率 p 为个体的贝叶斯先验,或主观先验,称公理 1—5 隐含着贝叶斯理性。因为它们共同隐含着贝叶斯概率更新。

1.6 期望效用的生物学原理

假设一个生命有机体在不确定环境中从行动集合 X 中做出选择。X 中不同备选项的成功程度总是不确定的,这实质上意味着每个 $x \in X$ 确定了一张彩票,该彩票以概率 $p_i(x)$ 获得 i 个后代,$i = 0, 1, \cdots, n$。于是,从该彩票得到的后代数量的期望就是 $\psi(x) = \sum_{j=1}^{n} j p_j(x)$。令 L 为 X 上的彩票,对于 $i = 1, \cdots, k$ 以概率 q_i 实现 $x_i \in X$。给定 L 时获得 j 个后代的概率就是 $\sum_{k=1}^{k} q_i p_j(x_i)$,从而给定 L 时的后代数量的期望为:

$$\sum_{j=1}^{n} j \sum_{i=1}^{k} q_i p_j(x_i) = \sum_{j=1}^{k} q_i \sum_{i=1}^{k} j p_j(x_i) = \sum_{i=1}^{k} q_i \psi(x_i) \tag{1.5}$$

这正是效用函数 $\psi(\cdot)$ 的期望值定理。也可参阅 Cooper(1987)。

1.7 Allais 和 Ellsberg 悖论

尽管绝大多数决策理论家将期望效用原理视为行为建模的可欣然接受的精确基础,但确实也有一些精心构造的情形,在这些情形中人们违背了期望效用原理。Machina(1987)回顾了一些主要证据并加以建模处理。我们简要勾勒一下这些异常现象中最为著名的 Allais 悖论和 Ellsberg 悖论。当然,它们根本不是悖论,只不过简单的经验规律不适合于期望效用原理罢了。

Maurice Allais(1953)提供了如下场景:有一赌局,奖金是 $x = \$2\,500\,000$,$y = \$500\,000$ 以及 $z = \$0$,存在两种备选情形。情形一是在彩票 $\pi = y$ 和 $\pi' = 0.1x + 0.89y + 0.01z$ 之间选择;情形二是在 $\rho = 0.11y + 0.89z$ 和 $\rho' = 0.1x + 0.9z$ 之间选择。你会如何选择?

此两对选择与期望效用原理不符。要认清这一点,我们不妨令 $u_h = u(2\,500\,000)$,$u_m(500\,000)$ 以及 $u_l = u(0)$。那么,若期望效用原理成立,则 $\pi \succ \pi'$ 意味着 $\mu_m > 0.1\mu_h + 0.89\mu_m + 0.01\mu_l$,故 $0.11\mu_m > 0.1\mu_h + 0.01\mu_l$,这意味着(两边都加上 $0.89\mu_l$)$0.11\mu_m + 0.89\mu_l > 0.10\mu_h + 0.9\mu_l$,即 $\rho \succ \rho'$。

人们为何犯此错误?可能是因为后悔,这确实与期望效用原理不吻合(Loomes, 1988; Sugden, 1993)。若你在情形一选择 π',而最后又一无所获,你会觉得自己真傻;而在情形二无论如何都有可能一无所获(那怨不得自己),只需增加一丁点一无所获的概率(0.01)便可坐拥满载而归的良机(0.10)。或者,也可能由于损失厌恶心理(§1.9),因为在情形一中参照点(最可能的结果)是 $\$500\,000$,情形二的参照是 $\$0$。从而损失厌恶型个体将避开 π',因它有正的损失概率;而情形二中,以最可能结果为立足点来看,两张彩票都没有损失。

当彩票是由意志行为刻意加以选择,且人们清楚自己在做此类选择的时候,Allais 悖论极好地刻画了其中出现的问题。情形一会产生后悔心理,是因为选择有风险的彩票结果却一无所获,人们便确信自己做出了糟糕的选择,至少事后来看是如此。在情形二,若人们一无所获,对自己的选择大概也是无可厚非的。因而,情形二中不会有后悔心理。但在现实世界,我们体验的大多数彩票是随意选择的,而不是刻意选择。因此,若彩票的结果很糟糕,我们感到心情不佳是因为结果很糟糕而不是我们的选择很糟糕。

期望效用原理的另一个经典反例是 Daniel Ellsberg(1961)提出的。考虑两个罐子。罐子 A 有 51 个红球和 49 个白球。罐子 B 有 100 个红球和白球,但红、白球比例未知。每个罐子可取出一球但不会让受试看见颜色。要求受试者在两个情形中做出选择。情形一,受试者可选择从罐子 A 或 B 中取出一球,若球为红色,受试者赢得 \$10。情形二,受试者可选择从罐子 A 或 B 中取出一球,若球为白色,受试者赢得 \$10。在两种情形中,许多的受试者都选择从罐子 A 中取球。无论受试者给罐子 B 中取出的球为白色赋予了多大的概率 p,这都违背了期望效用法则。因为,在情形一,选择罐子 A 的赢利为 $0.5u(10)+0.49u(0)$,而选择罐子 B 的赢利为 $(1-p)u(10)+pu(0)$,故严格地偏好罐子 A 意味着 $p > 0.49$。在情形二,选择罐子 A 的赢利为 $0.49u(10)+0.51u(0)$,而选择罐子 B 的赢利为 $pu(10)+(1-p)u(0)$,故严格偏好罐子 A 意味着 $p < 0.49$。这表明,期望效用原理不再成立。

鉴于其他一些被提及的经典决策理论的异常现象,可以由概率中线性的失灵、后悔、损失厌恶以及认识论上的模棱两可加以解释,Ellsberg 悖论的攻势更为凌厉,因为它暗示着人们系统地违背了一阶随机占优(FOSD)原则。

令 $p(x)$ 和 $q(x)$ 分别是彩票 A 和 B 中赢得 x 或更多的概率。若对于所有的 x 有 $p(x) \geqslant q(x)$,则 $A \geqslant B$。

此种行为的通常解释是,受试者清楚与罐子一相联系的概率,而与罐子二相联系的概率是不清楚的,因而似乎会追加与选择罐子二而不是罐子一相关联的风险度。倘若决策者是风险厌恶的,而且他们一旦感觉到罐子二比罐子一更为冒险,他们就宁愿选择罐子一。当然,利用相对深奥一点的概率论,我们可确信事实上并不会有这类额外的风险,对受试者得到相反结论而言,很难说这是理性失灵。因此,Ellsberg 悖论是部分受试者表现失误而非理性失灵的例子。

1.8 风险与效用函数的形状

若 $\geqslant$ 定义于 X 之上,我们将无法说清代表 $\geqslant$ 的效用函数 $u(\cdot)$ 的形状,因为根据定理 1.2,任何递增函数 $u(\cdot)$ 都可以表示 $\geqslant$。然而,若由一个满足期望效用原理的 $u(x)$ 来代表 $\geqslant$,那么 $u(\cdot)$ 就将取决于任意一个常数和测度单位。①

定理 1.4 假设效用函数 $u(\cdot)$ 代表偏好关系 $\geqslant$ 并满足期望效用原理。若

---

① 由于这一定理,两个效用之间的差异毫无意义。因而我们说结果之上的效用是序数的,即我们可以说一族(物品)比另一族(物品)要好,但我们说不出好多少。相反,下一个定理表明,彩票上的效用是基数的,在这个意义上,效用取决于任意常数和任意正单位选择,是以唯一的数字来定义的。

$v(\cdot)$是另外一个代表偏好关系$\geqslant$的效用函数,则存在常数$a,b\in\mathbf{R}$且$a>0$使得$v(x)=au(x)+b$对于所有的$x\in X$成立。

要证明上述定理,请参阅 Mas-Conell、Whinston 和 Green(1995,p. 173)。

若$X=\mathbf{R}$,则赢利可视为金钱,而效用函数满足期望效用原理,这样的效用函数形状如何? 如果它们对于金钱是线性的,那就很美妙了,期望效用和期望价值将是同一回事(为什么?)。但是,通常情况下效用函数是严格凹的,如图 1.2 所示。我们说函数$u:X\rightarrow\mathbf{R}$是严格凹的条件是,当任意的$x,y\in X$且任意$p\in(0,1)$时,我们有$pu(x)+(1-p)u(y)<u(px+(1-p)y)$。若$u(x)$既是严格凹的,又是线性的(线性情况下上述不等式将变为$pu(x)+(1-p)u(y)=u(px+(1-p)y)$),则我们说$u(x)$是拟凹的,或者简单地说成凹的。

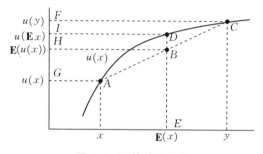

图 1.2　凹的效用函数

若我们定义彩票π以概率p赢得x,以概率$1-p$赢得y,则严格凹性条件说的就是:彩票的期望效用小于彩票期望价值之效用,如图 1.2 所描绘的。要认清这一点,请注意彩票的期望价值是$E=px+(1-p)y$,它把x和y之间的线段一分为二,xE段长度为$(px+(1-p)y)-x=(1-p)(y-x)$,而Ey段长度为$y-(px+(1-p)y)=p(y-x)$。因此,E将$[x,y]$分作两段,两段长度之比为$(1-p)/p$。根据初级几何学知识,可知B将区间$[A,C]$划分成同样长度比率的两段。同理,点H将区间$[F,G]$划分为同样长度比率的两段。这意味着点H具有坐标值$pu(x)+(1-p)u(y)$,这就是彩票的期望效用。但是根据定义,彩票期望价值的效用在D点,位于H点上方。这证实了,对于严格凹的效用函数,彩票期望价值的效用比彩票效用的期望值要大。这就是所谓的 Jensen 不等式。

哪些函数才是$u(x)$的良好候选对象? 容易发现,给定$u(x)$二阶可微(我们这样假设),严格凹性意味着$u''(x)<0$。但许多函数并不具有这个性质。根据心理物理学著名的 Weber-Frechner 法则,对于大范围的感知刺激,在一个大范围的刺激水平上,刺激中刚刚可察觉的变化是初始刺激的一个常数比例。若这对于金钱也成立,则效用函数就是对数函数。

当个体偏好彩票的期望价值甚于彩票本身(当然,给定彩票并不以 1 的概率提供某个单独的赢利,即我们称作确定事件的情形),我们就说个体是风险厌恶的。那么,我们知道,当且仅当$u(x)$为凹的时候,具有效用函数$u(x)$的个体才是风险厌恶的。[①]同样地,若个体偏好任一彩票甚于该彩票的期望价值,我们就说他是风险爱好的;如果他在彩票及其期望值之间感觉无甚差异,我们就说他是风险中立的。显然,当且仅当个体具有线性效用函数,他才是风险中立的。

是否存在风险厌恶的测度,可以使我们说清,何时一个个体比另一个个体更加风险厌恶,或者个体的风险厌恶如何随财富的变化而变化。若任何时候,A 偏好彩票甚于某个金额的金钱 x,而 B 也将偏好彩票甚于 x,则我们可定义个体 A 比个体 B 更为风险厌恶。如果 A 更为风险厌恶,且对于某些彩票 B 偏好它们甚于金钱额 x,但对这些彩票 A 却偏好 x 甚于彩票,那么我们就说 A 是严格地更为风险厌恶。

显然,风险厌恶的程度,取决于效用函数的曲率(根据定义,$u(x)$ 在 x 点的曲率即 $u''(x)$),但是,尽管 $v(x)$ 的曲率是 $u(x)$ 的 a 倍,$u(x)$ 和 $v(x) = au(x) + b (a > 0)$ 刻画的却是同样的行为。故我们需要把有些东西进一步细化。一个显然的候选函数是 $\lambda_u(x) = -u''(x)/u'(x)$,这个函数不受缩放因子影响。它被称作绝对风险厌恶的 Arrow-Pratt 系数,它恰好就是我们需要的测度。于是我们有如下定理。

定理 1.5 当且仅当对于所有的 x 有 $\lambda_u(x) > \lambda_v(x)$,具有效用函数 $u(x)$ 的个体才比具有另一效用函数 $v(x)$ 的个体更为风险厌恶。

例如,对数效用函数 $u(x) = \ln(x)$ 具有 Arrow-Pratt 测度 $\lambda_u(x) = 1/x$,它随 x 递减;即,个体变得越富有,其风险厌恶程度就更低。一些研究证明了所谓的绝对风险厌恶递减性质是广泛成立的(Rosenzweig and Wolpin, 1993;Saha, Shumway and Talpaz, 1994;Nerlove and Soedjiana, 1996)。另一个递增的凹函数是 $u(x) = x^a$,$a \in (0, 1)$,其 $\lambda_u(x) = (1-a)/x$,它也表现出递减的绝对风险厌恶。同样地,$u(x) = 1 - x^{-a} (a > 0)$ 也是递增且凹的,其 $\lambda_u(x) = -(a+1)/x$,这再次展现出递减的绝对风险厌恶。这一效用函数还有另外一个迷人的性质,即效用是有界的:无论一个人多么富有,$u(x) < 1$。[②]还有一个候选的效用函数是 $u(x) = 1 - e^{-ax}$,某些 $a > 0$。此种情况下 $\lambda_u(x) = a$,这被称作恒定的绝对风险厌恶。

另外一个常用术语是相对风险厌恶系数,$\mu_u(x) = \lambda_u(x)/x$。请注意,对于 $u(x) = \ln(x)$、$u(x) = x^a$,$a \in (0, 1)$ 以及 $u(x) = 1 - x^{-a} (a > 0)$ 中任何一个效用函数,$\mu_u(x)$ 是常数,我们称之为恒定的相对风险厌恶。对于 $u(x) = 1 - e^{-ax} (a > 0)$,我们有 $\mu_u(x) = a/x$,故我们有递减的相对风险厌恶。

1.9 展望理论

大量的实验证据表明,人们评价赢利的根据是,与他们的现状相比是赚了还是

---

① 有人可能会质问,若人们通常是风险厌恶的,那他们为什么还要去买政府发行的彩票,或者在赌场大肆挥霍。最合情理的解释是,人们喜欢赌博活动。一个女人可能会为房屋和汽车买保险(这两样都意味着她风险厌恶),但同样是这个女人也可能会花一笔小钱去赌场娱乐一下。当然,过于沉溺赌博既会导致个体身体垮掉,也会败坏财富和名声。

② 若效用是无界的,就很容易证明存在这样的彩票,它将使你付出所有的财富去购买这张彩票,而不论你多么富有。这不是一个合乎情理的行为。

亏了。这与如下观念有关：个体会朝着某个惯常的收入水平调整，故主观福祉更多地是与收入变化而不是收入水平联系在一起。例如，大家可参阅 Helson(1964)，Easterlin(1974，1995)，Lane(1991，1993)，Oswald(1997)。确实，人们厌恶某一水平损失的程度大概是享受同等水平赢得的程度之两倍(Kahneman，Knetsch and Thaler，1990；Tversky and Kahneman，1981b)。这意味着，举例而言，个体会认为 0 价值与一张以同等机会赢得 1 000 美元或输掉 500 美元的彩票是相当的。这也意味着，尽管人们在赢得上是风险厌恶的(§1.8 解释过风险厌恶的概念)，但是在损失上是风险爱好的。比如，许多个体宁愿选择 25％的概率亏掉 2 000 美元，也不愿选择 50％的机会输掉 \$1 000(两者有相同的期望价值，当然，前者更冒险)。

　　更正式地，假设某个人有效用函数 $v(x-r)$，其中 r 是现状(即他的当前状态)，x 表示打破现状的变迁。由 Daniel Kahneman 和 Amos Tversky 提出的展望理论断言：(1) $v(x-r)$ 存在一个转折点，使得 $v(\cdot)$ 在 $x=r$ 左边的斜率是其右边斜率的两到三倍；(2) $v(\cdot)$ 的曲率对于正值是正的，对于负值是负的；(3)对于距离很远的正或负数曲率将趋于零。换句话说，个体对微小损失的敏感性是对微小得益的敏感性的两到三倍，他们在得益上表现出递减的边际效用，而在亏损上表现出递减的绝对边际效用；当所有的备选项涉及大额的得益和大额的损失时，他们对变化就极为敏感。图 1.3 展示了这样的效用函数。

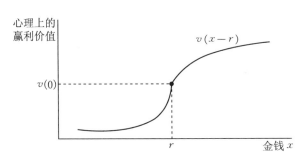

图 1.3　基于展望理论的损失厌恶

　　实验经济学家早就明白，实验室中出现的在小额赌局中的风险厌恶无法用标准的效用理论来加以解释；根据标准的效用理论，风险厌恶是用效用函数的曲率来测度的(§1.8)。问题是，对于小额的赌局来说，效用函数应当是几近平坦的。这一问题已经由 Rabin(2002)予以形式化。考虑一张彩票，将以 $p=1/2$ 的同等机会强制夺走 100 美元的损失和提供 125 美元的得益。实验室中绝大多数受试者拒绝了这样的彩票。Rabin 证明，对于所有终身财富在 300 000 美元以下个体，若上述事实成立，那么为了诱导受试者承受概率为 1/2 的 600 美元的损失，就必须以 1/2 的概率为受试提供至少 36 000 000 000 美元的得益。当然，这太荒唐了。

　　人类行为经验数据中的许多规律，都非常符合展望理论(Kahneman and Tversky，2000)。例如，在过去 100 年，平均来看，美国的股票收益比债券收益要高出大约 8 个百分点。假若投资者能够估计收益表的具体状况，如果把上述溢价仅归因于风险厌恶,那么一个普通的个体将在确定得到 51 209 美元的彩票和以概率 1/2 赢得 50 000 美元且以概率 1/2 赢得 100 000 美元的彩票之间感觉无差异。当然,若说很多人如此风险厌恶是相当不合情理的。不过,损失厌恶系数(损益拐点处损失的效用函数斜率与得益的效用函数斜率之比率)2.25 足以解释此类现象。基于实验,这样的损失厌恶系数非常合理。

同样,人们倾向于在赚钱时卖出股票而在亏损时捂住股票。同样的现象在房屋销售中也成立:房主在亏损时极其惜售,为了在将来获得一个满意的售价而不惜长期承担维修、税收和按揭成本。

损失厌恶的最早例子之一,是 James Duesenberry 发现的所谓的棘轮效应。James Duesenberry 注意到,在经济周期中,形势良好的年代里人们花光所有额外的收入,而一旦形势变得艰难人们却宁愿举债而不是节制消费。结果,对于收入储蓄比例来说,存在一种随时间流逝而下降的趋势。例如,有一项研究发现,当来年的收入(经过工资讨价还价)将要增长,加入工会的教师们就会消费更多;但是当来年的收入将要下降,他们却并不减少消费。我们可以用一个简单的损失厌恶模型来解释此种行为。一个教师的效用函数可写为 $u(c_t - r_t) + s_t(1 + \rho)$,其中 c_t 是时期 t 的消费,s_t 是时期 t 的储蓄,ρ 是储蓄的利率,而 r_t 则是时期 t 的参照点(即现状点)。这里,假定储蓄的边际效用为常数,此乃非常良好的近似。现在假定,参照点变化模式如下:$r_{t+1} = \alpha r_t + (1-\alpha)c_t$,其中 $\alpha \in [0, 1]$ 是一个调整参数($\alpha = 1$ 意味着没有调整,而 $\alpha = 0$ 则意味着完全调整到上年的消费水平)。请注意,当消费在某期增加,下一期的参照点将增加,反之则反是。

现在,去掉时期下标,假定个体有收入 M,因此 $c + s = M$,个体选择 c 以最大化:

$$u(c-r) + (M-c)(1+\rho)$$

由此可得到一阶条件 $u'(c-r) = 1+\rho$。由于该条件对一切 r 必定成立,我们可对 r 全微分,得到:

$$u''(c-r)\frac{\mathrm{d}c}{\mathrm{d}r} = u''(c-r)$$

这表明 $\mathrm{d}c/\mathrm{d}r = 1 > 0$,因此,当个体的参照点上升,其消费将等量增加。

展望理论的一个一般含义是现状偏见。根据现状偏见,人们常常偏好现状甚于其他的备选方案,不过,一旦某个备选方案成为现状,人们也就会偏好它甚于其他备选方案(Kahneman, Knetsch and Thaler, 1991)。若我们承认任何变化都可能导致损失,由于平均的得益并不能抹平损失,则大量的备选方案中作为现状的那个方案就很可能受到偏爱,故而现状偏见言之有理。例如,如果雇主把加入 401K 储蓄计划*作为默认的状态,几乎所有的雇员都会加入。若把不加入作为默认状

---

* 401K 储蓄计划是美国的一项退休储蓄计划。——译者注

1 决策理论与人类行为

017

态,则绝大多数雇员都不会加入。同样,如果州汽车保险委员会宣布某款政策为默认选项,而保险公司让投保的个人依其喜好做不同于默认项的选择,那么不管条款是什么,投保人都倾向于不改变默认选择(Camerer,2000)。

展望理论的另一个含义是禀赋效应(Kahneman et al.,1991)。根据禀赋效应,人们对拥有的东西比之他们未拥有的同样东西会赋予更高的价值。例如,如果你赢得了一瓶售价200美元的酒,你可能会饮掉它而不是卖掉它,但你从来不会想着买一瓶200美元的酒。显示禀赋效应的一个有名的实验结果是 Kahneman、Knetsch 和 Thaler(1990)所描述的"杯具"实验。那些已得到印有学校标志的杯子的大学生受试者,他们愿意出售杯子的价格,比之那些没有杯子的大学生愿意为杯子支付的购买价格,要高出两到三倍。这就是人们低估禀赋效应而不能在其选择行为中对此予以适当纠正的证据(Loewenstein and Adler,1995)。

展望理论还有一个含义是,存在框架效应,即某种形式的彩票严格优于其他形式的彩票,即使它们具有相同的概率和相同的赢利(Tversky and Kahneman,1981a)。例如,人们更偏好10美元的价格附加一个1美元的折扣,而不是偏好8美元的价格附加上1美元的额外费用。当然,框架与禀赋效应密切相关,因为框架通常对初始状态赋予了特权,在初始状态中评估行动。

框架效应可以严重扭曲有效决策之制定。特别地,当决策者不清楚恰当的参照点时,就会在其选择中表现出严重的不一致性。Kahneman 和 Tversky 提供了一个来自医疗保健政策领域的生动例子。设想我们面临一场传染性流感,若不采取措施,预计有600人会死于这场流感。如果采纳计划A,将会救活200人;而采纳计划B,则有1/3的概率600人都被救活,有2/3的概率无一人救活。在一次实验中,72%的回应者偏好A甚于B。现在设想计划C有400人将会死去,而计划D则有1/3的概率无人死亡,有2/3的概率600人全部死亡。此时,78%的回应者偏好D甚于C,尽管考虑到每个最终状态的概率时A和C等价且B和D等价。然而,在A和B的选择中,备选方案是基于得益的,而在C和D的选择中,备选方案是基于损失的,而人们是损失厌恶的。不一致性根植于这样的事实:决策者缺乏自然而然的参照点,因为得益和损失是由其他人经历的,而不是决策者自己经历的。

Kahneman、Tversky 及其合作者所进行的聪明的实验表明,人们在其决策方式中表现出了系统的偏误。然而,必须明确,一旦允许恰当的参数(当前时间、当前状态、现状点)进入到偏好函数中,上述例子都不会表现出偏好不一致性。这一点,已由 Sugden(2003)正式予以证明。Sugden 考虑了 $f \geq g \mid h$ 这种形式的偏好关系,即"当某人的现状为彩票 h 时,彩票 f 弱优于彩票 g"。Sugden 证明,上述偏好的几个条件——大多是 Savage 条件(§1.5)的直接推广——若能获得,则当且仅当 $\mathbf{E}[u(f,h)] \geq \mathbf{E}[u(g,h)]$ 时存在满足 $f \geq g \mid h$ 的效用函数 $u(x,z)$,其中期望受衍生于偏好关系的事件之概率所控制。

1.10 决策制定中的直觉推断和偏误

不确定性下选择的标准经济模型之实验室检验,始于心理学家 Daniel Kahneman 和 Amos Tversky。在《科学》杂志的一篇著名文章中,Tversky 和 Kahneman (1974)总结其早期研究如下:

> 人们如何评估不确定事件或不确定数值的概率? ……人们依赖于有限的直觉推断原则,该原则简化了评估概率和预测数值的复杂任务,以便简化判断运算。一般而言,这些直觉推断非常有用,但有时它们也导致了严重的系统偏误。

后来的研究强力支持了上述意见(Kahneman,Slovic and Tversky,1982; Shafir and Tversky,1992;Shafir and Tversky,1995)。尽管目前尚没有关于这些直觉推断的恰当模型,但我们可做某些推广。

首先,在判断事件或对象 A 是否属于类别或过程 B,人们采取的一种直觉推断方法是,考虑 A 是不是 B 的代表而不考虑其他相关事实,比如说 B 的频率。例如,若获悉某个人很有幽默感并且乐于逗朋友和家人开心,然后询问这个人是专业喜剧演员还是行政工作职员,人们大多回答说是前者。尽管事实是,随机抽取的一个人更可能是行政工作职员而不是喜剧演员,而且许多人都有幽默感,因此满足上述描述的更多的应是职员而不是喜剧演员。

一个被特别提到的关于直觉推断的例子是著名的 Linda 银行柜员问题(Tversky and Kanheman,1983)。受试者获得一个假想的叫 Linda 的人的如下情况描述:

> Linda 现年 31 岁,单身,为人坦率,非常聪明。她学哲学出身。学生时期,她对歧视、社会正义等问题甚为关心,还参与过反核武器示威游行。

受试者被要求对有关 Linda 的八个命题按照它们的概率进行排序。这些命题包括了如下两个:

> Linda 是一个银行柜员。
>
> Linda 是一个银行柜员并且积极参与女权运动。

超过 80% 的受试者——受过统计学训练的研究生和医学院学生以及斯坦福大学商学院决策科学项目的博士生——认为第二个命题更为可能而把它排在第一个命题前面。这似乎是一个简单的逻辑错误,因为每个做银行柜员的女权主义者也是一个银行柜员。我们再次见识到,受试者用代表性来测度概率,而忽略了基线频率。

不过,还有另外一种解释,根据这种解释受试者在其判断中是正确的。令 p 和 q 为某群体中成员具有或不具有的属性。"成员 x 为 p 的概率"之标准定义,乃是 p 为真的群体之比例。但一个同样合理的定义是"x 是 p 为真的群体的一个随机抽样子集之成员的概率"。根据标准定义,p 并且 q 的概率不可能大于 p 的概率。不过,根据后者,逆否命题也是成立的:x 更可能是从兼具 p 和 q 的个体中随机抽样,

而不是从个体为 p 的样本规模中随机抽样。换句话说，随机抽取一个银行柜员就是 Linda 的概率，可能会低于随机抽取一个女权主义者银行柜员就是 Linda 的概率。表述此观点的另一种方式是，从集合"女权主义者银行柜员"中随机抽取一个成员为 Linda 的概率，要比从集合"银行柜员"中随机抽取一个成员为 Linda 的概率更大一些。

另一种直觉推断是，在评估事件频率时，人们过多地考虑了容易获得的或者高度凸显的信息，尽管这明显牵涉到选择性偏误。由于这个原因，人们倾向于高估稀有事件的概率，因为此类事件具有高度的新闻价值，而不发生也就无从报道。所以，尽管飞机旅行比汽车旅行要安全得多，但人们却更担心死于飞行中的偶然事故，而不大担心死于驾驶汽车。

在解决问题的过程中，第三种直觉推断是，从一个初始的猜测出发，这个初始的猜测是根据其代表性和凸显性选择出来的，并且会向着最终的结局上上下下调整。这就是所谓的锚定，由于存在调整不足的倾向，所以结果就太过于接近初始的猜测。锚定的一个可能结果是，人们高估（p 和 q 的）联合概率，而低估（p 或 q 的）分离概率。

作为前者的一个例子，某个人获悉某事件有 95% 的概率发生，他可能会高估该事件连续发生 10 次的概率，比如认为概率为 90%。而实际上概率大约为 60%。此种情况下，个体从 95% 开始，但并未做出充分的下调。与此类似，若某个日常事件有千分之一的失败率，人们会低估该事件在一年中至少发生一次的概率，认为大概是 5%，而实际上概率是 30.5%。我们再次看到，个体从 0.1% 开始，但并未做出足够的上调。

第四种直觉推断是，人们偏好客观概率分布甚于从运用概率论原理推导出的主观概率分布。比如不充分推理原理，说的是如果你完全忽略了将要发生的几个结果，你应当将它们视为同等可能的。例如，当给予受试者一笔奖金，让他们从一个装有红球和白球的罐子中抽取红球，受试者就会宁愿付钱选择装有 50% 红球的罐子而不是装有中等比例红球的罐子。这就是著名的 Ellsberg 悖论，在 §1.7 中已经分析过了。

研究选择的理论家们，常常对人们不擅运用概率法则和不遵循规范决策理论深表失望。然而，人们也许正好运用了那些在日常生活中很管用的规则。人们为熟悉概率论花了许多年的光阴来研究，搞清楚概率论也只是最近两百年科学研究的结果。而且，尽管我们熟知概率法则，但要运用这些概率法则在时间和精力上都会代价不菲。当然，如果利害攸关，则付出努力或者找一个专家帮您决策还是值得的。但通常情况下，如 Kahneman 和 Tversky 所主张的，我们多多少少运用了一个直觉推断集合来对付这些问题。在最凸显的直觉推断之间，是简单的模仿：判定涉及哪一类现象，找出此种情形下人们通常的做法，然后就这样做。如果存在某个机制导致相对成功的行为得以存继并扩张，如果探索的问题以充分的规律性再现，选择理论的解将刻画出尝试、犯错和模仿这一动态社会过程的赢家。

我们是否应该期待人们遵循选择理论的公理——非相关备选方案的传递性、独立性，必然之事原理，以及其他类似的公理？当个人确实在进行最优化并且拥有决策理论中的专业知识时，我们无疑应认为他们遵循着那些公理；但这仅仅适用于高度受限的行动范围。在更为一般的情况下，我们不指望人们会遵循那些公理。已有明证，在恰当的条件下，由遗传建构以遵循选择理论公理的个体，更适合解决一般性的决策理论问题，并因而通过演化动态涌现出成功，故我们或可转而求助于达尔文主义的分析。但是，人类进化并非总是面临一般性的决策理论问题。相反，他们面临着一些与生存以及小社群紧密联系的决策理论问题。所以，我们可能有必要就这些特定的选择背景进行建模，以便发现我们的遗传结构和文化工具如何在相互作用中决定着不确定性下的选择。

博弈论:基本概念

博弈论中高度理性的解概念,可出现在低度理性主体主宰的世界。

Young(1998)

哲人们踢起灰尘,却又抱怨说眼前看不清。

Bishop Berkeley

2.1 扩展式

一个扩展式博弈G乃是由若干参与人、一个博弈树以及一个赢利集合构成。博弈树由若干通过枝连接的节点构成。每一条枝都连接着一个头节点和另一个不同的尾节点。令b为博弈树的一条枝,则我们以b^h表示头节点,以b^t表示尾节点。

从节点a到节点a'的路径是始于a并终于a'的前后连贯的枝。[①]若存在一条从a到a'的路径,我们就说a是a'的前续节点,a'是a的后续节点。我们将a到a'之间的若干枝称为路径的长度。如果a到a'的路径长度为1,我们就说a是a'的父节点,而a'则是a的子节点。

我们要求,博弈树有唯一的节点r,称根节点,它没有父节点;有一个节点集合T,称终点节点或叶节点,它们没有子节点。我们将每个终点节点$t \in T$($\in$的意思是"属于")、每个参与人i,以及赢利$\pi_i(t) \in \mathbf{R}$($\mathbf{R}$为实数集合)关联起来。若博弈的节点数量有限,我们就说博弈是有限的。除非另作说明,我们将假设博弈都是有限的。

我们也要求,G的图具有如下的树的性质。在博弈树中,从根节点到任一给定的终点节点之间,一定有且只有一条路径。等价地,除了根节点之外,每个节点都有且只有一个父节点。

与博弈树有关的参与人如下。每个非终点节点将指派一个参与人在该节点行动。每个有头节点b^h的枝b,表示头节点上的参与人可采取的某个特定行动,该特定行动因而决定了终点节点或博弈中的下一个行动点——接下来将会走到特定的

---

① 技术性地讲,路径即枝序列$b_1, \cdots, b_k$,对于$i = 1, \cdots, k-1$以及$b_k^t = a'$,满足$b_1^h = a$,$b_i^t = b_{i+1}^h$;即路径始于a,每条枝的尾节点也就是下一条枝的头节点,且路径结束于a'。路径的长度为k。

节点 b'。[1]

若在节点 a 处发生随机事件(例如,天气的好坏、配偶的善恶),我们就指派一个虚拟的参与人自然到这个节点上,自然采取的行动代表随机事件的可能结果,同时我们在 a 为头节点的每条枝上绑定一个概率,表示自然选择那条枝的概率(假设所有这样的概率严格为正)。

因而,树的性质意味着,从博弈树的根节点到任意一个特定的节点,参与人(包括自然)所采取的行动序列将是唯一的;对于任意两个节点,从其中一个到另一个,参与人的行动序列最多只有一个。

在轮到其行动时,参与人可以很清楚自己在博弈树中的精确节点,或者只知道自己正在几个可能的节点之一。我们把此类节点集合称为信息集。对于一系列节点组成的信息集,同一个参与人必须在该集合中每个节点上指派行动,并且在每个节点都应有同一组可能行动。

我们也要求,若两个节点 a 和 a' 属于某个参与人的同一个信息集,该参与人到达 a 和 a' 的行动必须是相同的。这一准则即所谓的完美记忆,因为如果参与人永不遗忘自己的行动,则他就无法同时做出两个不同的选择使自己后来置身在同一个信息集。[2]

对于参与人 i,策略 s_i 是在每个指派给 i 的信息集上的行动选择。设想每个参与人 $i = 1, \cdots, n$ 选择策略 s_i,我们称 $s = (s_1, \cdots, s_n)$ 为博弈的策略组合。给定策略组合 s,我们定义 i 的赢利如下:如果没有自然的行动,则 s 就决定了贯穿博弈的唯一路径,因而有唯一的终点节点 $t \in T$。从而,i 在策略组合 s 下的赢利 $\pi_i(s)$ 可由简单的 $\pi_i(t)$ 来定义。

若有自然行动,即在博弈树中有一个或多个节点,存在一张彩票分布于该节点发散出去的不同枝上,而不是由某个参与人在该节点选择。对于每个终点节点 $t \in T$,博弈树中从根节点到 t 有唯一的路径 $\mathbf{p}_t$。对于 $\mathbf{p}_t$ 上的每条枝 b,若参与人 i 在 b^h(b 的头节点)行动,而 s_i 在 b^h 选择 b,则我们称 $\mathbf{p}_t$ 兼容于策略组合 s。若 $\mathbf{p}_t$ 不兼容于 s,我们记为 $p(s, t) = 0$。若 $\mathbf{p}_t$ 兼容于 s,我们定义 $p(s, t)$ 为,沿着 $\mathbf{p}_t$ 的所有与 $\mathbf{p}_t$ 关联的由自然采取行动的节点之概率乘积;若沿着 $\mathbf{p}_t$ 并没有自然的行动,则定义 $p(s, t)$ 为 1。于是现在我们可定义参与人 i 的赢利为:

$$\pi_i(s) = \sum_{t \in T} p(s, t) \pi_i(t) \tag{2.1}$$

请注意,给定策略组合 s,假设自然的选择是独立的,故 $p(s, t)$ 刚好是追随路径 $\mathbf{p}_t$ 的概率,上式就是给定策略组合 s 时参与人 i 的期望赢利。在博弈论中我们通常假

---

[1] 因而,若 $\mathbf{p} = (b_1, \cdots, b_k)$ 是 a 到 a' 的路径,则从 a 出发,若与 b_j 关联的行动被不同的参与人采取,则博弈就推进到 a'。

[2] 描述完美记忆的另一种方式是,请注意参与人 i 的信息集 $\mathcal{N}_i$ 是图的节点,其中信息集 $v \in \mathcal{N}_i$ 的子节点为 $v' \in \mathcal{N}_i$,这些子节点是可以由参与人 i 的某个行动加上其他参与人和自然的行动来达到的。完美记忆意味着该图具有树的性质。

定参与人试图最大化其期望赢利,如式(2.1)所定义的。

例如,考虑图 2.1 所描述的博弈。其中,自然率先行动,以概率 $p_l = 0.6$ 选择 B,之后 Alice 和 Bob 之间的博弈乃是众所周知的囚徒困境(§2.10);以概率 $p_r = 0.4$ 选择 S,之后 Alice 和 Bob 之间的博弈乃是众所周知的性别战(§2.8)。请注意,Alice 清楚自然的行动,因为她在自然行动的两条枝上有分离的信息集,但是 Bob 就不清楚自然的行动了,因为他不知道自己在左边的枝还是在右边的枝。

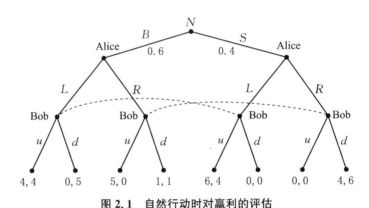

图 2.1　自然行动时对赢利的评估

Alice 的策略可记为 LL、LR、RL 和 RR,其中 LL 意思是无论自然怎么选择自己都选择 L;RR 即无论自然怎么选择自己都选择 R;LR 即若自然选 B 则自己选 L,而自然选 S 则自己选 R;最后,RL 即当自然选择 B 则自己选择 R,而自然选择 S 则自己选择 L。同样,我们可以将 Bob 的选择记为 uu、ud、du 和 dd,其中 uu 意思是无论 Alice 选什么自己都选择 u;dd 即无论 Alice 选什么自己都选择 d;ud 即当 Alice 选择 L 则自己选择 u,当 Alice 选择 R 则自己选择 d;最后,du 即当 Alice 选择 L 则自己选择 d,当 Alice 选择 R 则自己选择 u。

我们分别记 Alice 和 Bob 的赢利为 $\pi_A(x, y, z)$ 和 $\pi_B(x, y, z)$,当 Alice 出招 $x \in \{LL, LR, RL, RR\}$,Bob 出招 $y \in \{uu, ud, du, dd\}$,而自然出招 $z \in \{B, S\}$。那么,利用上述参数值,式(2.1)可给出如下方程:

$$\pi_A(LL, uu) = p_u\pi_A(LL, uu, B) + p_r\pi_A(LL, uu, S)$$
$$= 0.6(4) + 0.4(6) = 4.8$$
$$\pi_B(LL, uu) = p_u\pi_B(LL, uu, B) + p_r\pi_B(LL, uu, S)$$
$$= 0.6(4) + 0.4(4) = 4.0$$

在余下的其他节点上,读者可试填一下赢利。

2.2　标准式

策略式或标准式博弈,由若干参与人、每个参与人的一个策略集,以及将每个参与人的赢利与其策略选择关联起来的赢利函数所组成。更正式地说,n 人标准式博弈由下列要素组成：

    a. 参与人 $i=1, \cdots, n$ 的集合。

    b. 对每个参与人 $i=1, \cdots, n$ 有一个策略集合 S_i。我们称 $s=(s_1, \cdots, s_n)$ 为博弈的策略组合①，其中对于所有的 $i=1, \cdots, n$ 有 $s_i \in S_i$。

    c. 对于参与人 $i=1, \cdots, n$ 有一个函数 $\pi_i: S \to \mathbf{R}$，其中 S 是策略组合集，故 $\pi_i(s)$ 乃策略组合 s 被选择时参与人 i 的赢利。

    如果两个扩展式博弈有相应的同一个标准式博弈（除了行动的标签和参与人命名可能有所不同之外），则此两个扩展式博弈可说成是等价的。但是，给定一个扩展式博弈，我们如何准确构造相应的标准式博弈？首先，标准式博弈中的参与人与扩展式博弈中的参与人是相同的。其次，对于每个参与人 i，令 S_i 为该参与人的策略集，每一个策略皆由 i 在其行动的每个信息集上选择一个行动所构成。最后，赢利函数由式(2.1)给出。若只有两个参与人和有限个数的策略，我们可用矩阵形式写出赢利函数。

    作为练习，读者可试着写出图 2.1 所示博弈的标准式矩阵。

2.3　混合策略

    设想某参与人在标准式博弈中有纯策略 $s_1, \cdots, s_k$。该参与人的混合策略是在 $s_1, \cdots, s_k$ 上的概率分布；即，混合策略有如下形式：

$$\sigma = p_1 s_1 + \cdots + p_k s_k$$

其中，$p_1, \cdots, p_k$ 均为非负，且 $\sum_1^k p_j = 1$。由此我们说参与人以概率 p_j 选择 s_j，$j=1, \cdots, k$。我们称 p_j 为 s_j 在 σ 中的权重。如果所有的 p_j 除其中一个之外全部为零，即 $p_l = 1$，我们就说 σ 是一个纯策略，我们可记为 $\sigma = s_l$。若 $p_j > 0$，则我们称纯策略 s_j 在混合策略中得到了采用。若一个策略没有严格的纯策略，我们就称其为严格混合的；而如果所有的纯策略都在其中得到了采用，则我们称此为完全混合的。我们称混合策略 σ_i 中所采用的纯策略为 σ_i 的支集。

    在 n 人标准式博弈中，若 i 有纯策略集 s_i，$i=1, \cdots, n$，混合策略组合 $\sigma = (\sigma_1, \cdots, \sigma_n)$ 就是每个参与人选择了一个混合策略 σ_i。我们将 σ 的赢利定义如下。令 $\pi_i(s_1, \cdots, s_n)$ 为所有参与人采用纯策略组合 $(s_1, \cdots, s_n)$ 时参与人 i 的赢利；而且当 s 为 i 的纯策略时，令 p_s 为 s 在 σ_i 中的权重。则我们定义：

$$\pi_i(\sigma) = \sum_{s_1 \in S_1} \cdots \sum_{s_n \in S_n} p_{s_1} p_{s_2} \cdots p_{s_n} \pi_i(s_1, \cdots, s_n)$$

这是一个让人望而生畏的表达式，但其背后的思想很简单。我们假设参与人的选

---

① 技术性地讲，这些是纯策略，因为在 §2.3 我们将考虑混合策略，混合策略是纯策略的概率化组合。

择是独立做出的,因此特定的纯策略 $s_1 \in S_1$, $\cdots$, $s_n \in S_n$ 的概率只是简单地运用其权重 $p_{s_1} \cdots p_{s_n}$ 之积而已,而此种情况下参与人 i 的赢利正好是 $\pi_i(s_1, \cdots, s_n)$。我们通过混合策略 n 元组上的连乘和累加得到了期望赢利。

2.4　纳什均衡

根据标准式博弈,纳什均衡概念很容易确切表达。设想博弈有 n 个参与人,他们有策略集 S_i 和赢利函数 $\pi_i: S \to \mathbf{R}$, $i = 1$, $\cdots$, n,其中 S 是策略组合集。我们使用如下一些很有用的标记。令 ΔS_i 为参与人 i 的混合策略集,并且令 $\Delta^* S = \prod_{i=1}^{n} \Delta S_i$ 为该博弈的混合策略组合。若 $\sigma \in \Delta^* S$,我们记 σ_i 为 σ 的第 i 个元素(即,σ_i 是参与人 i 在 σ 中的混合策略)。若 $\sigma \in \Delta^* S$ 且 $\tau_i \in \Delta S_i$,我们记:

$$(\sigma_{-i}, \tau_i) = (\tau_i, \sigma_{-i}) = \begin{cases} (\tau_1, \sigma_2, \cdots, \sigma_n) & \text{如果 } i = 1 \\ (\sigma_1, \cdots, \sigma_{i-1}, \tau_i, \sigma_{i+1}, \cdots, \sigma_n) & \text{如果 } 1 < i < n \\ (\sigma_1, \cdots, \sigma_{n-1}, \tau_n) & \text{如果 } i = n \end{cases}$$

换句话说,(σ_{-i}, τ_i) 是针对参与人 i 将 σ_i 替换成 τ_i 而得到的策略组合。

当对于每一个参与人 $i = 1$, $\cdots$, n,以及每个 $\sigma_i \in \Delta S_i$,有 $\pi_i(\sigma^*) \geq \pi_i(\sigma_{-i}^*, \sigma_i)$,即对于参与人 i 来说给定其他人选择 σ_{-i}^* 则自己选择 σ_i^* 至少与选择 σ_i 一样好,那么我们就说策略组合 $\sigma^* = (\sigma_1^*, \cdots, \sigma_n^*)$ 是一个纳什均衡。请注意,在一个纳什均衡中,每个人的策略都是其他所有人所选策略的最优反应。最后,请注意参与人可以有与纳什均衡中所选策略同等优的反应——故纳什均衡中的策略不必是严格更优的。

纳什均衡概念很重要。因为很多情况下,假定人们会选择纳什均衡中所实施的策略,我们便可准确(或推理上准确)预测人们在博弈中将如何出招。在模拟策略随时间优胜劣汰的演化过程的动态博弈中,稳定状态总是纳什均衡。相反,那些看来不合情理的纳什均衡,在动态过程中通常是不稳定的,我们也就别想在真实世界发现它(Gintis, 2009)。在人们看来系统地背离了执行纳什均衡的情形中,我们有时会发现是人们并没有理解博弈,或者我们误设了他们所进行的博弈或者误设了分配给他们的赢利。但更重要的是,我们在随后几章将会看到,人们仅仅是根本不按照纳什均衡出招。

2.5　纳什均衡的基本定理

John Nash 证明,每个有限博弈都有一个混合策略纳什均衡(Nash, 1950)。更具体地,我们有如下定理。

定理 2.1　纳什均衡的存在性。若 n 人博弈中,每个参与人策略个数有限,则博弈有一个(但不必定唯一的)纳什均衡(有可能是混合策略纳什均衡)。

如下的混合策略基本定理提出了寻找纳什均衡的原则。令 $\sigma = (\sigma_1, \cdots, \sigma_n)$ 为 n 人博弈的混合策略组合。对于任意参与人 $i = 1, \cdots, n$，令 σ_i 表示除 i 之外的其他所有参与人的混合策略。混合策略纳什均衡基本定理声称：σ 将是一个纳什均衡，当且仅当对于任意具有纯策略集 S_i 的参与人 $i = 1, \cdots, n$，有：

a. 若 $s, s' \in S_i$ 在 σ_i 中以正概率发生，则针对 σ_{-i} 出招时 s 和 s' 的赢利是相等的；

b. 若 s 在 σ_i 中以正概率发生，而 s' 在 σ_i 中以零概率发生，则针对 σ_{-i} 出招时 s' 的赢利不会高于 s 的赢利。

基本定理的证明是很简单的。设想 σ 是纳什均衡中参与人的混合策略，在纳什均衡中参与人以概率 $p > 0$ 选择 s 而以概率 $p' > 0$ 选择 s'。在针对 σ_{-i} 出招时若 s 比 s' 有更高的赢利，那么 i 就可以 $(p + p')$ 的概率采用 s 而从来不用 s' 并保持其他纯策略原来概率不变，这样一个混合策略可以带来比 σ 更高的赢利，因此 σ 就不是 σ_i 的最优反应。这与要证明的结论矛盾。余下的证明是类似的。

2.6　求解混合策略纳什均衡

这一问题要求读者运用一般方法去寻找标准式博弈中的混合策略均衡。考虑右边的博弈。当然，首先读者应寻找一下纯策略均衡。要寻找完全的混合策略均衡，我们可用基

	L	R
U	a_1, a_2	b_1, b_2
D	c_1, c_2	d_1, d_2

本定理(§2.5)。设想列参与人采用混合策略 $\sigma = \alpha L + (1-\alpha)R$（即以概率 α 出招 L）。然后，若行参与人同时运用 U 和 D，则两者在对付 σ 时必有相同的赢利。U 对付 σ 的赢利为 $\alpha a_1 + (1-\alpha)b_1$，而 D 对付 σ 的赢利为 $\alpha c_1 + (1-\alpha)d_1$。令两式相等，我们得到：

$$\alpha = \frac{d_1 - b_1}{d_1 - b_1 + a_1 - c_1}$$

要使上式有意义，分母不能为零且等号右端的值要在 0 和 1 之间。请注意，列参与人的策略是由行参与人两个策略赢利相等的要求来决定的。

现在，设想行参与人采用策略 $\tau = \beta U + (1-\beta)D$（即以概率 β 出招 U）。那么，若列参与人同时采用 L 和 R，则在对付 τ 时两者的赢利应该是相等的。L 对付 τ 的赢利是 $\beta a_2 + (1-\beta)c_2$，而 R 对付 τ 的赢利是 $\beta b_2 + (1-\beta)d_2$。令两式相等，我们有 $\beta = (d_2 - c_2)/(d_2 - c_2 + a_2 - b_2)$。

同样，要使上式有意义，分母必须为非零的数，等号右端必须在 0 到 1 之间。请注意，现在行参与人的策略，是由列参与人两个策略赢利相等的要求来决定的。

a. 假设上述结果确为一混合策略均衡。两个参与人的赢利是多少？

b. 请注意，求解 2×2 博弈，我们检查了纳什均衡的五种不同结构——四个纯

的和一个混合的。但是还有四种结构，其中一个参与人使用纯策略而另一个参与人使用混合策略。要说明这一点，不妨假设存在一个纳什均衡，其中行参与人采用纯策略(如 uu)而列参与人采用完全混合策略，即列参与人的任何一个策略都是 uu 的最优反应。

c. 检查 2×3 的博弈，会有多少种不同结构？3×3 博弈呢？$n \times m$ 博弈呢？

2.7 划拳

	Bob c_1	c_2
Alice		
c_1	$1, -1$	$-1, 1$
c_2	$-1, 1$	$1, -1$

Alice 和 Bob，每人同时出一根(c_1)或二根(c_2)手指。若他们出拳相同，算Alice胜；否则，就算 Bob 胜。赢家从输家那里获得 1 美元。该博弈的标准式如左图所示。这里不存在纯策略均衡，故设想 Bob 采用混合策略 σ，其中以概率 α 出招 c_1 而以概率 $(1-\alpha)$ 出招 c_2。我们将此记为 $\sigma = \alpha c_1 + (1-\alpha)c_2$。若 Alice 同时以正概率采用 c_1 和 c_2，则两者在对付 σ 时必有相等的赢利，否则 Alice 就会剔除低赢利策略而只采用高赢利的策略。c_1 对付 σ 的赢利为 $\alpha \cdot 1 + (1-\alpha)(-1) = 2\alpha - 1$，而 c_2 对付 σ 的赢利为 $\alpha(-1) + (1-\alpha)1 = 1 - 2\alpha$。若两者相等，则 $\alpha = 1/2$。同样的推理证明，Alice 也以各 $1/2$ 的概率选择每个策略。Alice 的期望赢利因而是 $2\alpha - 1 = 1 - 2\alpha = 0$，对于 Bob 亦是如此。

2.8 性别战

	Violetta 玩赌	看戏
Alfredo		
玩赌	$2, 1$	$0, 0$
看戏	$0, 0$	$1, 2$

Violetta 和 Alfredo 彼此相爱，爱得如此之深，以至于从不愿分离。但 Alfredo 想去玩赌，而 Violetta 却想去看戏。他们的赢利如左图所示。该博弈有两个纯策略均衡和一个混合策略均衡。我们将证明，Alfredo 和 Violetta 如果坚守他们的纯策略均衡中的任何一个，他们的处境都会更好。

令 α 为 Alfredo 将去看戏的概率，令 β 为 Violetta 将去看戏的概率。由于严格的混合策略均衡中 Alfredo 从看戏和玩赌中得到的赢利必然相等，我们必有 $\beta = 2(1-\beta)$，这意味着 $\beta = 2/3$。由于 Violetta 从玩赌和看戏中获得的赢利必然相等，我们必有 $2\alpha = 1 - \alpha$，故 $\alpha = 1/3$。该博弈中每个人的赢利则为：

$$\frac{2}{9}(1, 2) + \frac{5}{9}(0, 0) + \frac{2}{9}(2, 1) = \left(\frac{2}{3}, \frac{2}{3}\right)$$

因为有 $(1/3)(2/3) = 2/9$ 的时间两人都去玩赌，有 $(1/3)(2/3) = 2/9$ 的时间两人都去看戏，因而其他时间会彼此错过。

如果他们能够协调行动，双方处境都会变得更好，因为 $(2, 1)$ 和 $(1, 2)$ 都比 $(2/3, 2/3)$ 要好。

2.9　鹰鸽博弈

考虑一个鸟类种群,为丰裕的地盘而战斗。有两种可能的策略:鹰(H)策略,即顽强战斗直至受伤或对手撤退;鸽(D)策略,即显示敌意,但倘若对手顽抗则在受伤前撤退。赢利矩阵如右图所给出,其中 $v>0$ 为地盘的价值,$w>v$ 是受伤的代价,而 $z=(v-w)/2$ 是两只鹰派鸟儿相遇时的赢利。鸟儿们可采取混合策略,但它们不能将自己的行动建立在自己为参与人 1 或参与人 2 的条件上,因而两个参与人都必须采用同样的混合策略。

	H	D
H	z,z	$v,0$
D	$0,v$	$v/2,v/2$

作为练习,请解释赢利矩阵,并利用赢利矩阵证明不存在对称的纯策略纳什均衡。纯策略对 (H,D) 和 (D,H) 是纳什均衡,但它们并非对称的,由于我们已假定鸟儿们不知道谁是参与人 1、谁是参与人 2,故非对称均衡是不可能得到的。这里只存在唯一一个对称的纳什均衡,其中参与人不会以是否属于参与人 1 或参与人 2 为条件来选择行为。这就是博弈唯一的混合策略纳什均衡,现在我们就来分析它。

令 α 为扮鹰的概率。扮鹰的赢利则是 $\pi_h=\alpha(v-w)/2+(1-\alpha)v$,而扮鸽的赢利为 $\pi_d=\alpha(0)+(1-\alpha)v/2$。当 $\alpha^*=v/w$ 时两式相等,于是当 $\alpha=\alpha^*$ 时,唯一的对称纳什均衡产生了。每个参与人的赢利因而为:

$$\pi_d=(1-\alpha)\frac{v}{2}=\frac{v}{2}\left(\frac{w-v}{w}\right)$$

请注意,虽然对于很高的 w,损失的价值很小,但当 w 逼近 v,地盘的几乎全部的价值都在战斗中消耗了。这就是军事用语中人们耳熟能详的"同归于尽"。当然,如果存在某些失误的可能性,其中某个参与人以正概率错误地选择鹰策略,则读者可轻松证明"同归于尽"将带来非常糟糕的赢利。

2.10　囚徒困境

Alice 和 Bob 若合作(C)则每人可赚得利润 R。不过,任何一个人都能背着对方秘密干点私活(D)并赚得 $T>R$,但另一个人就只能赚得 $S<R$。若双方都背着对方干,那么他们将赚得 P,这里 $S<P<R$。每个人都要独自决定是选择 C 还是 D。博弈树如右图所示。赢利 T 表示(背叛搭档的)"诱惑"(temptation),S 表示"傻客"(sucker)(因为搭档都背叛了自己还在合作),P 表示"惩罚"(punishment)(你背叛我也背叛),而 R 表示"奖赏"(reward)(因为大家都合作了)。我们通常假定 $S+T<2R$,这样的话轮流选择 C 和 D 是没什么好处的。

	C	D
C	R,R	S,T
D	T,S	P,P

若你为 Alice,则令 α 为出招 C 的概率;若你为 Bob,则令 β 为出招 C 的概率。为简化代数,假定 $P=0$,$R=1$,$T=1+t$ 以及 $S=-s$,其中 $s,t>0$。容易发现,上述假设所涉不会丧失一般性,因为所有的赢利加上一个常数或乘上一个正常数,

博弈的纳什均衡并不会改变。现在,Alice 和 Bob 的赢利为:

$$\pi_A = \alpha\beta + \alpha(1-\beta)(-s) + (1-\alpha)\beta(1+t) + (1-\alpha)(1-\beta)(0)$$
$$\pi_B = \alpha\beta + \alpha(1-\beta)(1+t) + (1-\alpha)\beta(-s) + (1-\alpha)(1-\beta)(0)$$

从上述式子中可清楚发现,π_A 可通过选择 $\alpha = 0$ 实现最大化,而不管 Bob 如何出招;同样地,π_B 可通过选择 $\beta = 0$ 实现最大化,而不管 Alice 如何出招。这正是相互背叛的均衡。

正如我们将在 §3.5 见到的,这并非大多数人在实验室博弈中的行事方式。相反,人们很多时候偏向于合作,只要给定他们的对手也合作。若假定双方合作时,在诱惑赢利 $T = 1+t$ 上,Alice 还有精神收益 $\lambda_A > 0$,而 Bob 还有精神收益 $\lambda_B > 0$,我们便可捕捉到这一现象。利用上述假设重写赢利方程,我们得到:

$$\pi_A = \alpha\beta(1+t+\lambda_A) + \alpha(1-\beta)(-s) + (1-\alpha)\beta(1+t) + (1-\alpha)(1-\beta)(0)$$
$$\pi_B = \alpha\beta(1+t+\lambda_B) + \alpha(1-\beta)(1+t) + (1-\alpha)\beta(-s) + (1-\alpha)(1-\beta)(0)$$

简化,得到:

$$\pi_A = \beta(1+t) - \alpha(s - \beta(s+\lambda_A))$$
$$\pi_B = \alpha(1+t) - \beta(s - \alpha(s+\lambda_B))$$

第一个式子表明,当 $\beta > s/(s+\lambda_A)$,则 Alice 将出招 C;而一旦 $\alpha > s/(s+\lambda_B)$,则 Bob 将出招 C。若相反的条件成立,则双方都将出招 D。

2.11 Alice、Bob 和设计者

考虑 Alice 和 Bob 进行的一场博弈,其标准式如左图所示。它有两个帕累托有效的纯策略均衡:$(1, 5)$ 和 $(5, 1)$。还存在一个赢利为 $(2.5, 2.5)$ 的混合策略均衡,其中 Alice 以概率 0.5 出招 u 而 Bob 以概率 0.5 出招 l。

Alice	Bob	
	l	r
u	5,1	0,0
d	4,4	1,5

若参与人能联合观察某个设计者,设计者以各自 1/2 的概率发出信号 ul 或 dr,然后 Alice 和 Bob 遵循设计者——即他们观察到 ul 便出招 (u, l),观察到 dr 便出招 (d, r)——便可达到赢利 $(3, 3)$。请留意,这是一个更大的博弈的纳什均衡,在这个更大的博弈中,设计者作为自然率先行动。这是一个纳什均衡,因为给定其他人践行了设计者的指示,则每个参与人都选择了对其他人的最优反应。这种情况在术语上叫做原博弈的相关均衡(Aumann, 1974)。被人们当作行动条件的寻常可测事件被称作相关机制。

该博弈的一个更一般的相关均衡可构造如下。考虑一个设计者,乐于指示 Alice 出招 d、Bob 出招 l,从而联合赢利为 $(4, 4)$ 就可以实现。问题是,若 Alice 遵循设计者,那么 Bob 就有动机选择 r,因为这可给他带来赢利 5 而不是 4。同样,若 Bob 遵循设计者,则 Alice 就有动机选择 u,因为这给她带来赢利 5 而不是 4。因而

设计者必须要更加经验老到才行。

设想设计者有三种状态。状态 ω_1 以概率 α_1 发生,在该状态设计者建议 Alice 选择 u 而建议 Bob 选择 l。状态 ω_2 以概率 α_2 发生,在该状态设计者建议 Alice 选择 d 而建议 Bob 选择 l。状态 ω_3 以概率 α_3 发生,在该状态设计者建议 Alice 选择 d 而建议 Bob 选择 r。我们假设 Alice 和 Bob 知道 α_1,α_2 和 $\alpha_3 = 1 - \alpha_1 - \alpha_2$。并且两人都有规范倾向(见第 7 章)服从设计者,除非他们可从背叛中得到更大好处,这一点是共同知识。不过,无论 Alice 还是 Bob,都观察不到设计者的状态 ω,每个人都只能听到设计者告诉自己的,而不知道设计者告诉他人的。我们将会找出使得博弈有一个帕累托有效相关均衡的 α_1,α_2 和 α_3 的值。

请注意,Alice 有知识分划 $[\{\omega_1\}, \{\omega_2, \omega_3\}]$(§1.5),即她对状态 ω_1 的发生是清楚的,但对状态 ω_2 或 ω_3 的发生就不清楚了。这是因为,她只是在状态 ω_1 被告知采取行动 u,而在状态 ω_2 和 ω_3 都被告知采取 d。对于 Alice,给定 $\{\omega_2, \omega_3\}$ 时 ω_2 的条件概率为 $p_A(\omega_2) = \alpha_2/(\alpha_2 + \alpha_3)$,同理,$p_A(\omega_3) = \alpha_3/(\alpha_2 + \alpha_3)$。也请注意,Bob 有知识分划 $[\{\omega_3\}, \{\omega_1, \omega_2\}]$,因为他只在状态 ω_3 被告知采取行动 r,而在状态 ω_1 和 ω_2 都被告知采取 l。对于 Bob,给定 $\{\omega_1, \omega_2\}$ 时 ω_1 的条件概率为 $p_B(\omega_1) = \alpha_1/(\alpha_1 + \alpha_2)$,同理,$p_B(\omega_2) = \alpha_2/(\alpha_1 + \alpha_3)$。

当 ω_1 发生,Alice 知道 Bob 出招 l,对此 Alice 的最优反应是 u。当 ω_2 或 ω_3 发生,Alice 知道设计者以概率 $p_A(\omega_2)$ 指示 Bob 选 l 而以概率 $p_A(\omega_3)$ 指示 Bob 选 r。从而,尽管事实是 Bob 只采取纯策略,但 Alice 认为她的确面临着对方以概率 $\alpha_2/(\alpha_2 + \alpha_3)$ 选 l 而以概率 $\alpha_3/(\alpha_2 + \alpha_3)$ 选 r 的混合策略。这种情况下,出招 u 的赢利为 $5\alpha_2/(\alpha_2 + \alpha_3)$,而出招 d 的赢利为 $4\alpha_2/(\alpha_2 + \alpha_3) + \alpha_3/(\alpha_2 + \alpha_3)$。如果 d 是最优反应,则我们必有 $\alpha_1 + 2\alpha_2 \leq 1$。

转过来分析一下 Bob 的条件。当 ω_3 发生,Alice 将出招 d 而 Bob 的最优反应为 r。当 ω_1 或 ω_2 发生,Alice 将以概率 $p_B(\omega_1)$ 出招 u 而以概率 $p_B(\omega_2)$ 出招 d。当 $\alpha_1 + 4\alpha_2 \geq 5\alpha_2$ 时 Bob 选择 l。因此,满足 $1 \geq \alpha_1 + 2\alpha_2$ 和 $\alpha_1 \geq \alpha_2$ 的任意 α_1 和 α_2 都允许有相关均衡。另一个特征是 $1 - 2\alpha_2 \geq \alpha_1 \geq \alpha_2 \geq 0$。

何为 α_1 和 α_2 的帕累托最优选择?由于相关均衡事关 $\omega_1 \rightarrow (u, l)$,$\omega_2 \rightarrow (d, l)$ 以及 $\omega_3 \rightarrow (d, r)$,$(\alpha_1, \alpha_2)$ 的赢利为 $\alpha_1(5, 1) + \alpha_2(4, 4) + (1 - \alpha_1 - \alpha_2)(1, 5)$,化简有 $(1 + 4\alpha_1 + 3\alpha_2, 5 - 4\alpha_1 - \alpha_2)$,其中 $1 - 2\alpha_2 \geq \alpha_1 \geq \alpha_2 \geq 0$。这是一个线性规划问题。容易发现,$\alpha_1 = 1 - 2\alpha_2$ 或者 $\alpha_1 = \alpha_2$ 且 $0 \leq \alpha_2 \leq 1/3$。解如图 2.2 所示。

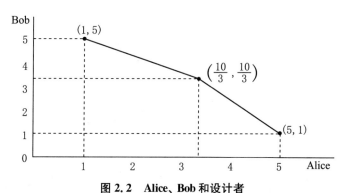

图 2.2 Alice、Bob 和设计者

两条直线连接了$(1, 5)$到$(10/3, 10/3)$再到$(5, 1)$,就是帕累托最优点的集合。请注意,对称的点$(10/3, 10/3)$对应于点$\alpha_1 = \alpha_2 = \alpha_3 = 1/3$。

2.12 效率加强型设计者

考虑某n人博弈,其中参与人可在$k = 1, \cdots, 10$区间内选择一个整数。自然从该区间选择一个整数k,如果n个人也全都选择了k,则每人赢利为1;否则,每人赢利为0。若有人问及(每人限抽样一次),自然会提供给他一个有噪音的信号,该信号有$p > 0.10$的概率等于真实的值。每个参与人的最优反应是,抽取一次信号,然后选择一个与所获得信号等同的数字。每个人的赢利将为p^n。对于相关均衡,设想存在一个社会规则,该规则使得最年轻的参与人有义务披露其选择,于是每个参与人的赢利就会是p了。例如,当$p = 90\%$且$n = 25$,纳什均衡赢利为0.071,仅仅是相关均衡赢利值的8%。

上述例子说明,尝试找到恰当的相关机制,群体可以获得巨大的好处。

2.13 相关均衡解概念

第7章将进一步研究相关均衡概念。经典博弈论忽略了这一概念,尽管我们将说明,它是一个比纳什均衡更加自然而然的解概念。原因在于,相关均衡概念直接牵涉到纳什均衡概念的关键缺陷:缺乏在诸多具有同等合理性的不同选择中进行选择的机制;缺乏在若干纯策略间感觉无差异之参与人的行为之协调机制;缺乏对采纳所建议策略的参与人提供激励的机制,即便存在一些私利导致自利的主体采取其他行动的时候。

博弈理论家尚未接受相关均衡,只因它看起来需要一个设计者形式的积极的社会制度,而这无法在博弈论内部得到解释。我们将试图表明,相关均衡概念的真正威力恰在于此:它从博弈论指向了更大的、互补的社会认识论。第7章和第12章将对此予以探索。

▶3

博弈论与人类行为

上帝狡猾,却并无恶意。

Albert Einstein

博弈论是多人决策的理论,其中每个参与人的选择都会影响到其他参与人的赢利,而每个参与人也会在决策中考虑到这一点。在本章,我们探讨博弈论对于实验设计的贡献,这些实验旨在理解事关策略互动中的个体行为。我们称之为行为博弈论。

博弈论是适用于所有生命形式的万能宝典。策略性互动将生命形式和无生命的实体划分得一清二楚,并定义了生命本身。策略性互动是广泛运用于生命系统分析的独有的概念,在物理学或化学中没有这样的概念。

博弈论为研究社会交往提供了概念工具和程序工具,包括参与人特征、博弈规则、信息结构以及与特定策略性互动相联系的赢利。目前,不同的行为学科(经济学、心理学、社会学、政治学、人类学和生物学)都基于特定的原则并依赖于不同类型的数据。而行为博弈论则孕育了一个统一的分析框架,可应用于所有的行为学科。这有利于跨学科信息交换,最终可能会在某种程度上使得行为科学像自然科学那样统一起来(见第12章)。而且,由于行为博弈论的推断可以得到系统性的检验,所得的结果可以在不同的实验室中重现(Plott,1979;Smith,1982;Sally,1995),这就使得社会科学真的成为了科学。

行为博弈论预设了§1.1所提出的BPC模型。实验将个体限定在不同的环境中,包括不同的赢利、信息条件、行为约束,并从他们的行为推断其潜在的偏好。倘若个体并非最大化其一致性偏好,上述推断就不可行。不过第一章已阐明,人类受试表现出的与标准的决策理论背道而驰的行为,尽管很重要,但却可以兼容于附加上行为失误的偏好一致性。

3.1　自虑与他虑的偏好

本章探讨自虑(self-regarding)和他虑(other-regarding)行为之间的相互作用。

所谓自虑的行动者,指的是博弈G中参与人i最大化其赢利π_i,如§2.1所定义的那样。因此,自虑者只有在他人的行为和赢利影响到自己的赢利π_i时,才会关心他人的行为和赢利。术语"自虑"比"利己"(self-interested)更准确;因为一个他虑的个体若始终最大化其效用,则可以说他是利己的。例如,如果我能从你的消费中获得极大的愉悦,那么我向你馈赠礼物可能是出于利己动机,虽然这肯定是他虑行为。通过使用自虑/他虑术语,我们就可以避免混淆(以及太多的伪哲学讨论)。

行为博弈论的一个重要结论是,对有详尽合约规定的市场过程——如双向拍卖(供给和需求)和寡头——进行建模时,持自虑行动者假设的博弈理论之预言在许多社会情境中都准确无误(Kachelmaier and Shehata,1992;Davis and Holt,1993)。在此类市场环境中,特别是在处理价格动态性及其与买卖双方预期之关系方面,行为博弈论有大量的新见解(Smith and Williams,1992)。

自虑行为能够解释市场动态性这一事实,使"人是自虑的"这一新古典经济学惯例假设是可信赖的。但是,这绝不能为"经济人"辩护,因为许多的经济交易确实不曾匿名进行,比如雇主与雇员、贷方与借方以及公司与客户等关系。这也不能用于经济产出的福祉含义上去(例如,人们可能会关心经济中总体上的不平等程度,和/或他们在收入与财富分配中所处的相对位置);同时,也不能用于纳税人行为(例如,他们可能比一个自虑的个体更诚实或更不诚实,而且他们可能宁愿将资源转向或转离其他个体,即使这会让他们自己破费)或者经济政策的重要方面(例如,对付腐败、欺诈及其他违背信托责任的行为)的建模上去。

另一个重要结论是,当合约不完全而个体能够进行策略性互动,且有能力奖赏或惩罚他人之行为时,基于自虑行动者模型的博弈理论之预测常常会失效。在这类情形,常常可发现性格美德(包括诚实、守诺、可信、得体)以及利他合作(舍己为人)和利他惩罚(舍己治人)。上述行为常见于社会困境,即n人囚徒困境——这种情形中若合作则大家都有好处,但问题是每个人都有动机背叛合作、损人利己(可参阅§3.9)。

尽管他虑偏好在人类学、社会学和社会心理学中实属老生常谈,但直到不久之前,经济学和生物学仍一直忽略了它们。在经济学中,文明的自虑使个体能够进行大群体合作,这一观念回归到了 Bernard Mandeville 的"私人之恶、公共之善"(1924[1705])和 Adam Smith 的"看不见手"(2000[1759])。伟大的 Francis Ysidro Edgeworth 认为,自虑是"纯经济学的第一原则"(Edgeworth,1925,p.173)。在生物学中,自私原则被吹捧为严格的演化建模的核心含义。例如,在《自私的基因》(1976)中,Richard Dawkins 断言:"我们只是生存的机器——是被盲目地设计去保存称为基因的自私分子的机器人载体⋯⋯让我们努力去教导慷慨和利他主义吧,因为我们天生是自私的。"同样地,在《道德体系生物学》(1987,p.3)一书中,R. D. Alexander 断言:"只有把社会看作是追逐私利之个体的集合时,我们才能理解伦理、道德、人类的行为和心灵。"更充满诗意的是 Michael Ghiselin(1974)

所写:"要是情操搁置一旁,便没有真正的慈善迹象,去改善我们的社会理想。那通向合作的道路,原本是巧取豪夺加上顺手牵羊……利他者的伤口上,只见到伪君子的血液流淌。"

达尔文式的生存竞争,或可解释美德这一概念为何没有用到我们对动物行为的理解上去,但就所有可得的证据而言,美德乃是人类行为的核心部分。个中原因乃某些思辨探索之主题(Gintis,2003a,2006b),但这些原因最终可归结为合乎情理的洞见:人类社会生活如此复杂、对亲社会行为的奖赏又那么遥远和模糊,遵循一般的礼节规矩,包括严格控制发怒、贪婪、暴食和淫欲之类的严重罪过,实乃提升个体的适存度(Simon,1990;Gintis,2003a)。

行为博弈论所揭示的社会困境中一个突出的行为是强对等性。强对等者带着合作(利他合作)的倾向出现在社会困境中,通过维持或者提升其合作水平来回报他人的合作,并且通过惩罚"违规者"来回击其非合作行为,即使自己要为此承担代价,即使从这些做法(利他惩罚)中看不到个人将来的好处。在没有其他惩罚形式的时候,强对等者的反应是以背叛对付背叛。

因而,强对等者并非乌托邦理论中的大公无私者,也不是传统经济学中只关注自己的个体。相反,他是一个有条件的合作者,其对等倾向可在如下环境中诱发,即自虑能以别的方式发布指令的环境。强对等性积极的一面即众所周知的"礼尚往来"。这种情形中,个体若料想或期望别人好好待他,则他就会超乎寻常地善待别人(Akerlof,1982)。例如,在一个实验室模拟的工作环境中,"雇主"可支付比市场出清水平更高的工资以期"雇员"付出更多的努力来回报(§3.7),"雇主"的慷慨通常会得到"雇员"充分的回报。

行为博弈论所揭示的社会困境中另一个突出的行为是不平等规避。不平等规避者情愿降低自己的赢利来促进群体中的公平程度(这就是为何人们广泛支持慈善和社会福祉项目的原因)。但是,当个人处于不平等关系中受损的一方时,他就特别不开心。只要能使相对获益更多的一方赢利下降更多,不平等规避的个体将愿意减少自己的赢利。简而言之,不平等规避的个体在其作为受益人时表现出较弱的动机去降低不平等,当其作为受害人时表现出强烈的动机去降低不平等(Loewenstein,Thompson and Bazerman,1989)。不平等规避与强对等性的区别在于,不平等规避者只关心最终赢利的分配,而不关心其他参与人在导致这场分配中所起的作用。强对等者则相反,他们并不嫉妒他人的赢利,而是对别人如何公平对待自己十分敏感。

自虑的主体,通常的说法就是反社会者。一个反社会者(例如,强奸犯、食人魔、职业杀手)漠视他人,只关心自己能在这个过程中得到什么,全然不顾会令对方付出什么代价。事实上,于大多数人,人与人之间的关系由自虑引导,也由共鸣(和敌意)引导,两者不相上下。同情原则是 Adam Smith 的巨著《道德情操论》的导向主题,尽管他那"看不见手"的自虑原则是经济理论中的重要洞见之一。

从行为博弈论中我们可以得出,必须将个体的目标视作事实问题,而非逻辑问题。我们也可以就诚实、守诺、懊悔、比同、记仇、求名、羞愧、内疚和沉溺进行建模，刻画为受制于预算约束的消费物品束之选择（§12.8）（Gintis，1972a，1972b，1974，1975；Becker and Murphy，1988；Bowles and Gintis，1993；Becker，1996；Becker and Mulligan，1997）。

3.2 行为博弈论的方法论问题

2002 年获得诺贝尔经济学奖的 Vernon Smith 早在 1956 年就于普渡大学和斯坦福大学启动了对市场交换的实验研究。Smith 的结论支持了传统的社会交换理论。但是直到 20 世纪 80 年代，除了 Smith 之外，真正以人类为基础运用实验室实验对人类行为进行建模的行为学科就只有社会心理学了。尽管实验社会心理学获得了诸多洞见，但其实验设计却是很脆弱的。比如，全然忽略 BPC 模型，鲜少运用博弈论，故难以就观察到的行为建立解析模型，而且实验中也很少使用激励机制（如金钱奖惩）去揭示受试者潜在的真实偏好。结果，与其他行为科学假设大相径庭的社会心理学的发现，广受忽视。

改变这一切状况的是最后通牒博弈（Güth，Schmittberger and Schwarze，1982）的实验结果（§3.6），它们表明，即使在受试者匿名的单次博弈中，人们也往往拒绝在他们看来是不公平的货币奖金。这个实验及后来的一系列实验——其中有一些会在下面加以分析——对个人乃自虑的这一被广泛运用的假设提出了直接的挑战。毫不奇怪，各学科的第一反应自然是批评这些实验，而不是质疑他们自身理论中的偏见。对于新的论据，这是颇有价值的反应，所以我们应该概括一下对实验发现的不同反对意见。

首先，人们的日常生活离不开社会关系，受试者在受控环境下的简单博弈中的行为，对于理解人们在复杂繁琐而世俗的社会关系中的行为毫无意义。我们将在§3.15 讨论实验室实验的外在效度。

其次，实验室中的博弈并非生活中常见，所以人们不知道在博弈中怎样才能做得最好。因此，他们就像日常生活中那样简单地行动，但日常生活中的交往是重复的而不是一次性的，且发生在熟人之间而不是陌生人之间。例如，批评者提出，强对等性只是受试者大量的经验带入实验室的令人混淆的残渣，受试者经验意识到建立诚信声誉和乐于惩罚背叛者的价值，这两者都会使一个自虑者受益。但是，当博弈中融合了建立声誉的机会时，受试者会对照一系列没有声誉建立的单次博弈做出可预测的策略调整，这表明受试者能够区分这两种环境（Fehr and Gächeter，2000）。博弈后的面谈表明受试者全然理解了博弈的单次性质。

此外，单次匿名交往并不罕见。日常生活中我们会经常遭遇。发达的市场社会中，成员们频繁地进行单次博弈——几乎每一次与陌生人交往都是此类博弈。人们生活中的重大稀有事件（如提防攻击者、战时赤膊上阵、遭遇自然灾害或者重大疾病）都是单次的博弈，在这些博弈中，人们表现出的强对等性不比实验室中来得少。尽管我们如下提及的小规模社会中,其成员与陌生人交往更少,由于曾提及的其他原因他们也更少地受制于单次约束。但事实上,这样的社会中,更多地参与市场交换导致的是更强的而不是更弱的背离自虑行为(Henrich, et al. , 2004)。

把实验室中观察到的他虑行为归结到受试方的认识混淆,未免太简单。这一认识的线索是,当实验者指出受试者若采取不同行动便可获得更多金钱时,受试者通常的回应是:他们当然也知道,但却宁愿采取更有道德和情感满足的行动,而不是简单地最大化其物质利益。顺便提一下,这与第 1 章的行为决策理论实验尖锐对立,行为决策理论实验中受试者通常会承认自己失误。

近来的神经科学证据支持了如下见解:受试者惩罚对自己不公平的人,仅仅因为这可以大快人心。de-Quervain 等(2004)运用正电子发射断层扫描考察了对经济交换中的背叛者进行利他惩罚的神经基础。实验在受试者获悉背叛者滥用信任并决定予以惩罚时扫描了他们的大脑。发现惩罚激活了背纹体,而背纹体与目标导向结果所产生的奖赏处理有关。而且,背纹体激活程度越强的受试者,越愿意承受更大的代价去实施惩罚。这一发现支持了如下假说:人们从惩罚违规者中得到满足,背纹体激活程度反映了从惩罚背叛者中可望得到的满足。

第三,有可能受试者并不真的认为匿名条件会得到尊重,他们采取利他行为是因为他们担心自己的自私行为会被披露给其他人。这一说法有几个问题。其一,行为博弈研究的严格规则之一就是,受试者不会受哄骗或其他误导,而实验者会告知他们这一事实。因此,披露参与人的身份将会违背科学诚信。其二,对于发现的自私行为,通常也无法施加惩罚。其三,过于担心欺骗行为被发现本身就是强对等性的特征之一,强对等性是一个心理学上的特征,即便人们最在意其自私需求的时候,它也诱导人们采取亲社会行为。例如,自私行为被揭露可能会让受试者觉得尴尬和丢脸,但羞愧和尴尬本身就是促进人类亲社会行为的他虑情感(Bowles and Gintins, 2004;Carptenter, et al. , 2009)。简而言之,受试者高估曝光概率以及曝光代价的倾向,都是亲社会的心理过程(H. L. Mebcken 就曾经将"良心"定位为"一个提醒我们有人正在审视我们的细小声音")。其四,可能也是最说明问题的,在严格受控的旨在检验假说——受试—实验者的匿名性对于促进利他行为很重要——的实验中,结果发现,无论实验者对受试者行为了解多少,受试的行为都是相似的(Bolton and Zwick, 1995;Bolton, Katok and Zwick, 1998)。

最后一个观点是,尽管博弈是单次的,且参与人可以对他人匿名,但受试者都记得自己是怎样行动的,当他们回想起自己的慷慨大度或乐于付出代价惩罚其他的自私鬼时,他们可得到极大的愉悦。这非常正确,或许还解释了实验博弈中的大量非自虑行为。①但是,这并不会与人们行为乃他虑的这一事实相抵触! 相反,它

---

① 威廉·莎士比亚也明白这一道理,他让亨利五世在面临更强大的法国军队时用如下言辞去鼓舞士兵夺胜:"无论是谁,若今天能够幸存……以后每年的今天都能重温旧事,把伤疤展示给邻居们,把今天浴血沙场的故事讲给他们听。这些故事将代代相传,我们将万世流芳,永存于人们的心中。"

确认了人们可以为了个人利益而从事他虑行为。自虑(self-regarding)行为和利己(self-interested)行为只有对反社会者来说才是一样的。

在以下描述的所有博弈中，除非特别说明，受试者都是大学生且彼此匿名，他们被付以真实的货币，没有受到实验者的哄骗或误导，并且在真实对局之前，他们受到了辅导并达到了充分理解规则和赢利的地步。

3.3 匿名的市场交换

我用新古典经济学这个词，指的是微观经济学课程中那些老生常谈的内容，包括 Kenneth Arrow、Gérard Debreu、Frank Hahn、Tjalling Koopmans 等人建立的瓦尔拉斯一般均衡模型(Arrow，1951；Arrow and Hahn，1971；Koopmans，1957)。新古典经济学理论认为，在产品市场上，均衡价格将位于物品供给曲线与需求曲线的交点。容易发现，在其他任何点上，要么自虑的卖方可通过索要更高的价格而获益，要么一个自虑的买方可通过支付更低的价格而获益。这一情形最早被实验模拟，新古典推论几乎一直得到了强烈的支持(Holt，1995)。这里有一个生动的例子，它由 Holt、Langan 和 Villamil(1986)提供(见于 Charles Holt in Kagel and Roth，1995)。

在 Holt-Langan-Villamil 的实验中，有四个"买家"和四个"卖家"。物品是纸片，博弈结束后卖家可用纸片兑换 5.70 美元(除非纸片被卖掉)，而买家可用纸片兑换 6.80 美元。分析该博弈时，假设买家和卖家都是自虑的。前五轮的每一轮中，每个买家都被私下告知他最多能兑换 4 张纸片，而卖家总共配给了 11 张纸片(前三个卖家有 3 张，第四个卖家只有 2 张)。每个参与人只知道自己拥有的纸片张数、能够兑换的张数以及兑付价值，却不知道纸片对于其他参与人的价值，也不知道其他参与人拥有多少纸片以及能兑付多少张。买家应该愿意为每张纸片支付不超过 6.80 美元且最多买 4 张，而卖家应该愿意在 5.70 美元以上的任何价格出售纸片。因此，对于不超过 6.80 美元的任何价格，纸片的总需求为 16 张；而在不低于 5.70 美元的任何价格，纸片的总供给为 11 张。由于在价格 5.70 美元到 6.80 美元之间存在超额需求，供给和需求曲线的唯一交点必定在价格 $p = 6.80$ 美元。然而，实验中的受试者完全不清楚总的需求与供给，因为每个人都只知道自己对纸片的供给或需求。

博弈的规则是：任何时候卖家可以大声叫卖喊出纸片的售价，而买家也可以大声索购喊出纸片的购价。该价格一直是"待沽的"，直到有别的参与人接受该价格，或者喊出一个更低的售价，又或者喊出一个更高的购价。当一笔交易达成，结果会被记录，完成交易的纸片也将被取走。如图 3.1 所示，在博弈的第一轮，实际上的价格大约在 5.70 美元到 6.80 美元的中间位置。接下来的四轮中，平均价格一直上升，直到第五轮，价格就非常接近新古典理论所预测的均衡价格了。

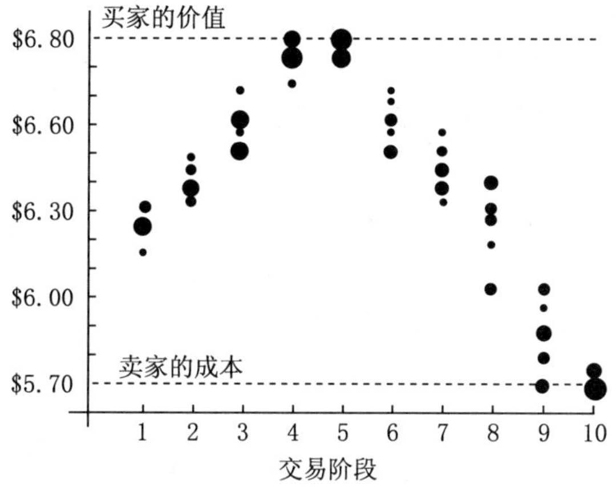

圆的大小与在特定价格下发生的交易量成正比。

图 3.1 双向拍卖

第六轮以及接下来的四轮,买家被赋予兑付 11 张纸片的权利,而每个卖家都被给予 4 张纸片。在这一新的情形,很显然在价格 5.70 美元到 6.80 美元之间存在着超额供给(当然这是对清楚上述事实的观测者而言,实验中的受试者并不清楚这点),因此供求的交点应恰好在 5.70 美元。而先前曾从每张纸片中获利 1.10 美元的卖家,必定因额外增加的纸片而高兴,接下来的几轮可以看到价格缓慢下降,一直持续到第十轮,价格就很接近新古典预测的价格,此时买家从每张纸片赚得 1.10 美元。我们看到,即使参与人对宏观经济上的供求条件完全无知,他们也能在恰当的条件下快速移向市场出清均衡。

3.4 利他给予的理性

关心他人绝非不理性。但是,偏好利他行为需要决策理论中理性观念所要求的传递性偏好吗? Andreoni 和 Miller(2002)证明,在独裁者博弈中,确实需要。而且,尚未发现反例。

独裁者博弈最早由 Forsythe 等(1994)研究,在实验中,实验者给予一个受试者(称独裁者)一笔钱,然后让他分给另外一个匿名的受试者(称接受者)任何一个自己愿意给予的比例。独裁者将获得所有他不愿给予接受者的钱。显然,自虑的独裁者将一毛不拔。假设实验者给予独裁者 m 个筹码(实验环节结束后可以兑换真正的金钱),并告诉他赠与接受者的筹码之价格为 p,即接受者每获赠一个筹码将耗费独裁者 p 个筹码。举个例子,若 $p = 4$,则每转付给接受者 1 个筹码都要耗费独裁者 4 个筹码。因此,独裁者的选择必须满足预算约束 $\pi_s + p\pi_o = m$,其中 π_s 是独裁者自己保留的筹码数,而 π_o 就是接受者获得的筹码数。于是问题就很简单:是否存在一个偏好函数 $u(\pi_s, \pi_o)$,使得独裁者可以在预算约束 $\pi_s + p\pi_o = m$ 下最大化这个函数? 如果存在,那么从行为学的立场上看,关心对接受者的给予就如同关心消费市场出售的物品一样,是理性的。

Varian(1982)证明,如下的广义显示偏好公理(GARP)不仅充分保证了理性,而且充分保证了个体具有非餍足的、连续的、单调且凹的效用函数——这正是传统的消费者需求理论所希望的。要定义广义显示偏好公理,不妨假设个人在价格为 p 时购买消费束 $x(p)$。当 $p_s x(p_t) \leq p_s x(p_s)$ 时,我们称消费束 $x(p_s)$ 直接显示偏好于 $x(p_t)$;即,购买 $x(p_s)$ 的时候,应该已经购买过 $x(p_t)$ 了。若存在一个序列 $x(p_s) = x(p_1)$, $x(p_2)$, $\cdots$, $x(p_k) = x(p_t)$,其中对于 $i = 1, \cdots, k-1$ 有 $x(p_i)$ 是直接显示偏好于 $x(p_{i+1})$,则我们称 $x(p_s)$ 间接显示偏好于 $x(p_t)$。从而,广义显示偏好公理就是如下条件:若 $x(p_s)$ 间接显示偏好于 $x(p_t)$,则有 $p_t x(p_t) \leq p_t x(p_s)$;即,在购买 $x(p_s)$ 时,$x(p_s)$ 的开销不会比 $x(p_t)$ 少。

Andreoni 和 Miller(2002)曾与 176 名学习基础经济学的学生一起,让每个学生进行多次独裁者实验,其中价格 p 赋值分别为 $p = 0.25, 0.33, 0.5, 1, 2, 3$ 和 4,筹码数量分别为 $m = 40, 60, 75, 80$ 和 100。他们发现,176 个受试学生中只有 18 人至少违背广义显示偏好公理一次,只有 4 人是显然背离。相反,若选择是随机生成的,我们将发现有 78% 到 95% 的受试者会违背广义显示偏好公理。

对于本次实验中的利他赠与程度,Andreoni 和 Miller 发现,22.7% 的受试者完全自私,14.2% 受试者在任何价格下都坚持平等主义,6.2% 的受试者总是按最大化总体赢得的筹码数来分配金钱(即,当 $p > 1$ 时,他们把所有的钱捂在自己手里,当 $p < 1$ 时,他们把所有的钱都赠与接受者)。

我们从这一研究可以结论,至少在某些情况下,也许是在所有的情况下,我们完全可以用对待个人偏好函数中的金钱和私人物品的那种态度,来对待利他偏好。本章接下来讨论的问题中,我们就使用了这种方法。

3.5 有条件的利他性合作

强对等性和不平等规避,都意味着有条件的利他合作。其方式是,在社会困境中,只要他人合作则自己也倾向于合作,尽管彼此合作的目的各有不同:强对等者推崇礼尚往来,而不管分配后果;不平等规避者使部分人承担不太合理的合作成本份额,只是不愿看到不平等的结果。

社会心理学家 Toshio Yamagishi 及其同事用囚徒困境(§2.10)实验表明,大部分受试者(日本和美国的大学生)积极重视利他合作。该博弈中,以 CC 表示"两个参与人都合作",DD 表示"两个参与人都背叛",CD 表示"我合作但对手背叛",DC 代表"我背叛但对手合作"。一个自虑的个人将表现出 $DC > CC > DD > CD$(请逐项检验),而一个利他合作者将表现出 $CC > DC > DD > CD$(关于符号可参阅 §1.1);即,自虑的个体偏好于背叛,而无论其对手如何行动;而有条件的利他合作者偏好于合作,要是其对手也合作的话。Watabe 等(1996)基于 148 个日本受试者的研究发现,对上述四个结果平均的合意程度与利他合作者的偏好顺序是一致的。实验者也询问了其中 23 名受试者,若他们获悉对手将会合作之后自己是否会

合作,有 87％(20 个)的受试者表示会合作。Hayashi 等(1999)在美国学生中进行
了同样的实验,并获得类似的结果。在他们的实验中,所有的受试者均表示,若对
手已经承诺合作则自己也会合作。

尽管很多人貌似看重有条件利他合作,但上述研究并没有使用真正的金钱支
付,所以我们并不清楚这种价值观念有多强烈,或者根本就不存在,毕竟受试者可
能只是口头上承认利他的价值观念而实际行为却并非如此。为了探究这一问题,
Kiyonari、Tanida 和 Yamagishi(2000)对日本 149 个大学生以真实的金钱支付进
行了一个实验。实验分三种不同情况,但每种情况的受试者数量是一样的。情况
一是标准的“同时行动”囚徒困境;情况二是“第二参与人”情况,其中受试者被告知
囚徒困境中的第一个参与人已经选择了合作;情况三是“第一参与人”情况,其中受
试被告知,其合作或背叛的决定将在第二参与人行动之前告诉第二参与人。实验
者发现,同时行动的情况中有 38％的受试者合作;第二参与人情况中有 62％的受
试者合作;第一参与人情况中有 59％的受试者合作。每种情况下,受试者决定合
作都需付出 5 美元(600 日元)成本。这清楚地表明,大多数受试者是有条件的利
他合作者(62％);在得到保证说不会被背叛时,自己选择合作且愿意赌其对手合作
的人,几乎与此一样多(59％);而在标准的情况下,没有这种保证,则只有 38％的
受试者进行合作。

3.6　利他性惩罚

强对等性和不平等规避,都意味着利他惩罚。其方式是,在社会困境中倾向于惩
罚那些未能合作的人。此种行为源于两种不同的情况:强对等者崇尚以恶制恶,而不
管分配后果;不平等规避者则希望创造更加公平的分配局面,即使这会以降低自己或
者他人的好处为代价。表明利他性惩罚的最简单的博弈是最后通牒博弈 (Güth,
Schmittberger, and Schwarze, 1982)。在匿名条件下,两个参与人获得一笔钱,比如
10 美元。其中一个参与人,称为“提议者”,受到指示将任意金额的钱给予被称作“回
应者”的第二个参与人,金额可从 1 美元到 10 美元。提议者只能提议一次,回应者可
以接受或者拒绝这一提议。若回应者接受这一提议,这笔钱就会按照提议分配。若
回应者拒绝这一提议,两个参与人都将一无所获。此后,两个参与人不会再见面。

对自虑者来说,只有一个策略是最优反应:接受给予你的任何金额。自虑的提
议者也清楚这一点,他也深信自己面对着一个自虑的回应者,于是便会提议尽可能
少的金额,比如 1 美元,而这一提议会被接受。

然而,在真实过招时,自虑的结局从未达到,甚至从未近似达到。事实上,正如
该实验的许多翻版所证实的,在不同环境和不同金额下,提议者都毫无例外地给予
回应者相当部分的金额(总金额的 50％常常是典型的提议),而且回应者屡屡拒绝
低于 30％的提议(Güth and Tietz, 1990；Camerer and Thaler, 1995)。这些结果
是否依赖于文化? 其中是否有很强的基因因素,又或者所有“成功的”文化都向个

体传递了类似的对等价值观？Roth 等(1991)在四个不同国家(美国、南斯拉夫、日本和以色列)进行了最后通牒博弈实验,发现提议的水平在不同国家有微小变化而提议的金额有显著变化,但一个提议被拒绝的概率却没什么变化。这表明,提议者和回应者共享了一个观念,即该社会中什么会被认为是公平的,而提议者会调整其提议来反映这种共同观念。顺便说一句,不同国家中提议的水平差异虽然相对较小,但当更大程度的文化多元性纳入研究时,就可以发现更大的行为差异,这反映出不同类型的社会对"公平"有不同的标准(Henrich et al. 2004)。

因此,最后通牒博弈中的行为与强对等性模型是一致的:最后通牒博弈中的"公平"的行为,对大学生来说是五五分成。作为对违反规范的提议者进行利他惩罚的一种形式,回应者将拒绝低于 40% 的提议。为支持这种解释,我们注意到,若最后通牒博弈中的提议是由计算机而不是由提议者来生成,并且回应者知道这个情况,则较低的提议很少会遭到拒绝(Blount,1995)。这表明,参与人受对等性激发而对违反规范的行为作出反应(Greenberg and Frisch,1972)。而且,在该博弈的变体中,回应者若拒绝提议则一无所获,但是提议者却可以保留其提议留给自己的那一份,此时回应者从不拒绝提议,而提议者的提议明显地更少了(但仍然是正的)(Bolton and Zwick,1995)。最后一条启示是,强对等性动机在该博弈中发挥着作用,在博弈结束后,当问及他们的提议为何比最低可能金额更高时,提议者通常会说他们担心回应者会认为较低的提议是不公平的从而拒绝提议。当回应者拒绝提议后,他们常常宣称自己是想要惩罚不公平的行为。在上述所有的实验中,相当一部分(通常情况下大约为 1/4)受试者符合自虑偏好。

3.7　劳动市场上的强对等性

Gintis(1976)和 Akerlof(1982)指出,雇主通常会支付给雇员高于必要水平的工资,以期员工会付出高于必要水平的努力来予以回报。Fehr、Gächter 和 Kirchsteiger(1997)(也可参阅 Fehr and Gächter,1998)进行了一个实验,去验证劳动市场上的正当性或礼物交换模型。

该实验将 141 个受试者(那些为了赚钱而同意参加实验的大学生)分为"雇主"和"雇员"。博弈的规则如下:当一名雇主雇用一名雇员,雇员提供努力 e 并获得工资 w,则雇主赢利为 $\pi = 100e - w$。工资必须在 1 到 100 之间,而努力必须在 0.1 到 1 之间。于是雇员的赢利为 $u = w - c(e)$,这里 $c(e)$ 是努力成本函数,如图 3.2 所示。所有牵涉真实货币的赢利在实验环节结束后支付给受试者。我们称此为实验性劳动市场博弈。

行动的序列如下:雇主首先提出一个"合同",规定工资水平 w 和期望的努力水平 e^*。合同是和第一个同意这些条款的雇员订立的。一个雇主至多与一个雇员订立一个合同(w, e^*)。同意这些条款的雇员获得工资 w 并提供努力水平 e,但并不要求必须与约定的努力水平 e^* 相等。实际上,若雇员不守承诺也不会受到任何

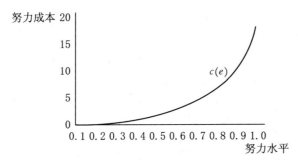

Fehr，Gächter and Kirchsteiger(1997)中努力的成本方案。

图3.2

惩罚，所以雇员可以选择任意的努力水平额 $e \in [0.1, 1]$ 而不会受罚。就算受试者会数次跟不同的对手过招，但每一组雇主—雇员都是一次性的（非重复的）。而且，相互过招的对手之间身份也都是保密的。

若雇员是自虑的，则无论工资多寡，他们都会选择零成本的努力水平，即 $e = 0.1$。既知道如此，雇主支付给雇员的工资就一文也不会多于让雇员接受合同的最起码的必要工资，也就是1（假设只允许支付整数的工资）。[①]雇员会接受这份工资，然后选择 $e = 0.1$。因为 $c(0.1) = 0$，所以雇员的赢利是 $u = 1$。雇主的赢利是 $\pi = 0.1 \times 100 - 1 = 9$。

然而，自虑的结局在该实验中颇为少见。雇员的平均净收益是 $u = 35$，而且，雇主所支付的工资越慷慨，雇员付出的努力水平就越高。实际上，雇主假设雇员具有强对等性倾向，给出十分慷慨的工资水平以获取更高的努力水平，以此来提高自己和雇员的赢利水平，如图3.3所示。在 Fehr、Kirchsteiger 和 Riedl(1993，1998) 的研究中也可见到类似的结论。

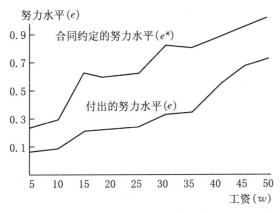

约定的努力水平与实际付出的努力水平与员工工资的关系（141 个受试者），Fehr, Gachter and Kirchsteiger(1997)。

图3.3

---

① 这是由于实验者创造的雇员比雇主更多，从而确保了雇员的超额供给。

图3.3也表明,虽然大多数雇员是强对等者,但在每一个工资水平上,约定的努力水平与实际上付出的努力水平之间仍存在显著的缺口。这并非雇员中有着几个"坏家伙",而是由于仅有26%的雇员付出了他们承诺的努力水平!我们可以结论:强对等者在一定程度上倾向于不那么坚守道德。

为了看看雇主是否也是强对等者,作者们扩展了博弈,允许雇主对雇员的真实努力选择做出对等反应。雇主付出代价1便可将雇员的赢利提升或者降低2.5。若雇主是自虑的,他们当然就不会去做这些,因为他们不会(刻意地)在下一次实验中与同一个员工交往。然而,68%的时间里,雇主会惩罚没有履行合同的雇员;而70%的时间里,雇主会对超履行合同的雇员进行奖赏。精确履行合同的雇员有41%得到了雇主的奖赏。而且,雇员预料到了其雇主一方的这些行为,就如事实表明,当老板获得奖惩雇员的大权时,雇员的努力水平显著地提高了。不尽职履约倒过来从71%下降到26%,而超额履约从3%上升到38%。最后,即使把雇主对雇员进行惩罚所导致的赢利减少考虑进来,允许雇主奖惩也导致全体受试者的净赢利增加了40%。

从这项研究我们得出,承担雇员角色的受试者遵循了对等的内在标准,即使当他们以自虑的态度确信从其行为中得不到好处时也是如此。此外,承担雇主角色的受试者预料到了这种行为并据此行事而获得了回报。最后,在力所能及的时候,雇主将惩恶扬善,而雇员也预料到雇主行为并据此调整自己的努力水平。总之,受试者遵循一个内在规范不仅仅因为这样做是明智的或实惠的,也因为他们不这样做便会蒙受物质损失,而并非是为了这样做而想要这样做。

3.8 利他的第三方惩罚

人类社会中亲社会行为之所以发生,不仅仅是因为那些直接受益或受害于他人行为的人倾向于投桃报李,也因为存在一些普适的促进亲社会行为的社会规范,而且许多人乐于善待循规蹈矩者而惩罚那些不守规矩者,即便他们个人并未从此人的行为中获益或受害。日常生活中,第三方并非他人亲社会行为的受益者,但他却会在此人及其家庭需要的时候伸出援手,或者优先与此人互利往来,要不然就通过对自己而言代价菲薄但对此人却大有裨益的方式来奖赏此人。同样,第三方个人也并未受害于某个人的自私行为,但他却会拒绝对此人伸出援手,哪怕伸出援手对他来说只是举手之劳;他将回避违规者,并赞将违规者排斥到有利可图的群体活动之外,这对第三方来说代价甚微但对违规者而言却代价不菲。

若缺乏这样的第三方惩恶扬善,很难想象人类社会还能保持高效运行。问题是,倘若代价真的不菲,自虑的个人也就永远不会去惩恶扬善。Fehr 和 Fischbacher (2004)利用囚徒困境(§2.10)和独裁者博弈(§3.4)进行了一系列第三方惩罚实验,探讨了上述问题。实验者实施了四个实验环节,每个环节中受试者都分作三组。在每个组,第一阶段,受试者 A 与作为接受者的 B 进行囚徒困境和独裁者博弈,而 C 则是一个赢利不受 A 之决策影响的外人。然后,第二阶段,C 被赋予 50 分,并有权扣减 A 的分,从 A 的得分中每扣减 3 分则 C 就会消耗掉 1 分。第一个实验环节(TP-DG),博弈是独裁者博弈(DG),其中 A 被赋予 100 分,他可以选择 0、10、20、30、40 或 50 分赠与 B,而 B 的禀赋是一无所有。

第二个实验环节(TP-PD)与此相同,只不过要进行的博弈是囚徒困境。受试者 A 和 B 分别被赋予 10 分,每个人可以要么保留这 10 分,要么将这 10 分转赠给对方,后一种情况下,实验者将三倍返还积分。因此,若双方合作,便可各自得到 30 分;若双方不合作,则每人只得 10 分。但是,若一个合作而另一人背叛,则合作者得到 0 分而背叛者得到 40 分。在第二阶段,C 被赋予 40 分,并有权扣减 A 和/或 B 的得分,正如 TP-DG 实验环节一样。

为了比较独裁者博弈中第二方惩罚和第三方惩罚的相对强度,实验者实施了第三个实验环节(S&P-DG)。在这一环节,受试者被随机指派为参与人分配给参与人 A 或参与人 B,且 A-B 配对是随机生成的。该实验环节的第一阶段,每个 A 被赋予 100 分而每个 B 为 0 分,且 A 的选择项与先前所进行的独裁者博弈中一样。每个环节的第二阶段,每个参与人都得到额外的 50 分,且作为 B 的参与人们有权扣减 A 的得分,扣分规则与前两个环节相同。S&P-DG 实验环节还有两个条件:在 S 条件下,参与人 B 只能惩罚自己的独裁者;而在 T 条件下,参与人 B 只能惩罚实验者指派给他的其他配对中的参与人 A。在 T 条件下,每个参与人 B 都会获悉被指派给他的参与人 A 的行为。

为了比较囚徒困境中第二方惩罚和第三方惩罚的相对强度,实验者实施了第四个实验环节(S&P-PG)。该环节类似 S&P-DG 环节,不同的是现在进行的是囚徒困境博弈。[①]

在前两个实验环节中,由于受试者是被随机指派到 A、B 和 C 的位置上的,显然的公平规范是,大家应有相等的赢利(即平等规范)。例如,若 A 将 50 分给予 B,而 C 未从 A 扣分,则实验以每个受试者持有 50 分告终。在独裁者博弈实验环节(TP-DG),60% 的第三方(C)将惩罚那些给予 B 少于其所赋分数 50% 的独裁者(A)。统计分析(普通最小二乘回归)表明,A 据为己有的超过五五分成的每一分,将被 C 以平均牺牲 0.28 分予以惩罚,这使得总的惩罚达到 $3 \times 0.28 = 0.84$ 分。从而,一个将全部的 100 分据为己有的独裁者,将被 C 惩罚掉 $0.84 \times 50 = 42$ 分,超过平均分享的分数仅有可怜的 8 分。

囚徒困境实验环节(TP-PD)的结果与此类似,但带一点有趣的转变。若 A-B 配对中一人背叛而另一人合作,则背叛者被 C 扣减的分数平均为 10.05;但若是两人皆背叛,被惩罚的参与人平均只损失 1.75 分。这说明,第三方(C)不仅在意背叛者的动机,也在意它们造成了多大的伤害和/或产生了多大程度的不公平。总体来看,45.8% 的第三方会惩罚背叛合作伙伴的受试者,但只有 20.8% 的第三方会惩

---

① 实验者从未使用诸如"惩罚"等带有价值取向的词语,而是使用了"减分"之类的中性词。

罚背叛不合作伙伴的受试者。

回到第三个实验环节(S&P-DG),实验者发现,尽管对自私独裁者的第二方制裁和第三方制裁都高度显著,但第二方制裁比第三方制裁却要强烈得多。平均而言,在接受者可以惩罚其独裁者第一个条件下,他们对独裁者据为己有的超过五五分成的每一分将强制扣减 1.36 分;而对第三方独裁者所据为己有的每一分,他们只强制扣减 0.62 分。在最后的实验环节(S&P-PD)中,背叛者会受到第二方和第三方的严厉惩罚,但第二方惩罚又远远比第三方惩罚更严厉。从而,合作的受试者将从背叛者身上平均扣减 8.4 分,但对于背叛的第三方仅扣减 3.09 分。

上述研究确认了一个大致的规律:惩罚违规者很常见,但并非普遍,人们倾向于更为严厉地惩罚那些伤害到他们个人的人,同时反对伤害他人(尽管并未伤害到自己)的那些违反社会规范的行为。

3.9　群体中的利他与合作

公共品博弈是一个 n 人博弈。在这个博弈中,通过"合作",每个个体 A 对其他成员利益的增进将大于 A 的合作成本,而 A 从自己所创造的全部好处中得到的份额却小于其合作成本。若不做贡献,个体不会有个人的代价,也不会给群体带来任何利益。公共品博弈捕捉了大量的社会困境现象,比如对团体或社会目标的自愿捐献。研究者们(Ledyard, 1995; Yamagishi, 1986; Ostrom, Walker and Gardner, 1992; Gächter and Fehr, 1999)均发现,群体表现出的合作比率比运用自虑行动者的标准模型所预期的合作比率要高得多。

典型的公共品博弈由多个回合组成,比如说 10 回合。在每一回合,每个受试者都与其他几个(比如 3 个)受试者安排到一组。然后每个受试者获得一定的筹码,比如说 20 个,在实验段落告终时可兑换为真正的金钱。每个受试者将自己的部分筹码投入一个"公共账户",剩余的筹码则投放到"私人账户"。然后,实验者告诉受试者有多少筹码投放到了公共账户中,并为按公共账户中筹码总数的一定比例(比如 40%)向每个受试者的私人账户追加筹码。因此,若某个受试者将其全部的 20 个筹码捐献到公共账户,则组内的 4 个成员在该回合将每人收获 8 个筹码。实际上,一个受试者将其财富全部捐到公共账户,会使自己亏损 12 个筹码,但组内其他 3 个组员却获得了合计 24(8 乘以 3)个筹码。在一回合结束时,所有参与人将把其私人账户的一切据为私有。

自虑的参与人不会向公共账户捐献一分一毫。然而,事实上只有小部分参与人遵循自虑者模式。开始时受试者们一般会将财富的一半捐献到公共账户。捐献水平随着 10 回合的过程不断衰减,直到最后几轮绝大多数参与人才以自虑的态度采取行动。当然,这正是强对等性模型所推测的结果。因为强对等者是利他的捐献者,所以他们先是向公共账户捐献,但作为对自虑类型违规行为的反应,他们开始避免贡献自己的力量。

我们何以知道,公共品博弈中合作的衰减归因于合作者通过拒绝贡献自己的力量来惩罚搭便车者呢?受试者常常在事后回忆报告这种行为。不过,更有说服力的是这样一个事实:当受试者拥有更具建设性的方式去惩罚背叛者的时候,他们会使用该方式以有助于维持合作(Orbell, Dawes, and Van de Kragt 1986, Sato, 1987; Yamagishi, 1988a, 1988b, 1992)。

例如,在 Ostrom、Walker 和 Gardner(1992)的研究中,公共品博弈的受试者可以通过付"费"对其他人进行"罚款"将成本强加于他人的头上。由于罚款将使施罚的个人付出代价,而与之俱来的是整个群体的利益增进,故该博弈唯一的子博弈完美纳什均衡将是:没有人会付费,也不会有人因背叛而受到惩罚,于是所有的参与人都将背叛而不会向公共账户捐献分毫。但是,作者们却发现了显著水平的惩罚行为。后来,实验又在受试者有权沟通但不能达成有约束力的协议的情况下进行了重复。在自虑行动者模型的框架下,这种沟通即所谓的廉价交谈,但这并没有导致明显的子博弈完美均衡。事实上,这种沟通反而导致了只有很少的制裁(4%)下的几近完美的合作(93%)。

Ostrom-Walker-Gardner 研究方案的设计允许个人从事策略性的行为,因为承担代价惩罚背叛者可以增进将来时期的合作,对惩罚者产生正的净收益。倘若我们取消任何策略性惩罚的可能性,情况会如何?这正是 Fehr 和 Gächter(2000)所研究的。

Fehr 和 Gächter(2000)设置了一种实验情形,其中策略性惩罚的可能性被彻底移除。他们采用了 6 轮和 10 轮的公共品博弈,4 人一组,每一轮结束时允许有代价的惩罚,成员以三种不同的方法分配到各组。受试者很充足,可以同时组织 10 个和 18 个组。在搭档实验环节,整个 10 轮中 4 个受试者都要留在同一组。在陌生人实验环节,受试者在每一轮都将被随机地重新分配。最后,在完全陌生人实验环节,受试者被随机地重新分配,但他们遇到同一个受试者的次数肯定不会到超过一次。

Fehr 和 Gächter(2000)进行了 10 轮有惩罚的实验和 10 轮没有惩罚的实验。结果如图 3.4 所示。我们看到,当允许有代价的处罚时,合作局面不会恶化;而且在搭档博弈中,尽管严格匿名,合作发展到几乎完全合作,甚至到最后一轮也是如此。然而,当无权惩罚的时候,在先前的公共品博弈中就发现受试者经历了合作局面的恶化,相同参与人发现合作的减少。搭档实验环节与两个陌生人实验环节之间合作比率的差异值得注意,因为所有实验环节的惩罚强度大致相同。这表明,惩罚威胁的可置信性在搭档博弈中更高,因为在该实验环节中被惩罚的受试者确信实施惩罚行为的受试者还留在组内。因而,强对等性对合作的亲社会影响越是明显,群组就越是难以摆脱麻烦。[①]

[①] 在 Fehr 和 Gächter(2002)的研究中,实验者倒转了有惩罚和无惩罚实验轮序,以确保"无惩罚"阶段的合作衰减并非是由于它发生在博弈的结束而不是开始。确实是并非如此。

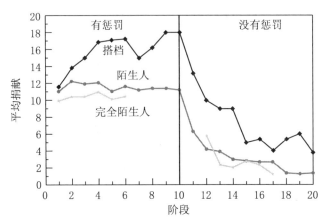

惩罚条件先行时，搭档环节、陌生人环节以及完全陌生人环节中不同时间的平均捐献（Fehr and Gächter，2000）。

图 3.4

许多行为博弈理论家发现，尽管利他惩罚促进了参与，却往往导致较高水平的惩罚使得惩罚的整个平均净回报很低（Carpenter and Matthews，2005；Page，Putterman and Unel，2005；Casari and Luini，2007；Anderson and Putterman，2006；Nikiforakis，2008）。有人解释说，这表明强对等性"可能未曾进化"或"并非一种适应性"。但是，这更像是实验者自己的问题。上述实验试图反驳标准的自虑行动者的"经济人"模型，确实不曾在实验室中尝试现实的惩罚情景。事实上，降低整体的回报不受社会规矩的约束时，惩罚违规者的动机将充分地强烈。在现实社会中，惩罚的轻重往往受集体制约，穷追猛打的惩罚者可能会令人不悦或受到社会性惩罚。的确，在一项团体有权干涉惩罚的罕见的研究中，Ertan、Page 和 Putterman（2005）发现，那些通过投票对惩罚进行表决的群组——只允许平均水平或低于平均水平以及低于平均捐献水平的惩罚——比不使用惩罚的群组有显著的更高的收益。

3.10 不平等规避

不平等规避的个体，在其处于上风时会表现出较弱的冲动去减少不平等，在其处于下风时表现出强烈的冲动去减少不平等（Loewenstein，Thompson，and Bazerman，1989）。既然等级社会是在定居农业基础上发展而来，社会就试图向其不那么幸运的成员灌输恰好相反的价值观——屈从并接受现状。从而，普遍观察到的对相对剥夺的厌恶很可能是人类基于遗传的行为特征。因为小孩子会自发地分享（即使是最精明的非人灵长类动物，如黑猩猩等，也做不到这点），因财富冲动而再分配也可能是人性的一部分，尽管我们中的绝大多数无疑只有较弱的冲动。

不平等规避的支持证据来自人类学文献。智人是在小规模狩猎—采集群体中进化的。在当代，此类群体虽然广泛散布在全球，却呈现出诸多共同点。这种共性可能反映了他们共同的物质条件。基于此方面及其他方面的考虑,我们便可从当代觅食社会尝试性推断人类社会早期的社会组织(Woodburn, 1982; Boehm, 1982, 2000)。

此种社会没有集中的治理结构(国家、司法体制、教堂、伟人),故规范之遵循有赖于同伴的自愿参与。由于有许多无亲无故的人,故合作难以由血缘关系解释。地位差异很有限,一夫一妻制被广泛实行①,窃取个人权力的人将遭到流放或杀害,并且存在广泛的大型猎物和其他食物来源的分享,那些食物的获得常受制于随机性,与猎手的技能和/或运气没关系。当然,这些条件有利于不平等规避的出现。

我们沿袭 Fehr 和 Schmidt(1999)的研究来构建不平等规避模型。假设为 n 个参与人的货币赢利由 $\pi = (\pi_1, \cdots, \pi_n)$ 给定。我们将参与人 i 的效用函数记为:

$$u_i(\pi) = \pi_i - \frac{\alpha_i}{n-1} \sum_{\pi_j > \pi_i} (\pi_j - \pi_i) - \frac{\beta_i}{n-1} \sum_{\pi_j < \pi_i} (\pi_i - \pi_j) \tag{3.1}$$

β_i 值的合理范围是 $0 \leq \beta_i < 1$。请注意,当 $n=2$ 且 $\pi_i > \pi_j$,若 $\beta_i = 0.5$,则 i 愿意一美元一美元地向 j 转移其所得,直至 $\pi_i = \pi_j$;若 $\beta_i = 1$ 且 i 有最高的赢利,则 i 愿意抛弃金钱(或赠与其他参与人)直到至少对于某个参与人 j 有 $\pi_i = \pi_j$。我们还假设 $\beta_i < \alpha_i$,这反映了如下事实:人们处于下风时比占上风时对不平等更为敏感。

我们将证明,在上述偏好下,我们可以重现最后通牒和公共品博弈中的某些突出的行为,这些行为中公平显得很关键,而在市场博弈中公平就不那么关键。

首先考虑最后通牒博弈。令 y 表示提议者提供给回应者的份额,故提议者将得到 $x = 1 - y$。因为 $n=2$,我们可以将两个效用函数记为:

$$u(x) = \begin{cases} x - \alpha_1(1-2x) & x \leq 0.5 \\ x - \beta_1(2x-1) & x > 0.5 \end{cases} \tag{3.2}$$

$$u(y) = \begin{cases} y - \alpha_2(1-2y) & y \leq 0.5 \\ y - \beta_2(2y-1) & y > 0.5 \end{cases} \tag{3.3}$$

我们将有如下定理。

定理 3.1 假设最后通牒博弈的赢利由式(3.2)和式(3.3)给定,且 α_2 均匀分布于区间 $[0, \alpha^*]$。记 $y^* = \alpha^*/(1+2\alpha^*)$,我们将有:

a. 若 $\beta_1 > 0.5$,提议者提供 $y = 0.5$。

b. 若 $\beta_1 = 0.5$,提议者提供 $y \in [y^*, 0.5]$。

c. 若 $\beta_1 < 0.5$,提议者提供 y^*。

上述所有情况下,回应者均会接受。其证明是很直观的,我们留给读者去证明。

现在,假设有一个公共品博弈 G,其中参与人 $n \geq 2$。每个参与人 i 获得金额 1 并自主决定将份额 x_i 捐献到公共账户,尔后公共账户金额将乘上一个数 a(满足

---

① 一夫一妻制被认为是对男性最平等的制度,因为它确保几乎所有成年男子将有一个妻子。

$1>a>1/n$），每个参与人将平等地享有这个金额。由于 $1>a$，故捐款者捐献的代价是不菲的；由于 $na>1$，捐献的群体收益超过捐献的代价，故捐献是公益物品。于是，每个参与人的货币收益就变为 $\pi_i = 1 - x_i + a\sum_{j=1}^{n} x_j$，而效用赢利由式（3.1）给定。故我们有如下定理。

定理 3.2 n 人公共品博弈 G 中，

a. 若对于参与人 i 有 $\beta_i < 1-a$，对于每个 i 其占优策略就是分毫不捐给公共账户（对于参与人 i，占优策略即对其他参与人的任何策略组合，该策略都是 i 的最优反应）。

b. 若存在 $k>a(n-1)/2$ 个参与人，且 $\beta_i < 1-a$，则唯一的纳什均衡就是，所有参与人都分毫不捐给公共账户。

c. 若存在 $k<a(n-1)/2$ 个参与人，且 $\beta_i < 1-a$，同时对于所有 $\beta_i > 1-a$ 的参与人 i 满足 $k/(n-1) < (\alpha+\beta_i-1)/(\alpha_i+\beta_i)$，则存在一个纳什均衡：满足条件的参与人将把自己所有的钱捐献到公共账户。

请注意，若一个参与人有较高的 β 故而可能有所捐献，但若也有较高 α 则参与人就极其不愿低于平均水平，那么定理（c）部分的条件 $k/(n-1) < (\alpha+\beta_i-1)/(\alpha_i+\beta_i)$ 可能失效。换言之，与背叛者合作要求捐献者对相对剥夺不能过于敏感。

该定理的证明有点枯燥乏味，但简单直白，我们留给读者去完成（或参阅 Fehr and Schmidt, 1999）。我们只证明（c）部分。从（a）部分我们已知，$\beta_i < 1-a$ 的参与人不会捐献。假设 $\beta_i > 1-a$，并假设所有满足此不等式的其他参与人将其所有的钱捐献给公共账户。若参与人 i 减少 $\delta > 0$ 的捐献，则他可直接节约 $(1-a)\delta$，并且，比之不捐献者他从更高的回报中获得效用 $ka_i\delta/(n-1)$，比之捐献者他从更低的回报中损失效用 $(n-k-1)\delta\beta_i/(n-1)$。在（c）部分缩小不平等的纳什均衡中，几项的和是非正的。

尽管事实是参与人具有式（3.1）给出的平等主义偏好，若博弈对局具有充分的类似于市场的特征，则唯一的纳什均衡可能停留在竞争均衡上，不管这对于参与人看起来有多么不公平。请考虑如下定理。

定理 3.3 假设偏好由式（3.1）给定，参与人 1 与参与人 $i=2, \cdots, n$ 中的某个人分享 1 美元，其他参与人要为他们愿意赠与参与人 1 的份额同时提交一个竞价 y_i。价高者胜出，若有几个相等的最高价则随机选择胜出者。那么，对于任何一组 (α_i, β_i)，在每一个子博弈完美纳什均衡中，参与人 1 都将获得整个 1 美元。

证明留给读者。请证明至少有两个竞价者将其 y_i 设定在 1，而卖家会接受这个出价。

3.11　信任博弈

由 Berg、Dickhaut 和 McCabe（1995）率先研究的信任博弈中，受试者每人被赋予一笔资金,比如 10 美元。然后受试者随机配对,每对受试者中的一个,比如就叫 Alice 吧,被告知她可以转移一定数目的金钱(从 0 美元到 10 美元)给她的搭档 Bob,剩下的就放在自己口袋里。转移出去的金额将由实验者增至三倍赠与给 Bob,而 Bob 可以回赠 Alice 任何数额的金钱(这笔回赠不会倍增)。如果 Alice 转出很多钱,则可称她是"信任他人的";如果 Bob 回赠给 Alice 很多钱,则可称他是 "值得信任的"。在本章的术语中,一个值得信任的参与人是一个强对等者,而一个 信任他人的参与人则是预期其搭档乃强对等者的人。

若所有的人都有自虑偏好,并且 Alice 认为 Bob 具有自虑偏好,她就一分一毫 也不会给 Bob。另一方面,若 Alice 认为 Bob 可以信任,她就会把全部的 10 美元转 出给 Bob,届时 Bob 就会有 40 美元。为了避免不平等,Bob 将回赠 20 美元给 Alice。若 Alice 认为 Bob 是强对等者,也可以得到类似的结果。再一方面,若 Alice 是利他主义者,她可以转出部分金钱给 Bob,其理由是 Bob 更需要这些钱(因为它 可以翻三倍),甚至她都没指望有任何回报。由此可以断定,存在几种不同的动机 都可以使一个正的金额从 Alice 转移到 Bob 尔后又转回到 Alice。

Berg、Dickhaut 和 McCabe(1995)发现,平均来看,有 5.16 美元从 Alice 转移 到 Bob,而平均有 4.66 美元从 Bob 返回到 Alice。此外,当实验者向受试者披露了 这一结果并让他们再次进行这个博弈时,结果有 5.36 美元从 Alice 转移到 Bob,有 6.46 美元从 Bob 返回到 Alice。这两次博弈实验中,变异性很大:有的 Alice 倾囊 相助,而有的却一毛不拔,有的 Bob 对搭档加倍奉还,而有的却一文不归。

请注意,将术语"值得信任的"用到 Bob 身上并不准确,因为 Bob 从来没有显 在或潜在地承诺过任何特定的行为方式,所以 Alice 所信任他会做的全都是空穴来 风。信任博弈确实是一个强对等性博弈,其中 Alice 以一定概率认为 Bob 受到了 充分的强对等性刺激,而 Bob 则恰如或不如其所愿。将此转变到现实的博弈中,则 后一个参与人可以许诺回赠其到手金钱的某个比例。我们在§3.12 中考察这种 情况。

为了理清信任博弈中的动机,Cox(2004)进行了三个实验环节。第一个实验 环节 A,即前面讲过的信任博弈。实验环节 B 是极其类似环节 A 的独裁者博弈 (§3.8),不同之处在于 Bob 不能回赠 Alice。实验环节 C 与环节 A 不同,在这个 环节中,每个 Alice 都与环节 A 中的 Alice 一一配对,每个 Bob 都与环节 A 中的 Bob 一一配对。环节 C 中的每个参与人都获得一笔禀赋资金,金额等于相应身份 的参与人在环节 A 中 Alice 向 Bob 转账之后但在 Bob 向 Alice 转账之前所拥有的 金额。换言之,在实验环节 C,Alice 群体和 Bob 群体拥有的金额恰是他们在环节 A 中所拥有的金额,不同之处在于 Alice 群体不能影响 Bob 群体的禀赋,故根据强 对等性应该不会见到从 Bob 到 Alice 的转账。

在所有实验环节,博弈规则和赢利都精确地披露给受试者。然而,为了排除第 三方利他行为(§3.8),环节 C 的参与人未被告知其禀赋资金多寡背后的道理。每 个实验环节大约有 30 对受试,每个实验环节进行两次,受试者参与该环节均不超过一次。实验是双盲进行的(受试者对彼此以及对实验者皆匿名)。

在实验环节 B,独裁博弈与信任博弈相辅相成,Alice 平均转移 3.63 美元给参与人 Bob,而在实验环节 A 中是 5.97 美元。这表明,在实验环节 A 中所转移的 5.97 美元中有 2.34 美元是出于信任,剩下的 3.63 美元则出于其他动机。在实验环节 B 中,由于参与人 Alice 和 Bob 都有禀赋资金 10 美元,故此"其他动机"不应该是不平等规避。这笔转账可能反映了如下方式的强对等性:"如果一个人可以让其搭档获益,而他为此承担的代价相较于对方的获益而言是更低的,那么他就应该这样做,即使这种想法使他成为受损的一方。"但我们无法从实验中说清楚 3.63 美元代表什么。

在实验环节 C,参与人 B 的独裁博弈与信任博弈相辅相成,参与人 B 回赠了平均 2.06 美元,在与之对照的实验环节 A 中是 4.94 美元。换言之,原来的 4.94 美元中有 2.06 美元可以解释为不平等规避的反映,而剩下的 2.88 美元则是强对等性的反映。

其他几个实验确认了存在不平等规避的情况下,他虑偏好依存于他人行动,而不是只取决于赢利的分配。例如,Charness 和 Haruvy(2002)提出了劳动力市场礼物交换的一个版本,如§3.7 所述,可以同时检验自虑偏好、纯粹利他、不平等规避以及强对等性。到目前为止强对等性是最有解释价值的。

3.12 性格美德

性格美德尽管具有促进合作和强化社会效率的性质,但它是为了自己而约束个人价值观的伦理意愿行为。性格美德包括老实、忠诚、可靠、守诺以及公平。与强对等性和同情怜悯等他虑偏好不同,上述性格美德的践行,无需以所交往的他人为意。一个人待人诚恳,是因为这是他想要的境界,而并非他特别关心与自己相处的人。当然,悖德的"经济人"只是在老实可以促进其物质利益时才会老实;而我们其余的人,有时会老老实实,即便要为此付出代价,又即便在只有自己心知肚明而别人无从知晓的时候。

但常识以及如下的实验都表明,诚实、公平以及守诺等并非是绝对的。若美德的代价足够高,背离美德被发现的概率足够小,许多人都不会老老实实的。当一个人意识到其他人在其生活的特定范围(如结婚、纳税、遵守交通规则、受贿)内不道德,他也就有可能不再坚守自己的美德。最终,一个人若是越容易自欺欺人地将无德行为误归入美德,他就越有可能让自己将此付诸行动。

也许有人倾向于将诚实及其他性格美德模型化为博弈中可选行动集合上的自构约束,但更有成效的方法是,把有美德这个状态作为一个目的以某种方式囊括进个人的偏好函数之中,以意愿的其他价值客体和个人目标为背景加以权衡。在这方面,性格美德与伦理和宗教偏好实为同类,而且通常被认为是后者的子类。

大量实验表明,即使在匿名条件下,大部分受试者都愿意牺牲物质奖赏去维持美德品质。Sally(1995)对 137 个实验方案进行了集中的再分析,发现受试者可以达成口头协议或许诺的当面沟通是合作的最强有力的预见因子。当然,面对面的交往违背了匿名性,除了影响做出许诺的能力外,还会有其他的影响。不过,Bochet、Page 和 Putterman(2006)以及 Ockenfels 和 Weimann(2003)皆指出,只有交换口头信息的能力可以解释合作的增进。

Gneezy(2005)曾报告了此类行为的一个特别清楚的例子。他对 450 名本科生进行了研究,参与实验的学生配对进行如下三种形式的博弈,每种博弈中赢利形式都是 (b, a),即参与人一 Bob 获得 b 而参与人二 Alice 获得 a。所有博弈中,都会出示两对赢利给 Bob,即 A:(x, y) 和 B:(z, w),其中 x, y, z 和 w 为货币金额且有 $x < z$ 并 $y > w$,故任何情况下 B 对 Bob 是更好的而 A 对 Alice 是更好的。Alice 不清楚货币金额。然后,Bob 可以对 Alice 或者讲"选择 A 比选择 B 可让你赚更多钱",或者讲"选择 B 比选择 A 可以让你赚更多钱"。第一个博弈为 A:$(5, 6)$ 对 B:$(6, 5)$,故 Bob 撒谎可净赚 1,而 Alice 相信则将受骗付出代价 1。第二个博弈为 A:$(5, 15)$ 对 B:$(6, 5)$,故 Bob 撒谎可净赚 1,尽管此时 Alice 相信将受骗而付出代价 10。第三个博弈为 A:$(5, 15)$ 对 B:$(15, 5)$,故 Bob 撒谎可净赚 10,然而若 Alice 相信则将受骗而付出代价 10。

在博弈开始之前,Gneezy 问 Bob 们他们的建议是否会被遵循,猜对有奖,他以此诱导受试者如实回答。结果发现,82% 的 Bob 们认为他们的建议会被遵循(实际上被遵循的人数为 78%)。若 Bob 们是自虑的,那么根据他们的想法,他们将总是撒谎并推荐 B 给 Alice。

实验者发现,在第二个博弈中,撒谎致使 Alice 代价沉重但 Bob 从撒谎中可以获得的好处却很小,结果只有 17% 的 Bob 们撒谎。在第一个博弈里,撒谎致使 Alice 代价为 1,而 Bob 撒谎得到的好处也是 1(与第二个博弈一样),结果 36% 的 Bob 们撒了谎。换言之,Bob 们是不愿撒谎的,当谎言致使 Alice 代价很高时就更是如此。在第三个博弈,Bob 撒谎的好处很大,而 Alice 的损失也会同样的大,足足有 52% 的 Bob 撒了谎。这表明,在单次匿名交往中,很多受试者愿意牺牲物质利益以避免撒谎,但他们撒谎的意愿随着讲真话的代价增加而增加,随着谎言给搭档带来的代价增加而降低。Boles、Croson 和 Murnighan(2000)以及 Charness 和 Dufwenberg(2004)发现了类似的结果。Gunnthorsdottir、McCabe 和 Smith(2002)Burks 以及 Carpenter 和 Verhoogen(2003)表明,"阴谋行为"的社会心理测量预示了哪些受试者可能值得信任并会信任他人。

3.13 偏好的情景特征

本章深化了理性行为模型,使其可适用于策略互动情形。我们发现偏好是自虑的,同时也是他虑的。人类有促进合作和交换的社会偏好,也有诚实忠贞之类的偏好。上述广延的偏好毫无疑问促进了长期中个人的福祉（Konow and Early，2008）。然而，社会和道德偏好肯定不只是工具性的，因为即使没有任何长期利益可获取时，个人也会践行上述偏好。

尽管深化了理性选择，但我们却包庇了这样一种观念：个人有一种永恒的潜在偏好命令，依赖于所涉及的特定的策略互动，使得依情景而定的行为是必需的。不过，我们在§7.8的分析，将在否认该永恒性的基础上来推证。相反，我们提出，我们谓之框架的社会情景通常充满了一系列习俗化的社会规范，人们常常乐于遵守社会规范，仅仅只因为在给定框架下这些规范是合乎社会要求的。在此范围内，偏好本身及其行为含义都依情景而定。因此，渴望遵守与特定社会框架相关联的道德及惯例标准，代表着人们的元偏好，而元偏好调节着具体社会情景中的显示偏好。

我们将介绍 Dana、Cain 和 Dawes（2006）的两项研究，它们阐释了偏好的情景性质以及遵循社会规范的意愿（在第7章我们称此为规范倾向）。第一项研究以卡内基-梅隆大学 80 个本科生为受试者，这些学生被分成 40 对进行独裁者博弈（§3.4），每对学生中随机指派一个充当独裁者，另一个则充当接受者。独裁者被授以 10 美元，并要求表明愿意分给接受者多少钱，但接受者并不知道他们进行的是独裁者博弈。在独裁者们做完决定之后，但是在将博弈告知接受者之前，独裁者又获得一个选择权，即放弃博弈直接拿到 9 美元。独裁者们还被告知，若他们做此选择，接受者永远不会知道这个博弈原是一种可能性，他们只能两手空空地回家。

40 个独裁者中有 11 个接受了这个退出选项，其中包括两个在独裁者博弈中选择了将 10 美元全部据为己有的学生。的确，选择给予接受者一个正数金额的独裁者中，有 46% 的人接受了退出选项，相应的接受者也因此一无所得。这种行为并不兼容于如下的永恒偏好观念——独裁者与接受者瓜分这 10 美元，因为愿意在独裁者博弈中给予接受者正数金额的个人现在竟然放弃博弈而让对方一无所得，而在独裁者博弈中将 10 美元全据为己有的个人现在却愿意承受 1 美元损失而不用参与博弈。

为了排除对这一行为的其他可能解释，作者开展了第二项研究。独裁者被告知，接受者永远不会知道已经进行过独裁者博弈了。因此，如果独裁者给予接受者 5 美元，接收方会获得 5 美元但却不知究竟。在这项新的研究中，24 个独裁者中只有 1 个选择拿着 9 美元退出的选项。请注意，这种新的情景下，独裁者和接受者之间的同一个社会情景，在独裁者博弈和退出选项之间都可以存在。因而，在两种选择上适用的规范是没有差异的，应用于这两个选项的规范是没有区别的，仅仅为了参与一个不叫做独裁者博弈的博弈而失去 1 美元是没有道理的。

上述结果最合情理的解释是，在进行独裁者博弈时，很多受试者感觉受到某种规范的约束去采取行动，或者感觉很不舒服地违背了这些规范，甚至情愿付出代价仅仅只是为了不要面临受制于这些规范的情形。

3.14 利他合作的黑暗面

人类在大群体中通过亲社会偏好的美德进行合作的能力，不仅在开发自然界中得到扩张，也在征服其他人群中得到扩张。的确，哪怕只是存在群体间竞争之基础的轻微迹象，都可以诱使个体表现对内的忠诚和对外的仇视（Dawes，de Kragt and Orbell，1988；Tajfel，1970；Tajfel，et al.，1971；Turner，1984）。于是，即使竞争基础对群体构成毫不重要，群体成员也会对群内成员比对群外成员表现出更为慷慨的对待，（Yamagishi，Jin and Kiyoynari，1999；Rabbie，Schot and Visser，1989）。

对于个人愿意将冲突升级，直至超乎只考虑其物质赢利的限度之外，Abbink等（2007）的实验本身就是一个颇富戏剧性的例子。他用从诺丁汉大学招募来的本科生开展实验，先让学生 $i = 1, 2$ 配对进行如下博弈。每个人被赋予 1 000 点并可开支其中任意比例 x_i 在"军备"上。参与人 i 胜出的概率被设定为 $p_i = x_i/(x_1 + x_2)$。

我们可找出该博弈的纳什均衡如下：若参与人 1 支出 x_1，则参与人 2 最大化其期望 赢利的支出由下式给出：

$$x_2^* = \sqrt{1\,000x_1} - x_1$$

对称的纳什均衡使得 $x_1^* = x_2^*$，这使得 $x_i^* = x_2^* = 250$。的确，若某个参与人开支超过 250 点，则另一个参与人的最优回应是开支少于 250 点。

14 对受试者结对进行该博弈 20 轮，每一轮的搭档都是相同的。平均的军备在第一轮中从纳什均衡的 250% 开始，表现出下降的趋势，20 轮后降到了纳什水平的 160%。

该实验也以 4 个参与人为一组进行了相同的博弈，胜出小组中的每一个成员都会获得 1 000 点。容易证明出纳什均衡中每个小组将开支 250 点在军备上。为了明白这一点，我们记参与人 1 的预期赢利为：

$$\frac{1\,000\sum_{i=1}^{4}x_i}{\sum_{i=1}^{8}x_i}$$

对该表达式进行微分，令结果为零，求解 x_1 得：

$$x_1 = \sqrt{1\,000(x_5 + x_6 + x_7 + x_8)} - \sum_{i=2}^{8}x_i$$

现在，令所有 x_i 相等以寻找出对称均衡，我们得到 $x_i^* = 62.5 = 250/4$。然而，在上述例子中，最初几轮博弈中各小组大约支出了最优水平的 600%，尔后在最后几轮恰当而稳定地下降到最优水平的 250%。

该实验表明了受试者出于竞争目的严重过度开支的倾向，虽然对博弈的熟悉强烈地削弱了这种趋势——如果让实验参与者再玩 20 轮，我们也许会看到逼近最优反应的行为。

不过,实验者们又以另外的实验环节对上述实验环节进行了补充,新的实验环节中,每一轮之后,参与人可根据其他参与人在上一轮的贡献水平来惩罚他们。这个惩罚是有很大代价的,每扣掉受惩者三个筹码需要花掉惩罚者一个筹码。当然,这反映了有代价惩罚的公共品博弈(§3.9),而且该博弈也的的确确有公共品的成分,因为某个团队成员贡献越多则其他成员的最优反应就是越少贡献一点——而这缘于团队成员最优的总贡献水平为250,至于总贡献如何分摊到各个成员完全是另一回事。

在这一有惩罚竞争的新情形中,开支从最优反应水平的640%开始,攀升到最优水平的1 000%,在第7轮时驻留在最优反应水平的900%,在随后的13轮中既无攀升倾向也无回落倾向。这一惊人的行为表明,利他主义惩罚的内在机制可以维持极高水平的斗争开支,远远超出物质的赢利最大化水平。尽管这一领域的许多研究仍有待深入,但是看起来,同样的亲社会偏好既可以使得人们在非亲非故的大群体中达成合作,也可以轻易地将人们引向彼此之间的自我毁灭。

3.15　合作规范:跨文化的差异

如果实验室的实验结果不能帮助我们理解和模型化现实生活中的行为,那它们就无甚诱人之处。有强烈且一贯的迹象表明,实验结果的外在效度是很高的。例如,Binswanger(1980)以及 Binswanger 和 Sillers(1983)使用关于风险态度的问卷和具有真实金钱回报的实验彩票,成功地预测了农民的投资决策。Glaeser 等(2000)探究了在信任博弈(§3.11)中信任他人的受试者对其自己拥有的财产是否也会以信任的方式采取行动。作者们发现,虽然通常的基于调查问卷的信任测量难以提供实质性信息,但实验行为对实验室之外的真实行为是非常好的预示。Genesove 和 Mayer(2001)表明,20 世纪 90 年代波士顿住房市场上,损失规避决定着卖家的行为。公寓所有者受名义损失的影响,将价格定在市场估价加上其购价和市价差异的25%至35%这样一个价格水平上,并在该差异的3%到18%的价格水平上卖出。上述发现表明,损失规避并不局限于实验室内,而且影响着可能导致巨额盈亏的市场中的行为。

类似地,Karlan(2005)利用信任博弈和公共品博弈去推测秘鲁小额信贷出借方贷款被偿还可能性。他发现,在信任博弈中值得信任的个人更不可能拖欠。还有,Ashraf、Karlan 和 Yin(2006)研究了菲律宾妇女,通过一个底线调查识别出了在未来和现在的权衡取舍中表现出更低折扣率的妇女。这些妇女的确更有可能开立一个储蓄账户,而且12 个月之后,相对于被指派为控制组的群体,被指派为实验组的客户其平均储蓄余额增长了81%。以类似的方式,Fehr 和 Goette(2007)发现,在苏黎世的一组信差中,有且只有那些在实验室调查中表现出损失规避的人,才会在面临现实生活中的工资率变动时也表现出损失规避。对于外在效度的更多

研究,请参阅 Andreoni、Erard 和 Feinstein(1998)关于按章纳税(§3.4)的研究,
Bewley (2000)关于薪资设定之公平性的研究,以及 Fong、Bowles 和 Gintis(2005)
关于支持收入再分配的研究。

在一个非常重要的研究中,Herrmann、Thöni 和 Gächter(2008)让 16 个受试
者群体进行有惩罚的公共品博弈(§3.9),这 16 个受试者群体来自 15 个社会特征
具有高度差异的国家(其中一个国家——瑞典——有两个受试者群体代表,其一来
自苏黎世,其二来自圣加仑)。为了使受试者之间的社会多元性最小,他们使用了
各国的在校大学生。他们意欲研究的现象是反社会惩罚。

反社会惩罚现象本身最早被 Cinyabuguma、Page 和 Putterman(2004)所注
意,他们发现,当一些占便宜者受到惩罚的时候,其反应并非是提升其贡献水平,而
是惩罚贡献更大的人。对这种偏执行为的表面解释是,某些占便宜者认为,只要自
己愿意,占便宜乃是自己个人权利,而且他们以强对等性的态度对惩罚他们的“恃
强凌弱者”进行反抗——报复迫害他们的人。结果自然就是整个群体合作水平的
急剧下降。

此行为随后又被 Denant-Boemont、Masclet 和 Noussair (2007)以及 Niki-
forakis(2008)所论及,但 Herrmann、Thöni 和 Gächter 所做的研究由于其广度而
对社会理论具有了非同一般的含义。他们发现,在某些国家反社会的惩罚极为罕
见,而在另一些国家却甚为常见。如图 3.5 所示,在表现出的反惩罚数量与相关社
会的民主发展之水平之间,存在强烈的负相关。相关社会的民主发展水平来自全
球民主审查组织的评估。

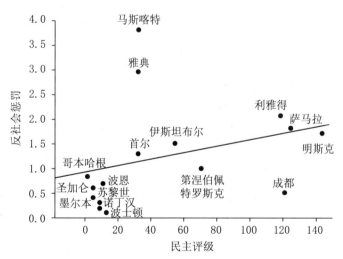

被全球民主审查组织(WDA)评为高度民主(政治权利、公民自由、新闻出版自由、低腐败)的
那些国家,很少有反社会的惩罚;反之则反是(统计数据来自 Herrmann, Thöni and Gächter,
2008)。

图 3.5

图 3.6 表明,群体中高水平的反社会惩罚会转化为低水平的整体合作。研究

者首先进行了 10 轮不带惩罚的公共品博弈(条件 N),然后又进行了 10 轮带有惩罚的博弈(条件 P)。图形清晰地表明,更民主的国家从公共品博弈中享有更高的平均赢利。

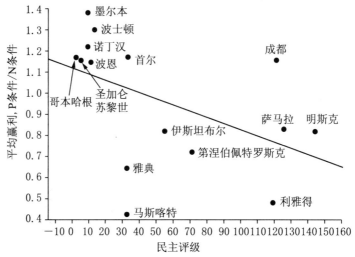

反社会惩罚导致低赢利(统计数据来自 Herrmann, Thöni 和 Gächter, 网上补充材料, 2008)。

图 3.6

一方面是来自具有发达市场经济的民主社会的大学生,另一方面是来自基于极权和狭隘社会制度的传统社会的大学生,两者高度对立的社会行为该如何解释?民主市场社会的成功除了取决于物质利益之外,可能也严重取决于道德品质,故"经济人"之类的经济行为人刻画在现实生活中并不正确,如同在实验室中也不正确一样。上述结果表明,现代民主资本主义社会中,众多的个人拥有公德情操的深潭,即使在与最不受个人情感影响的陌生人交往中,公德情操都会表现出来。道德情操的深潭源于一种天性倾向,这种天性倾向是我们作为一个物种演化的产物,也是人类特有的内化社会行为规范之能力的产物。即使在德性行为与人们的物质利益有冲突的时候,这两种力量都会使个人预先偏向于德性行为,当因为占便宜而受公众谴责时,个人的反应将是感到羞愧和悔恨而不是反社会的我行我素。

对于行为博弈论的目标更为中肯的是,这个实验表明,可以开展实验室博弈来弄明白现实生活中那些不能单靠参与人观察或跨国统计分析所解释的社会规矩。

▶ 4

可理性化与理性的共同知识

人心一筹算,上帝便发笑。

犹太人谚语

要确定理性参与人在博弈中将会采取何种行动,请剔除那些违背理性原则的策略。无论结果如何,我们都称之为可理性化的。我们证明,标准式博弈中的可理性化等价于重复剔除严格劣策略,而可理性化在认识论上的合理性则取决于理性的共同知识(Tan and Werlang, 1988)。

给定存在对理性的共同知识,如果只剩下一个可理性化的策略组合,那它必定是纳什均衡,也必定是所有理性参与人的选择。

合乎情理的、蕴含着理性之共同知识的认知条件集合,尚不存在。这或许解释了充斥在重复剔除严格劣策略之周围的大量的含混而令人费解的争议。其中一些争议将在下面提出并加以分析。

4.1 认知博弈

纳什均衡准则(§2.4)并没有涉及参与人的知识或信念。然而,若参与人是贝叶斯理性的(§1.5),那么他们就会拥有关于其他参与人行为的信念,而他们也会在给定这些信念的条件下选择最优反应来最大化其期望效用。因此,要考察贝叶斯理性的含义,我们就必须把这些信念整合到博弈的描述中。

认知博弈$\mathcal{G}$由标准式博弈组成,该博弈有参与人$i = 1, \cdots, n$,且每个参与人i有一个有限纯策略集S_i,故$S = \prod_{i=1}^{n} S_i$就是$\mathcal{G}$的纯策略组合集,赢利$\pi_i : S \to \mathbf{R}$。另外,$\mathcal{G}$还包括博弈的一个可能状态集合Ω,每个参与人对Ω的一个知识分划$\mathcal{P}_i$以及Ω的一个主观先验(§1.5)$p_i(\cdot; \omega)$,该信念是当前状态ω的函数。一个状态ω(也许在博弈的其他方面之间)规定了博弈中被采用的策略组合。我们将此记为$s = \mathbf{s}(\omega)$。同样,我们记$s_i = \mathbf{s}_i(\omega)$以及$s_{-i} = \mathbf{s}_{-i}(\omega)$。

主观先验$p_i(\cdot; \omega)$代表了i关于博弈状态的信念,包括实际状态为ω时其他参与人的选择。因此,$p_i(\omega'; \omega)$就是实际状态为ω时参与人i对当前状态为ω'所赋予的概率。请从§1.5回忆，集合 X 的分划乃是 X 的一系列互不相交的子集，但这些子集的并集又恰是 X。我们把分划 $\mathcal{P}_i$ 包含有状态 ω 的单元记为 $\mathbf{P}_i\omega$，我们把 $\mathbf{P}_i\omega \in \mathcal{P}_i$ 解释为实际状态为 ω 时参与人 i 认为是可能的那些状态的集合（即参与人在其中无法区分）。因此，我们要求 $\mathbf{P}_i\omega = \{\omega' \in \Omega \mid p_i(\omega' \mid \omega) > 0\}$。因为在 i 的知识分划 $\mathcal{P}_i$ 的单元 $\mathbf{P}_i\omega$ 的多个状态之间，i 无法区分，他的主观先验必须满足：对于所有的 $\omega'' \in \Omega$ 和所有的 $\omega' \in \mathbf{P}_i\omega$，有 $p_i(\omega''; \omega) = p_i(\omega''; \omega')$。而且，我们假定参与人认为实际状态也是可能的，于是对于所有的 $\omega \in \Omega$ 有 $p_i(\omega \mid \omega) > 0$。

如果 $\psi(\omega)$ 在 ω 上对于每一个 $\omega \in \Omega$ 是或真或假的命题，我们记 $[\psi] = \{\omega \in \Omega \mid \psi(\omega) = \text{true}\}$；即，$[\psi]$ 是 ψ 为真的状态集合。

概率运算符 $\mathbf{P}_i$ 有如下两个性质：对于所有的 $\omega, \omega' \in \Omega$，

(P1)　$\omega \in \mathbf{P}_i\omega$

(P2)　$\omega' \in \mathbf{P}_i\omega \Rightarrow \mathbf{P}_i\omega' = \mathbf{P}_i\omega$

P1 说的是，当前的状态总是可能的（即 $p_i(\omega \mid \omega) > 0$）；P2 沿袭了 $\mathcal{P}_i$ 乃一个分划的事实：若 $\omega' \in \mathbf{P}_i\omega$，则 $\mathbf{P}_i\omega'$ 和 $\mathbf{P}_i\omega$ 有非空交集，因而它们必须是同一个集合。

我们称集合 $E \subseteq \Omega$ 为一个事件，且若 $\mathbf{P}_i\omega \subseteq E$ 则我们便说参与人 i 知道状态 ω 上的事件 E；即，对于参与人认为在 ω 上所有可能的状态 ω'，有 $\omega' \in E$。对于参与人 i 知道 E 这一事件，我们记为 $\mathbf{K}_iE$。

给定可能性算子 $\mathbf{P}_i$，我们定义知识算子 $\mathbf{K}_i$ 如下：

$$\mathbf{K}_iE = \{\omega \mid \mathbf{P}_i\omega \subseteq E\}$$

知识算子最重要的性质是 $\mathbf{K}_iE \subseteq E$；即，若某个主体知道状态 ω 中的一个事件 E（即 $\omega \in \mathbf{K}_iE$），则 E 在状态 ω 中为真（即 $\omega \in E$）。这是直接遵循 P1 的。

对于某一个体，我们可以从其知识算子 $\mathbf{K}_i$ 中恢复可能性算子 $\mathbf{P}_i\omega$，因为：

$$\mathbf{P}_i\omega = \bigcap \{E \mid \omega \in \mathbf{K}_iE\} \tag{4.1}$$

要验证这个等式，请注意，若 $\omega \in \mathbf{K}_iE$，则 $\mathbf{P}_i\omega \subseteq E$，故式(4.1)左边就包含于该式右边。而且，若 ω' 未出现于式子右边，则对于 $\omega \in \mathbf{K}_iE$ 的某些 E 将有 $\omega' \notin E$，故 $\mathbf{P}_i\omega \subseteq E$，故 $\omega' \notin \mathbf{P}_i\omega$。因此式(4.1)右边就包含于该式左边。

为了使总体状态的一个分划 P 形象地融入知识单元 $\mathbf{P}_i\omega$ 中，不妨将总体状态 Ω 想象成一块很大的玉米地，它由规则的等距玉米梗阵列所组成。整个玉米地被一圈栅栏围绕，而且南北向和东西向的栅栏横穿玉米列，将土地分成许多小块，这样每个小块都被圈起来了。状态 ω 就是玉米梗。每一小块土地就是分划的一个单元 $\mathbf{P}_i\omega$，且对于任一事件 E（玉米梗集合），$\mathbf{K}_iE$ 就是完全包含于 E 的小块土地的集合(Collins，1997)。

例如，假设 $\Omega = S = \prod_{i=1}^{n} S_i$，这里 S_i 参与人 i 在博弈 $\mathcal{G}$ 中的纯策略集。那么，$P_{3t} = \{s = (s_1, \cdots, s_n) \in \Omega \mid s_3 = t \in S_3\}$ 就是参与人 3 采取纯策略 t 这一事件。更一般地，若 $\mathcal{P}_i$ 是参与人 i 知识分划，且 i 只知道自己的纯策略选择却不知道他人的纯策略选择，则每个 $P \in \mathcal{P}_i$ 将有 $P_{it} = \{s = (t, s_{-i}) \in S \mid t \in S_i, s_i \in s_{-i}\}$ 这

样的形式。请注意，若 t, $t' \in S_i$，那么 $t \neq t' \Rightarrow P_{it} \bigcap P_{it'} = \phi$ 且 $\bigcup_{t \in S_i} P_{it} = \Omega$，故 P_i 的确是 Ω 的分划。

若 $\mathbf{P}_i$ 是 i 的可能性算子，则集合 $\{\mathbf{P}_i\omega | \omega \in \Omega\}$ 来自 Ω 的一个分划 $\mathcal{P}$。相反，Ω 的任何一个分划 $\mathcal{P}$ 都可得到一个可能性算子 $\mathbf{P}_i$，当且仅当 $\omega' \in \mathbf{P}_i\omega$ 时，两种状态 ω 和 ω' 将属于同一个知识单元。故此，知识结构可由其知识算子 $\mathbf{K}_i$ 来刻画，也可由其可能性算子 $\mathbf{P}_i$ 来刻画，或者由其分划结构 $\mathcal{P}$ 来刻画，甚至由其主观先验 $p_i(\,\cdot\,|\omega)$ 来刻画。

为了诠释知识结构，不妨将一个事件想象为一个可能世界的集合，这个可能世界中某些命题是真的。例如，令 E 代表事件"巴黎某处正在下雨"，令 ω 代表 Alice 正在穿越卢森堡花园这一状态，而这个地方也正在下雨。由于卢森堡花园位于巴黎市内，$\omega \in E$。事实上，在 Alice 认为有可能的每一个状态 $\omega' \in \mathbf{P}_A\omega$，巴黎都正在下雨，故 $\mathbf{P}_A\omega \subseteq E$；即，Alice 知道巴黎正在下雨。请注意，$\mathbf{P}_A\omega \neq E$，这是因为存在这样的可能世界：$\omega' \in E$，但这个世界中蒙马特高地正在下雨而卢森堡花园却没有下雨。于是，$\omega' \notin \mathbf{P}_A\omega$，但 $\omega \in E$。

既然认知博弈 $\mathcal{G}$ 中的每个状态 ω 都规定了参与人的纯策略选择 $\mathbf{s}(\omega) = (\mathbf{s}_1(\omega), \cdots, \mathbf{s}_n(\omega)) \in S$，参与人的主观先验必定规定他们关于其他参与人选择的信念 $\phi_1^\omega, \cdots, \phi_n^\omega$。我们有 $\phi_i^\omega \in \Delta S_{-i}$，这使得参与人 i 可以假定其他参与人的选择是相关的。这是因为，当其他参与人独立自主选择时，他们会有引导他们各自选择相关策略的信念共性。

我们称 ϕ_i^ω 为参与人 i 对其他参与人在状态 ω 下的行为之猜测。参与人 i 的猜测源于 i 从 $[s_{-i}] =_{\text{def}} [\mathbf{s}_{-i}(\omega) = s_{-i}]$ 这一事件中无中生有的主观先验，故我们定义 $\phi_i^\omega(s_{-i}) = p_i([s_{-i}]; \omega)$，这里 $[s_{-i}] \subset \Omega$ 乃是其他参与人选择策略组合 s_{-i} 这一事件。因此，在状态 ω，每个参与人 i 采取行动 $\mathbf{s}_{-i}(\omega) = s_{-i}$ 并且在 S_{-i} 上持有主观的先验概率分布 ϕ_i^ω。参与人 i 被认为在 ω 状态下是贝叶斯理性的，如果 $\mathbf{s}_i(\omega)$ 可以最大化 $\pi_i(s_i, \phi_i^\omega)$，这里：

$$\pi_i(s_i, \phi_i^\omega) =_{\text{def}} \sum_{s_i \in S_{-i}} \phi_i^\omega(s_{-i}) \pi_i(s_i, s_{-i}) \tag{4.2}$$

换言之，参与人 i 在认知博弈 $\mathcal{G}$ 中是贝叶斯理性的，如果其纯策略选择 $\mathbf{s}_i(\omega) \in S_i$ 对于每个状态 $\omega \in \Omega$ 都满足：

$$\pi_i(\mathbf{s}_i(\omega), \phi_i^\omega) \geqslant \pi_i(s_i, \phi_i^\omega) \quad \text{对于 } s_i \in S_i \tag{4.3}$$

我们将上述内容作为认知博弈的标准描述。故无须赘述，我们假定，若 $\mathcal{G}$ 为一个认知博弈，则参与人为 $i = 1, \cdots, n$，状态空间为 Ω，ω 上的策略组合为 $\mathbf{s}(\omega)$，i 在 ω 上的主观先验为 $p_i(\cdot | \omega)$，猜测为 ϕ_i^ω，等等。

4.2 一个简单的认知博弈

假设 Alice 和 Bob 每人要么选正面"heads"（h）要么选反面"tails"（t），谁都观察不到他人的选择。我们可将总体状态记为 $\Omega = \{hh, ht, th, tt\}$，其中 xy 表示 Alice 选择了 x 而 Bob 选择了 y。于是，Alice 的知识分划就是 $\mathcal{P}_A = \{\{hh; ht\}, \{th, tt\}\}$，而 Bob 的知识分划是 $\mathcal{P}_B = \{\{hh, th\}, \{ht, tt\}\}$。Alice 的可能性算子 $\mathbf{P}_A$ 满足 $\mathbf{P}_A hh = \mathbf{P}_A ht = \{hh, ht\}$ 以及 $\mathbf{P}_A th = \mathbf{P}_A tt = \{th, tt\}$；而 Bob 的可能性算子 $\mathbf{P}_B$ 满足 $\mathbf{P}_B hh = \mathbf{P}_B th = \{hh; th\}$ 以及 $\mathbf{P}_B ht = \mathbf{P}_B tt = \{ht; tt\}$。

在这个例子中，事件"Alice 选择 h"即 $E_A^h = \{hh, ht\}$，由于 $\mathbf{P}_A hh$，$\mathbf{P}_A ht \subset E$，故任何时候 E_A^h 发生 Alice 都会知道 E_A^h（即 $E_A^h = \mathbf{K}_i E_A^h$）。表示"Bob 选择 h"的事件 E_B^h 即 $E_B^h = \{hh, th\}$，而 Alice 并不知道 E_B^h，因为在 th 时 Alice 认为 tt 也是有可能的，而 tt $\notin E_B^h$。

4.3　性别战认知博弈

Alfredo	Violetta g	o
g	2, 1	0, 0
o	0, 0	1, 2

考虑性别战（§2.8），如左图所示。假设有四种类型的 Violetta，V_1，V_2，V_3，V_4，以及四种类型的 Alfredo，A_1，A_2，A_3，A_4。Violetta V_1 选择 $t_1 = o$，并猜测 Alfredo 选择 o。Violetta V_2 选择 $t_2 = g$，并猜测 Alfredo 选择 g。Violetta V_3 选择 $t_3 = g$，并猜测 Alfredo 采取其最优混合策略反应。最后，Violetta V_4 选择 $t_4 = o$，并猜测 Alfredo 采取其最优混合策略反应。相应地，Alfredo A_1 选择 $s_1 = o$，并猜测 Violetta 选择 o。Alfredo A_2 选择 $s_2 = g$，并猜测 Violetta 选择 g。Alfredo A_3 选择 $s_3 = g$，并猜测 Violetta 采取其最优混合策略反应。最后，Alfredo A_4 选择 $s_4 = o$，并猜测 Violetta 采取其最优混合策略反应。

博弈的状态为 $\omega_{ij} = (A_i, V_j, s_i, t_j)$，这里 $i, j = 1, \cdots, 4$。我们记 $\omega_{ij}^A = A_i$，$\omega_{ij}^V = V_j$，$\omega_{ij}^s = s_i$，$\omega_{ij}^t = t_j$。

定义 $E_i^A = \{\omega_{ij} \in \Omega \mid \omega_{ij}^A = A_i\}$，$E_j^V = \{\omega_{ij} \in \Omega \mid \omega_{ij}^V = V_j\}$。于是，$E_i^A$ 即事件 "Alfredo 的类型是 A_i"，E_j^V 即事件"Violetta 的类型是 V_j"。既然每种类型都与给定的纯策略相关联，故 Alfredo 的知识分划是 $\{E_i^A, i = 1, \cdots, 4\}$ 而 Violetta 的知识分划是 $\{E_i^V, i = 1, \cdots, 4\}$。

请注意，两个参与人在博弈的每个状态都是贝叶斯理性的，因为每一个策略选择都是对参与人猜测的最优反应。而且，纳什均衡将发生在状态 ω_{11}，ω_{22}，ω_{33} 和 ω_{44}，尽管只有前两个状态中参与人的猜测才是正确的。当然，不可能存在混合策略纳什均衡，因为每个参与人在每个状态都选择了纯策略。不过，倘若我们在猜测中来定义纳什均衡，将其定义为这样一种状态，在该状态中每个参与人的猜测都是对其他参与人猜测的最优反应，那么在 $i = 1, \cdots, 4$ 的猜测中 ω_{ii} 将是一个纳什均衡，而且 ω_{34} 与 ω_{43} 也是猜测中的均衡。这种情况下请注意，若 Alfredo 和 Violetta 有共同的先验和相互的理性知识，其选择将出自猜测中的纳什均衡。我们将在定理 8.2 中对此进行一般化。

4.4 劣策略与屡劣策略

对于每一个 $\sigma_i \in \Delta^* S_{-i}$，若有 $\pi_i(s_i, \sigma_{-i}) > \pi_i(s_i', \sigma_{-i})$，我们就说 $s_i' \in S_i$ 严格劣于 $s_i \in S_i$。对于每一个 $\sigma_i \in \Delta^* S_{-i}$，若有 $\pi_i(s_i, \sigma_{-i}) \geqslant \pi_i(s_i', \sigma_{-i})$，且对于至少某一个 σ_{-i} 不等式是严格成立的，我们就说 $s_i' \in S_i$ 弱劣于 $s_i \in S_i$。一个策略有可能不会严格劣于任何纯策略，却仍然可以严格劣于某个混合策略（§4.11）。

剔除了每个参与人的严格劣策略之后，常出现这样的情况，那就是最初并非劣策略的纯策略现在变成劣策略了。因此，我们可以进行第二轮的剔除劣策略。实际上，这一过程可一直重复，直到剩下的纯策略无法再用这种方式剔除的时候。在一个有限博弈中，经过有限几轮剔除之后，这种情况就会出现，而且总是会对每个参与人留下至少一个纯策略。如果严格（或弱）劣策略皆被剔除，我们称之为严格（或弱）劣策略的重复剔除。我们把由上述过程剔除的纯策略叫做屡劣策略。

图 4.1 揭示了严格劣策略的重复剔除。首先，对于参与人 1，U 严格劣于 D。其次，对于参与人 2，R 严格劣于 $0.5L + 0.5C$（请注意此种状况下的纯策略并不严格劣于其他任何纯策略却严格劣于某个混合策略）。再次，M 严格劣于 D，最后，L 严格劣于 C。请注意，$\{D, C\}$ 的确是该博弈唯一的纳什均衡。

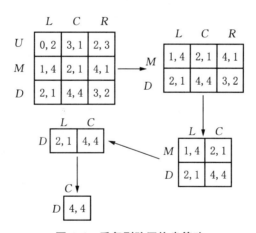

图 4.1　重复剔除严格劣策略

4.5 剔除弱劣策略

从弱劣策略转向一个并非弱劣的策略不但无害，反而可能有益，既然如此，看来参与人永不采用弱劣策略是完全合理的。然而，由于接下来要探究的种种原因，上述直觉是有问题的。我们从 Rubinstein(1991) 给出的例子出发，该博弈始于性别战博弈 $\mathcal{G}$（§2.8），其中，若参与人选择 gg，则 Alfredo 得到 3 而 Violetta 得到 1，若他们选择 oo，则 Alfredo 得到 1 而 Violetta 得到 3，倘若他们选择 og 或 go，两人一无所获。现在，在他们做出选择前 Alfredo 对 Violetta 说"只要我愿意，我可以在决策之前选择抛弃1单位赢利1"。现在新博弈G^+如图4.2所示。

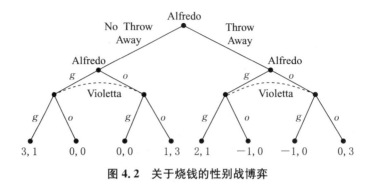

图4.2　关于烧钱的性别战博弈

这个博弈有众多纳什均衡。假设我们把重复剔除弱劣策略的方法运用到该博弈的标准式。其标准式如图4.3所示,其中nx表示"不烧钱,选择x",bx表示"烧钱(抛弃1单位)并且选择x",gg表示"选择g",oo表示"选择o",go表示"若Alfredo不烧钱则选择g,若Alfredo烧钱则选择o",og表示"若Alfredo不烧钱则选择o,若Alfredo烧钱则选择g"。

	gg	go	og	oo
ng	3, 1	3, 1	0, 0	0, 0
no	0, 0	0, 0	1, 3	1, 3
bg	2, 1	−1, 0	2, 1	−1, 0
bo	−1, 0	0, 3	−1, 0	0, 3

图4.3　有烧钱的性别战博弈的标准式

且让我们假设理性的参与人会拒绝弱劣策略,并设"Alfredo和Violetta乃理性的"是共同知识。那么,bo将弱劣于ng,故Alfredo将不会选择bo。但接下来Violetta知道Alfredo是理性的,所以她在思考中剔除了bo,之后oo就弱劣于og。既然Violetta是理性的,她就剔除了oo,随后go又弱劣于gg,所以Violetta剔除了这两个策略,尔后no弱劣于bg,于是Alfredo剔除了no。但是,Violetta随即知道Alfredo做了如此剔除,故og弱劣于gg,于是她剔除og。但是,Alfredo也很清楚这一点,现在bg弱劣于ng,结果就留下了纳什均衡(ng, gg)。于是我们发现,一个纯粹假设性的可能性就是,Alfredo将要烧钱——尽管他从来没有这样做——以便享有较高赢利的纳什均衡,该均衡中他得到3而Violetta得到1。

当然,这个结果不合情理。Alfredo有能力做出一些荒诞之事——比如烧钱——的能力,这一事实并不会导致理性的参与人必定选择一个有利于Alfredo的非对称均衡。此处的罪魁祸首在于理性的共同知识假设,或者在于理性的主体会剔除弱劣策略的假设,或者两者都是。

4.6 可理性化策略

假设$\mathcal{G}$是一个认知博弈。我们把由 S 支撑的混合策略集表示为 $\Delta^* S = \prod_{i=1}^{n} \Delta S_i$，其中 S_i 是参与人 i 的混合策略。我们用 $\Delta^* S_{-i}$ 表示所有 $j \neq i$ 的混合策略组合。

我们曾在 §1.5 中发现，主体的选择若满足 Savage 公理，则主体的行为就仿佛是在自然状态主观先验约束下最大化某个偏好函数。我们将这一定义裁截到认知博弈论，即，如若参与人 i 的纯策略乃是对自己关于他人在状态 ω 上的策略之猜测的最优反应，则我们说参与人 i 是理性的，如式(4.3)所表达的。既然严格劣策略永不会成为最优反应，那么理性的参与人绝不采用严格劣策略也就顺理成章。而且，若 i 明白参与人 j 是理性的并因而从不采用严格劣策略，那么 i 就可以剔除只对 $\Delta^* S_{-i}$ 中那些来自 S_{-i} 但从不会被采用的严格劣纯策略做出最优反应的纯策略。而且，若 i 明白 j 明白 k 是理性的，则 i 就明白 j 将剔除那些对 k 的严格劣策略进行最优反应的纯策略，故而 i 可以剔除那些只对 j 剔除的策略进行最优反应的纯策略。以此类推。这种反复剔除纯策略之后留存下来的纯策略被称作是可理性化的(Bernheim，1984；Pearce，1984)。

可理性化策略一个优雅的正式特征在于其最优反应集方面。在认知博弈$\mathcal{G}$中，如果对于每个 i 以及每个 $x_i \in X_i$，i 有猜测 $\phi_{-i} \in \Delta X_{-i}$ 满足 x_i 为 ϕ_i 的最优反应，如(4.3) 所定义的，则我们就称 $X = \prod_{i=1}^{n} X_i$ 为最优反应集，这里，每个 $X_i \subseteq S_i$。显然，两个最优反应集的并集仍是最优反应集，故所有最优反应集的并集就是最大的最优反应集。若一个策略是这个最大的最优反应集中的一个元素，则我们就定义它为可理性化的。

请注意，每个参与人在纳什均衡中以正概率选择的纯策略构成了一个最优反应集，其中每个参与人都推测到了其他参与人实际的混合策略选择。因此，在纳什均衡中以正概率选择的纯策略将是可理性化的。在一个完全为混合纳什均衡的博弈中(§2.3)，可以断定所有的策略都是可理性化的。

可理性化的这种定义于事无补；即，弄明白了这个定义并不会告诉为我们如何找到满足该定义的集合。如下的建构方法可以得到同样的可理性化策略集。对于所有的 i 令 $S_i^0 = S_i$，并对所有的 i 和 $k = 0, \cdots, r-1$ 定义 S_i^k，之后，我们定义 S_i^r 为 S_i^{r-1} 中对某个猜测 $\phi_i \in \Delta S_i^{r-1}$ 做出最优反应的纯策略之集合。既然对于每个 i 有 $S_i^r \subseteq S_i^{r-1}$ 并且纯策略个数有限，又存在某些 $r > 0$ 满足 $S_i^r = S_i^{r-1}$，那么很显然，对于任意 $l > 0$ 我们有 $S_i^r = S_i^{r+l}$。我们就定义 i 的可理性化策略为 S_i^r。

上述方法仅间接地涉及了博弈的认知状况，特别是可理性化准则所依赖的关于理性的共同知识(CKR)。当每个人都是理性的，每个人也清楚他人是理性的，每个人也清楚他人都清楚他人是理性的，等等，CKR 是成立的。可理性化还有第三种建构方法，它可使得可理性化与关于理性的共同知识之间的关系更加透明。

令 s_1，…，s_n 为参与人猜测为 ϕ_1，…，ϕ_n 时所选择的策略组合。参与人 i 的理性要求 s_i 在给定 ϕ_i 的条件下最大化 i 的预期赢利。而且，由于 i 清楚参与人 j 是理性的，所以他也清楚给定 S_{-j} 上的概率分布 s_j 将是最优反应——即，s_j 是 ϕ_j 的最优反应。给定 S_{-i} 上的某些概率分布，若 ϕ_i 只对 j 具有最优反应性质的那些纯策略赋予正概率，则我们就说 ϕ_i 是一阶相容的。基于同样的推理，如果 i 在对子 (s_j, s_k) 上赋予正概率，由于 i 知道 j 知道 k 是理性的，i 知道 j 的猜测是一阶相符的，故 i 只对 j 的猜测一阶相符且 j 对 s_k 赋予正概率的对子 (s_j, s_k) 赋予正概率。若是这种情况，我们就说 i 的猜测是二阶相容的。显然，我们可以对任意正整数 r 定义 r 阶相容，对于任意 r 都 r 阶相容的猜测，我们就简称为相容。对于在 s_1，…，s_n 上赋予正概率的猜测 ϕ_1，…，ϕ_n，若存在某些相容集，我们就说 s_1，…，s_n 是可理性化的。

上述三种建构方法都定义了同样的可理性化策略集，其证明就留给读者去完成吧。

4.7　剔除严格劣策略

考虑 §4.6 提出的可理性化的建构性分析。很明显，当且仅当严格劣策略在重复剔除严格劣策略的第一轮被剔除，严格劣策略才会在可理性化建构的第一轮便被剔除掉。这一结论扩展到可理性化策略建构的每一个后续阶段，这也说明所有在重复剔除严格劣策略过程中幸存下来的策略都是可理性化的。但是，还有没有其他的策略也是可理性化的？答案是，给定参与人具有相关猜测这一假设，严格劣策略已经被完全排除出可理性化策略集合了。欲了解细节，请参阅 Bernheim (1984)或 Pearce(1984)。

4.8　理性的共同知识

现在我们正式定义理性的共同知识(CKR)。令 $\mathcal{G}$ 为一个认知博弈。对于猜测 $\phi_i \in \Delta S_{-i}$，定义 $\mathrm{argmax}_i(\phi_i) = \{s_i \in S_i \mid s_i$ 最大化 $\pi_i(s', \phi_i)\}$；即，$\mathrm{argmax}_i(\phi_i)$ 是 i 对于猜测 ϕ_i 的最优反应集。令 $B_i(X_{-i})$ 为参与人 i 对于某些混合策略组合 $\sigma_{-i} \in X_{-i} \subseteq S_{-i}$ 的最优反应纯策略集；即，$B_i(X_{-i}) = \{s_i \in S_i \mid (\exists \phi_i \in \Delta^* X_{-i})s_i \in \mathrm{argmax}_i(\phi_i)\}$。我们将 $\phi([\mathbf{s}_j(\omega) = s_j]) > 0$ 缩写为 $\phi(s_j) > 0$，将 $\phi([\mathbf{s}_{-i}(\omega) = s_{-i}]) > 0$ 缩写为 $\phi(s_{-i}) > 0$。并定义：

$$K_i^1 = [(\forall j \neq i)\phi_i^\omega(s_j) > 0 \Rightarrow s_j \in B_j(S_j)] \tag{4.4}$$

因而 K_i^1 就是事件"i 猜测其他参与人 j 只在 s_j 为其最优反应时选择 s_j"。换言之，K_i^1 就是事件"i 知道其他参与人是理性的"。

设若我们已对 $k = 1$，…，$r-1$ 定义了 K_i^k。我们再定义：

$$K_i^r = K_i^{r-1} \bigcap \left[(\forall j \neq i)\phi_i^\omega(s_j) > 0 \Rightarrow s_j \in B_j(K_j^{r-1}) \right]$$

因而，K_i^2 就是事件"i 知道每个参与人知道每个参与人都是理性的"。同样，K_i^r 即事件"i 知道 r 递归的每一环上'j 知道 k'"。我们定义 $K^r = \bigcap_i K_i^r$，若 $\omega \in K^r$，我们称存在 r 层的相互知识。最后，我们定义事件 CKR 为：

$$K^\infty = \bigcap_{r \geq 1}^n K^r$$

请注意，在一个认知博弈中，CKR 既不能简单地予以假定，也不是博弈参与人或信息结构的性质。这是因为 CKR 通常仅在某些状态下成立，在其他状态下并不成立。例如，我们在第 5 章证明了 Aumann 的著名定理，该定理宣称，在一般的完美信息扩展式博弈中，不同的状态与不同的选择节点相联系，CKR 仅仅对逆向归纳路径上的节点成立（§5.11）。围绕 CKR 的混淆通常来自试图从已建立的认知结构中抽象出 CKR 定义，从而认为 CKR 乃是理性的某些"更高级形式"，一旦违背 CKR，也就抨击了贝叶斯理性本身。这样的推理并不正当。CKR 的失效，谈不上非理性。CKR 也不是什么"有限理性"主体所望尘莫及的"理想化的"理性。很遗憾，CKR 只不过是看起来合理且有用，但实际上却有太多的不合情理和棘手的含义，并不值得保留。

4.9 可理性化和理性的共同知识

我们将运用如下的可理性化特性（§4.6）。对所有的 i 令 $S_i^0 = S_i$，并定义 $S^0 = \prod_{i=1}^n S_i^0$ 且 $S_{-i}^0 = \prod_{j \neq i} S_j^0$。对所有的 i 以及 $k = 0, \cdots, r-1$，定义 S^k 和 S_{-i}^k，然后定义 $S_i^r = B_i(S_{-i}^{r-1})$。则有 $S^r = \prod_{i=1}^n S_i^r$ 和 $S_{-i}^r = \prod_{j \neq i} S_j^r$。我们称 S^r 为 r 轮重复剔除不可理性化策略后剩存的纯策略集。既然对于每个 i 都有 $S_i^r \subseteq S_i^{r-1}$，且纯策略个数有限，故有某些 $r > 0$ 满足 $S_i^r = S_i^{r-1}$，且对于任意 $l > 0$，我们将有 $S_i^r = S_i^{r+l}$。我们定义 i 的可理性化策略集为 S_i^r。

定理 4.1 对于所有参与人 i 且 $r \geq 1$，若 $\omega \in K_i^r$ 且 $\phi_i^\omega(s_{-i}) > 0$，则 $s_{-i} \in S_{-i}^r$。

这就是说，若在 ω 上彼此有 r 层知识，而 i 在 ω 的推测赋予 s_{-i} 以严格正的权重，则 s_{-i} 将在 r 轮重复剔除不可理性化策略后仍然剩存。

要证明上述定理，不妨令 $\omega \in K^1$，且假设 $\phi_i^\omega(s_j) > 0$。则，$s_j \in B_j(S_{-j})$，因而，利用在 $B_j(S_{-i})$ 中最大化 s_j 的推测，将有 $s_j \in S_j^1$。由于这对于所有的 $j \neq i$ 都成立，$\phi_i^\omega(s_{-i}) > 0$ 就意味着 $s_{-i} \in S_{-i}^1$。

现在假设我们已经针对 $k = 1, \cdots, r$ 证明了该定理，并令 $\omega \in K_i^{r+1}$。假设 $\phi_i^\omega(s_j) > 0$。我们将证明 $\omega \in S_j^{r+1}$。由归纳假设以及 $\omega \in K_i^{r+1} \subseteq K_i^r$ 这一事实，我们有 $s_j \in S_j^r$，故对于某些 $\phi_j \in S_{-j}^r$，s_j 乃是最优反应。但从证明构造上仍有 $s_j \in S_j^{r+1}$。由于这对于所有的 $j \neq i$ 都成立，若 $\phi_i^\omega(s_{-i}) > 0$，则有 $s_{-i} \in S_{-i}^{r+1}$。

4.10 选美

Camerer(2003)在其行为博弈论概览中以如下方式总结了大量的证据:"几乎所有人都运用了一个层次的重复占优……但是,至少有 10% 的参与人似乎运用了二至四个层次的重复占优,重复占优层次的平均数是二。"(p. 202)如果是决策论问题,单个主体面临着非策略环境,Camerer 的观察结果就没什么了不起。但是,在策略互动中,局势要复杂得多。Camerer(2003)所报告的博弈中,参与人在逆向归纳上若比其他人多思考一层是可以得到好处的。因此,参与人要估计的,并非其他人能够逆向归纳到多少层,而是其他参与人认为其他人将会推理到多少层。很显然,这里存在着一个无限循环,想靠贝叶斯理性来提供答案,那几乎是没有指望的。我们只能说,贝叶斯理性的参与人将利用关于对手使用逆向归纳之期望层数上的主观先验,最大化其期望赢利。选美博弈(Moulin,1986)就是专门设计出来探究上述问题的。

在选美博弈中,有 $n > 2$ 个参与人,每人在 0 到 100 之间选择一个整数。假设这 n 个数的平均值为 k。选择的数最接近 $2k/3$ 的参与人将得到等值的奖金。选择大于 $2/3 \times 100 \approx 67$ 的数显然是严格劣的,因为这个策略的赢利为 0,而以同等概率选择 0 到 67 的混合策略却有严格正的赢利。因此第一轮剔除严格劣策略就是剔除大于 67 的选择。第二轮剔除严格劣策略便是剔除大于 $(2/3)^2 \times 100 \approx 44$ 的选择。以此方式继续,我们发现唯一的可理性化策略是选择 0。但现实生活中这是一个很糟糕的选择。Nagel(1995)以 14 人到 16 人不同规模的小组对该博弈进行了实验研究。平均所选的数字是 35,介于 2 轮到 3 轮的剔除严格劣策略的过程之间。当然,这再次确认了 Camerer 的概括,而上述实验中,参与人的博弈行为远离了该博弈唯一的纳什均衡。

4.11 旅行者困境

考虑如下的博弈 G_n,即旅行者困境(Basu,1994)。两个业务主管在差旅中支出了路桥费,但却没有收据。他们的上司要求他们各自在其差旅费报销单上填报 2 到 n 美元之间的某个金额。若他们填报了相同的金额,每人都可等额报销。若他们填报了不同金额,每人都可按较小的金额报销,但填报较低金额者将(因其诚实)得到额外 2 美元,而填报较高金额者将(因不老实)扣除 2 美元。

令 s_k 为策略"填报金额 k"。图 4.4 展示了博弈 G_5。首先请注意,策略 s_5 仅微弱劣于策略 s_4,但只要有 $1/2 > \epsilon > 0$ 则混合策略 $\epsilon s_2 + (1-\epsilon)s_4$ 就严格占优于 s_5。针对两个参与人都剔除 s_5 之后,s_3 只弱占优于 s_4,但对于任意 $\epsilon > 0$ 混合策略 $\epsilon s_2 + (1-\epsilon)s_3$ 严格占优于 s_4。针对两个参与人都剔除 s_4 之后,对双方来说 s_2 都严格占优于 s_3。因此 (s_2, s_2) 就是重复剔除严格劣策略后剩存下来的唯一的策略对。可以说 s_2 是唯一的可理性化策略,也是唯一的纳什均衡策略。

	s_2	s_3	s_4	s_5
s_2	2, 2	4, 0	4, 0	4, 0
s_3	0, 4	3, 3	5, 1	5, 1
s_4	0, 4	1, 5	4, 4	6, 2
s_5	0, 4	1, 5	2, 6	5, 5

图 4.4　旅行者困境

下面的练习要求读者证明,对于 $n > 3$,在博弈 G_n 中 s_n 严格劣于 s_2,$\cdots$,s_{n-1} 构成的混合策略。

　　a. 请证明,对于任意 $n > 4$,s_n 严格劣于只利用 s_{n-1} 和 s_2 的混合策略 σ_{n-1}。

　　b. 请证明,在博弈 G_n 中剔除 s_n 便得到博弈 G_{n-1}。

　　c. 请利用上述推理证明,对于任意 $n > 2$,重复剔除严格劣策略只会留下 s_2,因此 s_2 就是唯一的可理性化策略,也是博弈 G_n 中唯一的纳什均衡策略。

假设 $n = 100$,认为个人真会选择 (s_2, s_2) 可能就不合情理了,因为选择任何一个更大的数,比如说 92,就可确保至少得到 90。

4.12　修订版旅行者困境

人们也许会认为,问题在于纯策略劣于混合策略,但是如我们将在第 6 章讨论的,理性的主体在一次性博弈中没有动机采取混合策略。

不过,我们可对博弈稍加修改,使得 (s_2, s_2) 是重复剔除严格劣于纯策略的纯策略之后仅存的策略组合。在图 4.5 中,对每个参与人,我在 s_4 上追加了 s_2 的 1%,在 s_3 上追加了 s_2 的 2%。

	s_2	s_3	s_4	s_5
s_2	2.00, 2.00	4.00, 0.04	4.00, 0.02	4.00, 0.00
s_3	0.04, 4.00	3.08, 3.08	5.08, 1.04	5.08, 1.00
s_4	0.02, 4.00	1.04, 5.08	4.04, 4.04	6.04, 2.00
s_5	0.00, 4.00	1.00, 5.08	2.00, 6.04	5.00, 5.00

图 4.5　修订版旅行者困境

容易看出,对于双方来说,现在 s_4 严格占优于 s_5,当剔除 s_5 之后,s_3 严格占优于 s_4。当剔除 s_4 后,s_2 严格占优于 s_3。

上述方法可加以扩展,得到任意规模的修订版旅行者困境。为做到这一点,不妨令:

$$f(m, q) = \begin{cases} q-2 & q < m \\ q & q = m \\ m+2 & q > m \end{cases}$$

并定义：

$$\pi(2, q) = f(2, q) \qquad 对于 q = 2, \cdots, n$$

$$\pi(m, q) = \sum_{k=3, l=2, \cdots, n} f(m, q) + f(2, q) \frac{n-k}{4(n+1)}$$

容易证明，修订版旅行者困境是严格占优可解的，且唯一的可理性化策略仍具有赢利 2。然而，很显然的是，对于数字很大的 n，理性的参与人很可能选择赢利接近于 n 的策略。这表明可理性化准则存在某些根本性的错误。问题的元凶就是 CKR，在定义可理性化时，CKR 是我们做出的唯一有疑点的假设。在修订版旅行者困境中，填报更大的金额并非不理性，而是这种做法可实实在在地得到比博弈的唯一可理性化策略更高的赢利。但是，这种做法却不兼容于理性的共同知识。

4.13　全局博弈

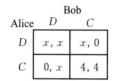

假设 Alice 和 Bob 都合作（C）则各得到 4；但是若背叛（D）则可得到 x，无论对方如何行动。不过，若一方合作而另一方不合作，合作者只能得到 0。显然，若 $x > 4$，D 就是严格占优策略；若 $x < 0$，则 C 就是严格占优策略。若 $0 < x < 4$，参与人拥有帕累托最优策略 C，该策略中每人可得 4；但是，博弈也存在着另外一个纳什均衡，其中每个人都选择 D 并得到 $x < 4$。

然而，假若 x 为私有信息，每个参与人获得一个不完美的信号 $\xi_i = x + \hat{\epsilon}_i$，该信号均匀分布于区间 $[x - \epsilon/2, x + \epsilon/2]$，其中 $\hat{\epsilon}_A$ 和 $\hat{\epsilon}_B$ 的分布相互独立。那么我们可以证明一个出人意料的结果，不管误差 ϵ 多么小，都会使得博弈有一个可理性化策略，即 $x < 2$ 时选 C 而在 $x > 2$ 时选择 D。请注意，这与帕累托最优策略相去甚远，不管误差多么小。

要想弄明白这是唯一的纳什均衡，请注意到参与人在 $\xi < -\epsilon/2$ 时肯定选择 C 而在 $\xi > 4 + \epsilon/2$ 时肯定选 D，因此存在一个最小的断点 x^*，使得至少存在一个围绕 x^* 的微小区间，参与人在 $\xi < x^*$ 时选择 D 而在 $\xi > x^*$ 时选择 C。关于这一点以及模型的其他细节之讨论，请参阅 Carlsson 和 van Damme（1993），他们创造并分析了上述博弈，并称之为全局博弈。根据问题的对称性，x^* 必须是双方参与人的断点。若 Alice 在这个断点上，那么 Bob 在这个断点之上和之下的概率是相等的，因此他选择 D 和 C 的概率是相等的。这意味着 Alice 选择 D 的赢利为 x^* 而选择 C 的赢利为 2。由于上述两赢利值在 Alice 的断点 x^* 必定相等，从而就有 $x^* = 2$。故博弈有唯一的断点，并因而有唯一的纳什均衡 $x^* = 2$。

要证明 $x^* = 2$ 是唯一的可理性化策略，不妨假设 Alice 选择断点 x_A 而 Bob 选择断点 x_B 作为最优反应。那么，当 Bob 获得信息 $\xi_B = x_B$，他知道 Alice 的信号乃均匀分布于区间 $[x_B - \epsilon, x_B + \epsilon]$。要明白这一点，不妨令 $\hat{\epsilon}_i$ 表示参与人 i 的信号误差，它均匀分布于 $[-\epsilon/2, \epsilon/2]$。那么有：

$$\xi_B = x + \hat{\epsilon}_B = \xi_A - \hat{\epsilon}_A + \hat{\epsilon}_B$$

因为 $-\hat{\epsilon}_A + \hat{\epsilon}_B$ 是两个均匀分布在 $[-\epsilon/2, \epsilon/2]$ 上的随机变量之和,故 ξ_B 必均匀分布于 $[-\epsilon, \epsilon]$。由此可得,Alice 获得的信号小于 x_A 的概率为 $q \equiv (x_A - x_B + \epsilon)/(2\epsilon)$,给定其值在 0 到 1 之间。那么,令 Bob 选择 D 和 C 的赢利相等便可确定 x_B,可得到 $4q = x_B$。求解 x_B,我们发现:

$$x_B = \frac{2(x_A + \epsilon)}{2 + \epsilon} = x_A - \frac{(x_A - 2)\epsilon}{2 + \epsilon} \tag{4.5}$$

Alice 断点的最大候选值是 $x_A = 4$,这种情形中,Bob 将选择断点 $f_1 \equiv 4 - 2\epsilon/(2 + \epsilon)$。这意味着,那些大于 f_1 的断点没有哪一个会是 Bob 的最优反应,因而这些断点也就不是可理性化的。而这对于 Alice 也同样成立,因此最大的可能断点值就是 f_1。现在,将 $x_A = f_1$ 代入式(4.5)中,定义 $f_2 = 2(f_1 + \epsilon)/(2 + \epsilon)$,且我们断定大于 f_2 的断点值没有哪一个是可理性化的。只要大家愿意,大家可以不断重复着这一过程,每 k 次迭代定义 $f_k = 2(f_{k-1} + \epsilon)/(2 + \epsilon)$。由于 $\{f_k\}$ 递减且为正,它们必定有一个极限,满足方程 $f = 2(f + \epsilon)/(2 + \epsilon)$,该方程有解 $f = 2$。明白这一点的另外一种方式是,直接计算 f_k,得到:

$$f_k = 2 + 2\left(\frac{2}{2 + \epsilon}\right)^k$$

无论多么小的 $\epsilon > 0$,当 $k \to \infty$ 时,上式收敛于 2。要处理小于 $x = 2$ 的断点,不妨留意一下,此种情形下式(4.5)也必须成立。最小的可能断点是 $x = 0$,故我们定义 $g_1 = 2\epsilon/(2 + \epsilon)$ 和 $g_k = 2(g_{k-1} + \epsilon)/(2 + \epsilon)$,$k > 1$。则相同的推理可证,对于任意 $k \geqslant 1$,小于 g_k 的断点值没有哪一个是可理性化的。而且,$\{g_k\}$ 递增并以 2 为上界。于是,解 $g = 2(g + \epsilon)/(2 + \epsilon)$ 可得其极限,结果是 $g = 2$。显而易见,我们有:

$$g_k = 2 - 2\left(\frac{2}{2 + \epsilon}\right)^k$$

当 $k \to \infty$ 时,上式收敛于 2。以上便证明了唯一的可理性化断点是 $x^* = 2$。

若信号误差很大,该博弈中的纳什均衡就是合乎情理的;而且实验证明,受试者常常驻留在逼近模型预测结果的行为上。但是,该模型推测对所有 $\epsilon > 0$ 断点为 2,而对于 $\epsilon = 0$ 却一下子跳到了断点 4。这一预测没有得到实验验证。事实上,主体倾向于对公共信息和私人信息一视同仁,并倾向于实现赢利占优的结果而不是缺乏效率的纳什均衡结果(Heinemann, Nagel and Ockenfels, 2004;Cabrales, Nagel and Armenter, 2007)。

4.14 CKR 是一个状态,而不是一个前提

理性主体通过某些程序剔除不可理性化的策略。CKR 意味着,参与人会一直持续剔除,直到没有什么可剔除为止。与此相反,如我们在实验中所见,重复占优

的平均阶数为 2，极少有人超过 4(Camerer, 2003)。这一证据表明，CKR 在本章分析的博弈中并不成立。然而，要构建 CKR 有望在其中成立的博弈也是很容易的。例如，然后 CKR 可以很容易构造一些我们认为它能适用其中的博弈。比如，考虑如下"良性蜈蚣博弈"。Alice 和 Bob 轮流进行 100 回合。在每一轮 $r < 100$ 中，参与人可选择合作，此时可转入下一轮；或者参与人可选择退出，此时每个参与人得到的赢利 $(1 - r/100)$ 美元。若两人皆合作，则 100 轮后每人得到 10 美元。

这个博弈的 CKR 意味着，Alice 和 Bob 两人都会选择 100，每人都赚得 10 美元。因为，在最后一轮，Bob 是理性的，他会选择继续以获得 10 美元，而不是选择退出只获得 $(1 - 100/100) = 0$ 美元。由于 Alice 知道 Bob 是理性的，她知道继续下去自己就能得到 10 美元，而退出的话则只能得到 0.01 美元。现在，回到第 98 轮，Bob 退出将得到 0.02 美元，这比继续下去且 Alice 退出的情况要多获得 0.01 美元。但 Bob 知道 Alice 知道他是理性的，且 Bob 知道 Alice 是理性的。因此 Bob 知道 Alice 将会继续，于是他在第 98 轮就选择继续。这一论断回退到第一轮也是有效的，故 CKR 意味着在每一轮人们都会合作。

这里还是有一点小小的疑问：上述情形中，现实生活中的参与人会选择 CKR 所指示的策略吗？尽管在选美博弈、旅行者困境博弈以及诸多类似的博弈中，人们确实不会选择 CKR 指示的策略。然而，在良性蜈蚣博弈中，人们对彼此的了解，与在上述提及的其他博弈中相比，并没有什么认知差异。的确，CKR 在良性蜈蚣博弈中成立，因为参与人将持续到博弈的最后一轮，但反过来却不是这样。

由此推理路线可见，那种认为 CKR 是主体之间彼此了解的前提这一观念，乃是有误的。相反，CKR 只是事件，其中可以包括也可以不包括参与人所选择的策略组合。在同样的认知条件下，CKR 可能成立，也可能不成立，这取决于特定的博弈对局。

我曾强调，认知博弈论的主要缺陷在于表达不同个体知识之共性的方式。贝叶斯理性本身并没有提供任何分析原则可用以推演两个个体具有特定事件的相互知识，更不用说共同知识。我们将在以后提出一些认知原则，它们确实可引出共同知识(即定理 7.2)，但确实不包括理性的共同知识。据我所知，尚不曾有人提出同时隐含 CKR 的认知条件集。Pettit 和 Sugden(1989)总结其对 CKR 的批判时断言"参与人被归咎于其理性的共同知识的那些情形，应该与博弈论毫无关系"(p. 182)。除非有人能提出 CKR 的认知推理，解释清楚为什么 CKR 在良性蜈蚣博弈中是合情合理的但在选美博弈中又不合情理。Pettit 和 Sugden 的建议值得留意。

对 CKR 作为一个前提的进一步分析，请参阅 §5.13。

5

扩展式可理性化

心灵有其莫明的理由。

Blaise Pascal

扩展式博弈中,参与人可以在博弈进程中收集信息更新其主观先验,故而其信息比标准式博弈丰富得多。由此,研究扩展式博弈中的可理性化比之相应的标准式博弈要复杂得多。有两种方法可用于剔除那些不会被理性的主体所选择的策略:逆向归纳法和前向归纳法。后者相对奇特(尽管更能自圆其说),将在第 9 章讨论。作为迄今最受欢迎的分析技巧,逆向归纳法使用反复剔除弱劣策略的办法,来获得子博弈完美纳什均衡——该均衡在所有的子博弈中都是纳什均衡。若扩展式博弈有唯一的子博弈完美纳什均衡,则我们就称说博弈是一般的。

在本章中,我们提出形式逻辑工具并展示 Robert Aumann 关于 CKR 隐含着逆向归纳法的著名证明(Aumann, 1995)。这一定理曾广遭批评,也广受误解。我想澄清其中的一些问题,这些问题对于当代博弈论至关重要。我的结论是,Aumann 完全正确,真正的罪魁是 CKR 自身。

5.1 逆向归纳法与劣策略

在完美信息(即每个信息集中只有一个节点)扩展式博弈中,逆向归纳法的操作步骤如下。选择任意终端节点 $\tau \in T$,并找到其父节点,即节点 v。假设参与人 i 在节点 v 进行选择,并假设参与人 i 在节点 v 的最大赢利从终点节点 $\tau' \in T$ 获得。擦去从 v 点开始的所有枝,则 v 就成为一个终点,然后把 τ' 的赢利绑定到新的终端节点 v。同时,记录下 i 在 v 点的行动,这样你就可以在分析完毕后刻画出 i 的均衡策略。对原博弈的所有终端节点重复上述程序,之后,你就会得到一个比原博弈少一级的扩展式博弈。好了,请不断重复上述过程。若最后的博弈树在每个节点都只有一个可能的行动,则当你把为每个参与人记录下的行动组合起来的时候,你就得到了一个纳什均衡。

由于我们是从博弈的终端节点回溯推移的,故我们称此为逆向归纳法。请注意,当参与人在多个节点行动,逆向归纳将剔除弱劣策略,因而也就有可能剔除掉使用弱劣策略的纳什均衡。而且,乍看起来,逆向归纳比标准式博弈的可理性化($\S4.6$)更强,后者等价于重复剔除严格劣策略。

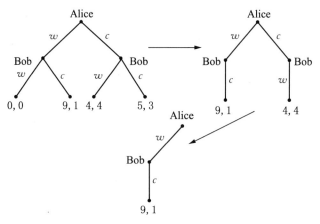

图 5.1 逆向归纳的一个例子

考虑图 5.1 逆向归纳的一个例子。我们从标记为 $(0,0)$ 的终端节点开始,回溯到左边的 Bob 节点。在该节点,由于 $1>0$,故 w 劣于 c,于是我们擦去 Bob 出招为 w 的枝及与其关联的赢利。我们再到原博弈树另一个终端节点 $(4,4)$,回溯到右边的 Bob 节点。在该节点,c 劣于 w,于是我们擦去劣势节点及其赢利。然后,我们将逆向归纳法运用到这个更小的博弈树上——当然,现在这已是再简单不过的了。我们找到第一个终点 $(9,1)$,它直接回溯到 Alice 的选择节点。这里,c 是劣的,于是我们擦去该枝及其赢利。从而就得到解:Alice 选择 w,Bob 选择 cw,而赢利为 $(9,1)$。

从这个例子可明显看到,利用逆向归纳法并剔除弱劣策略,我们剔除了纳什均衡 c,ww。这是因为,我们假定 Bob 出招 c 去应对 Alice 的 w,而剔除了 Bob 的弱劣策略 ww 和 wc。我们称 c,ww 是不可置信的威胁。逆向归纳法剔除了不可置信的威胁。

5.2 子博弈完美

令 v 为扩展式博弈 $\mathcal{G}$ 的一个信息集,该信息集由单一节点构成。令 $\mathcal{H}$ 为包含有 v 的节点群的最小集合类,满足如下条件:当 $h'\in\mathcal{H}$ 时,h' 的所有后续节点皆属于 $\mathcal{H}$,且与 h' 位于同一信息集的所有节点皆属于 $\mathcal{H}$。我们把从博弈 $\mathcal{G}$ 继承而来的信息结构、枝以及赢利赋予给 $\mathcal{H}$,而 $\mathcal{H}$ 中的参与人正好是博弈 $\mathcal{G}$ 中在 $\mathcal{H}$ 的某些信息集上行动的参与人子集。显然,$\mathcal{H}$ 是一扩展式博弈,我们称 $\mathcal{H}$ 为 $\mathcal{G}$ 的子博弈。

若 $\mathcal{H}$ 是博弈 $\mathcal{G}$ 的子博弈,该子博弈以 v 为根节点,那么 $\mathcal{G}$ 的每一个到达 v 的纯策略组合都会在 $\mathcal{H}$ 中有一个副本 s_H,规定 $\mathcal{H}$ 中的参与人运用 s_H 在 $\mathcal{H}$ 的每个节点上做

出的选择要与其运用 s_G 在 $\mathcal{G}$ 的每个同样的节点上做出的选择相同。我们称 s_H 是 s_G 对子博弈 $\mathcal{H}$ 的约束。假设 $\sigma_G = \alpha_1 s_1 + \cdots + \alpha_k s_k$（满足 $\sum_i \alpha_i = 1$）是到达 $\mathcal{H}$ 的根节点 v 的一个混合策略；并令 $I \subseteq \{1, \cdots, k\}$ 为指标集，满足当且仅当 s_i 到达 h 时有 $i \in I$。令 $\alpha = \sum_{i \in I} \alpha_i$。那么，$\sigma_H = \sum_{i \in I}(\alpha_i/\alpha)s_i$ 就是定义于 $\mathcal{H}$ 上的混合策略，即所谓的 σ_G 对 $\mathcal{H}$ 的约束。由于 σ_G 会到达 v，故 $\alpha > 0$，而系数 α_i/α 代表的是在到达 h 的条件下出招为 s_i 的概率。

很明显，若 s_G 是博弈 $\mathcal{G}$ 的纯策略纳什均衡，而 $\mathcal{H}$ 是 $\mathcal{G}$ 的子博弈且 $\mathcal{H}$ 的根节点可由 s_G 达到，那么 s_G 对 $\mathcal{H}$ 的约束 s_H 必定是 $\mathcal{H}$ 中的纳什均衡。然而，如果 s_G 不能到达 $\mathcal{H}$ 的根节点，那么 s_G 对 $\mathcal{H}$ 的约束就不一定是 $\mathcal{H}$ 中的纳什均衡。原因在于，若某个节点不能由 s_G 达到，那么在该节点进行选择的参与人之赢利就并不取决于其在 $\mathcal{G}$ 中的选择，但它却会依赖于他在 $\mathcal{H}$ 中的选择。当一个扩展式博弈对每个子博弈的约束都是子博弈的纳什均衡时，我们才说该扩展式博弈的纳什均衡是子博弈完美的。

容易发现，同时行动博弈将没有严格子博弈（一个博弈总是其自身的子博弈；我们称整个博弈为非严格子博弈），因为对于至少一个参与人其所有的节点都在同一个信息集中。同样，在自然率先行动的博弈中，如果至少有一个参与人不清楚自然的选择，那么也没有严格子博弈。

在另一个极端，完美信息（即每个信息集都只有单个元素）的博弈中，每个非终端节点都是子博弈的根节点。这使得我们可以用逆向归纳法寻找其子博弈完美纳什均衡，如 §5.1 所述。这一推理路线表明，逆向归纳法一般由反复剔除弱劣策略以及剔除非子博弈完美纳什均衡所构成。

5.3 子博弈均衡和不可信威胁

右图的博弈有一个纯策略纳什均衡 Rr，其中 Alice 赢得 2 而 Bob 赢得 1。这个均衡是子博弈完美的，因为从 Bob 在 v_2 处选择的子博弈中，对于 Bob 来说 r 是赢利最大化的选择。该均衡也是通过逆向归纳法选择出来的。不过，还有一个纳什均衡，即 Ll，此时 Alice 赢得 1 而 Bob 赢得 5。

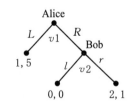

Bob 会更偏好后一个均衡，如果他能以某种方法诱导 Alice 相信自己会选择 l，则她的最佳反应就会是 L。然而，当 Bob 告诉 Alice 自己决意选 l 时，如果 Alice 认为 Bob 是理性的，她就很清楚一旦博弈达到 v_2 时他事实上会选择 r。因而，Ll 被认为是不合情理的纳什均衡，与此相反，子博弈完美纳什均衡倒是深受博弈论理论家的重视。

5.4 意外考试

一群博弈论专家曾经开设了一门周一到周五集中授课的逻辑课程。几周之

这是所谓的"意外考试"或"突击测验悖论"这一著名逻辑问题的版本之一。对
该问题诸多解决方法的概述,请参阅 Chow(1998)。解释五花八门,但没有哪个能
被人们接受。有不少中肯的分析运用了标准逻辑或形式逻辑,去证明教授的命题
是自指的或自相矛盾的。既然无效命题毫无意义,教授预测正确也就不存在什么
悖论。

逆向归纳法表明,考试不会发生。但是,如果学员坚信这一点,那么考试就会
是一个意外,不管它发生在哪一天。因此,逆向归纳法中的不合逻辑可以让理性的
学员信服,教授的推测的确是合理的。但是,逆向归纳法的不合逻辑究竟是什么?
我提出这个悖论是想说明利用逆向归纳法的非形式逻辑之风险。下面我们将提出
更具分析性的精确方法。

5.5 逻辑悖论的共同知识

若主体就一个命题集合做出推断时,排除了所有与该集合不相容的状态,我们
不妨说这个主体是推理正确的。那么,我们以惯用的方式来定义主体集合 $i =
1, \cdots, n$ 的逻辑性共同知识(CKL)如下:对于任意整数集 $i_1, \cdots, i_k \in [1, \cdots, n]$,
i_1 知道 i_2 知道……知道 i_{k-1} 知道 i_k 是推理正确的。

一个父亲有 690 000 美元要留给他的孩子 Alice 和 Bob,这两人都不知父亲的
财产规模。他决定给一个孩子 340 000 美元,给另一个 350 000 美元,概率各为
1/2。不过,他不想让得到较少金额的孩子觉得自己被轻视,至少在他的有生之年
是如此。于是他告诉孩子:"我将从集合 $S \subseteq [1, \cdots, 100]$ 中随机选择两个数字,
随机指派给你们每人一个数字,并给予你们一笔遗产,价值等于所指派数字乘以
10 000 美元。知道自己被指派的数字并不能使你确定地算出你比你兄弟继承得更
多或更少。"父亲令 $S = \{34, 35\}$,他对自己声明的实质很自信,我们视这个声明为
三个人的共同知识。

在逻辑性共同知识假设下,Alice 思量了自己的处境,推理如下:"父亲很清楚,
如果是 $1 \in S$ 或者 $100 \in S$,其中一个数会以正概率被选择指派给我,此时我就能
确定自己在继承权中的相对位置。"Alice 知道父亲知道她是推理正确的,所以她知
道 $1 \notin S$ 且 $100 \notin S$。但是,Alice 推断,她的父亲知道她知道他知道她是合乎逻辑
的,于是她断定,父亲知道他不能在 S 中包含 2 或 99。但是,Alice 通过 CKL 很清

---

* 因为若周五考试,则周一到周四必不考;但周一到周四不曾考试,学生就会毫不意外地知道周五一
  定会考。——译者注

楚这一点,所以她断定父亲不会在 S 中包含 3 或 98。完成这个递归论证,Alice 认为 S 一定为空。

然而,父亲将数字 34 给了一个孩子,将 35 给了另一个孩子,他们谁也不知道谁的更大。因此,父亲先前的说法是正确的,而 Alice 的推理是错误的。于是我们得到结论:在上述情形下,关于逻辑性的共同知识是无效的。当父亲把 35 放到 S 中,CKL 就失效了,因为 35 已经被 CKL 排除了。

乍看起来,CKL 是逻辑性的一种无碍大局的延伸,甚至通常不会在上述问题中被提及,但实际上它会导致错误的推理,故必须抛弃。在这方面,CKL 很像 CKR,CKR 乍看起来是理性的一个无碍大局的延伸,但事实上往往适得其反。

5.6 重复囚徒困境

假设 Alice 和 Bob 进行囚犯困境对局,其中一个阶段展示在右图,共进行 100 次。常识告诉我们,参与人至少会合作 95 轮,实验证据确实支持这一看法(Andreoni and Miller,1993)。但是,逆向归纳法论证表明,参与人恰恰是在第一轮就会背叛。要明白这一点,请注意到参与人会在

	C	D
C	3, 3	0, 4
D	4, 0	1, 1

第 100 轮背叛。既然如此,他们在第 99 轮的任何努力都无法延长合作,故他们都将在第 99 轮背叛。这一论证重复 99 次,我们便看到,他们都将在第一轮就选择背叛。

虽然逆向归纳法通常消除了弱重复劣策略,但在本例中它只是消除了严格重复劣策略,故根据前面章节之分析,唯一的可理性化策略就是彻底背叛的纳什均衡。这对可理性化概念提出了一个问题,该问题至少同前面章节中标准式博弈情形的问题一样棘手。

不过,对于逆向归纳法的逻辑何以会打上折扣,本例中的扩展式提供了一种观点。逆向归纳法完全以与先前章节中相同的方式依存于 CKR。不过,当前的例子中,每个参与人第一次都选择 C,两人都知道 CKR 是无效的。在重复囚徒困境的终点,参与人已多次选择 C。由于这些终点在给定 CKR 时并不能达到,故我们无法在终点假设存在 CKR。上述针对逆向归纳法的批评由 Binmore(1987),Bicchieri(1989),Pettit 和 Sugden(1989),Basu(1990),及 Reny(1993)等人提出。

然而,上述批评并不正确。逆向归纳法的论证只是反证法的一个经典例子:假设一个命题,并证明该命题是错误的。在本例中,我们假定存在 CKR,然后通过反证法说明不会到达第 100 轮。这种论证没有漏洞。但是,把对"CKR 暗含着逆向归纳法"这一命题的批评,建立在"如果 CKR 失效将发生什么"这一基础上,是不合逻辑的。

对 CKR 暗含着逆向归纳法这一命题的不严密的批评,其误导性的吸引力在于这样的观察:每个参与人第一轮选择 C,每个参与人知道 CKR 是失效的,因而在剩

下的博弈中每个人都可自由采取符合自身利益的做法。例如,两人都可以采用针锋相对的策略,在一轮中选择 C,然后在接下来的每一轮则照搬对手先前的行动,除了在博弈逼近 100 个回合终点时选择 D 之外。

上述观点完全正确,但并非 CKR 暗含着逆向归纳这一命题的批判。的确,假设存在 CKR,在任何阶段,参与人都不会选择 C。

如同我在接下来所主张的,逆向归纳法的问题是,CKR 并非可以广泛接受的假设,因此逆向归纳法在理性背景下并不总是合理的。

5.7 蜈蚣博弈

在 Rosenthal 的蜈蚣博弈中,Alice 和 Bob 开始时每人有 2 美元,轮流出招。在第一轮,Alice 可以选择背叛(D)而窃取 Bob 的 2 美元,博弈将就此结束;当然,Alice 也可选择合作(C)而不窃取,那么老天爷将给她 1 美元。尔后,Bob 可以选择背叛(D)从 Alice 那窃取 2 美元,博弈将就此结束,或者他也可以选择合作(C)而老天爷给他 1 美元。这一过程反复进行,直到有人背叛,或者 100 轮全部结束。该博弈的博弈树如图 5.2 所示。

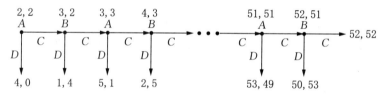

图 5.2 Rosenthal 的蜈蚣博弈

正式而言,蜈蚣博弈简化后的标准式可以描述如下:Alice 选择 1 到 101 之间的某个奇数 k_a,Bob 选择 2 到 100 之间的某个偶数 k_b,若 $k_b = 100$ 则追加上选项 C 或 D。两个选择中较低者,比如说 k^*,决定着赢利。若 $k^* = 100$,则赢利(k^*,C)=(52,52)而赢利(k^*,D)=(50,53)。否则,若 k^* 为奇数,则赢利为($4+(k^*-1)/2$,$(k^*-1)/2$);若 k^* 为偶数,则赢利为($k^*/2$,$3+k^*/2$)。你可以核对一下,上述选择产生的赢利正好如前所述。

要确定该博弈中的策略,请注意 Alice 和 Bob 各有 50 步行动,在每一步每个人都可以选择 D 或 C。我们因而可以用 50 个字母 C 或 D 的序列来描述每个人的策略,这意味着每个人有 $2^{50} = 1\ 125\ 899\ 906\ 842\ 624$ 种纯策略。当然,一旦有人第一次选了 D,之后他做何选择都不会再影响博弈的赢利,所以与赢利有关的唯一问题,如果有的话,就是博弈进行到第几轮将有人第一次选择 D。这为每个参与人留下了 51 个策略。

我们可以把逆向归纳法运用到该博弈,找到该博弈唯一的子博弈完美纳什均衡,即两个参与人选择伊始就立即背叛。要弄明白这一点,请注意在最后一轮 Bob 将会背叛,故而 Alice 也将在她的最后一步背叛。但进而 Bob 将在其倒数第二步背叛,如同 Alice 在她的倒数第二步背叛一样。类似推理适用于所有轮次,证明了唯一的子博弈完美均衡中 Bob 和 Alice 将在第一步行动时就背叛。

当然,常识告诉你,这不是现实中的参与人在此种局势下的行事方式,经验证据印证了你的直觉(McKelvey Palfrey, 1992)。看起来,罪魁祸首就是子博弈完美,因为逆向归纳法只找出子博弈完美均衡。然而,这不是问题所在。罪魁祸首是纳什均衡的标准本身,因为在任何一个纳什均衡中,Alice 都会在第 1 轮就背叛。

尽管逆向归纳法并未捕捉到人们在蜈蚣博弈中的行为,但标准式可理性化倒做得不错,因为它表明,合作持续到将近博弈结束并不会与 CKR 相冲突。这是因为,Bob 所有的纯策略都是标准式可理性化的,除了 $k_b = (100, C)$ 之外;同样,Alice 所有的纯策略也都是标准式可理性化的,除了 $k_a = 101$(即每一轮都合作)之外。为了弄清楚这一点,我们可以证明博弈有一个混合策略纳什均衡,其中 Bob 选择 $k_b = 2$ 以及除$(100, C)$之外的他的其他任何一个纯策略,而 Alice 选择 $k_a = 1$。这表明,对于 Bob,除了$(100, C)$之外的所有纯策略都是可理性化的。Alice 的 $k_a = 101$ 严格劣于使用 $k_a = 99$ 和 $k_a = 1$ 的混合策略,但她的其他纯策略都是 Bob 某些可理性化纯策略的最优反应。这表明,Alice 的上述纯策略本身就是可理性化的。

这并未解释为什么现实中的人们会一直合作到逼近博弈的尾声,但它确实表明,标准式中人们这样做并未与 CKR 相冲突。不过,这也算是一点小小的安慰吧,既然只有在忽略参与人肯定拥有的信息——这些信息嵌入在博弈扩展式结构中——时,合作才与 CKR 兼容。在附加信息的背景下,CKR 当然隐含着逆向归纳法的有效性,故此可以断定,CKR 确保了在第一轮的背叛。

5.8 逆向归纳法路径之外的 CKR 失效

本节提出一个正式的认识论观点来支持如下论断:在一个一般扩展式博弈中,CKR 背离了博弈完美的博弈路径。这是 Aumann(1995)关于 CKR 隐含着逆向归纳法的一般性证明之引申,只不过我们把这一证明用于一个非常简单的博弈,其中的直觉是相对清晰的。图 5.3 刻画了一个非常简单的蜈蚣博弈(§5.7),由 Alice(A)和 Bob(B)对阵,其中 Alice 在 A_1 和 A_3 行动,而 Bob 在 B_2 行动。令 R_A 与 R_B 分别表示"Alice 是理性的"和"Bob 是理性的",令 $\mathbf{K}_A$ 和 $\mathbf{K}_B$ 为知识算子,并且令 π_A 和 π_B 分别为 Alice 与 Bob 的赢利。关于何谓理性以及何谓一个主体"知道某事"的断言,我们在以后的章节会讲得更多。就目前而言,我们只是简单地假设理性的参与人总是选择最优回应,我们假定 $\mathbf{K}_p \Rightarrow p$(即,若主体知道某事,则某事就是真的),且我们假设 $\mathbf{K}_p \wedge \mathbf{K}(p \Rightarrow q) \Rightarrow \mathbf{K}_q$(即,若主体知道 p,则知道 p 蕴含着 q,则主体知道 q)。我们假设两参与人皆知道博弈的全部规则,既然博弈是

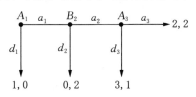

图 5.3 短小的蜈蚣博弈

一个完美信息博弈,当博弈进行到某个特定的节点,这种情况就会成为共同知识。

我们有 $A_3 \wedge R_A \Rightarrow d_3$,读作"在节点 A_3,若 Alice 是理性的,她将选择 d_3"。这是正确的,因为 $a_3 \Rightarrow (\pi_A = 2)$ 且 $d_3 \Rightarrow (\pi_A = 3)$,由于上述含义可轻易从博弈规则推导出,故 Alice 知道它们,于是有 $\mathbf{K}_A(a_3 \Rightarrow (\pi_A = 2)) \wedge \mathbf{K}_A(d_3 \Rightarrow (\pi_A = 3))$。这一论断意味着 $A_3 \wedge R_A = d_3$。现在,若 Bob 知道 Alice 是理性的,并且,若博弈规则为共同知识,则有 $a_2 \Rightarrow \mathbf{K}_B a_2 \Rightarrow \mathbf{K}_B d_3 \Rightarrow \mathbf{K}_B(\pi_B = 1)$。而且,$d_2 \Rightarrow \mathbf{K}_B d_2 \Rightarrow \mathbf{K}_B(\pi_B = 3)$。现在,若 Alice 在 A_1 知道 Bob 是理性的,且 Bob 在 B_2 知道她是理性的,则有 $\mathbf{K}_A(a_1 \Rightarrow d_2)$,于是有 $\mathbf{K}_A(a_1 \Rightarrow (\pi_A = 0))$。然而,$\mathbf{K}_A(d_1 \Rightarrow (\pi_A = 1))$。因此,既然 Alice 在 A_1 是理性的,她将会选择 d_1。简言之,我们有

$$R_A \wedge \mathbf{K}_A(R_B \wedge \mathbf{K}_B R_A) \Rightarrow d_1 \tag{5.1}$$

从而我们就证明了,若存在两个层次的彼此的理性知识,则逆向归纳法解是有效的。但这预设了假设集是一致的;即,假设集假定我们无法从这些假设去证明 Alice 会选择 a_1。请注意,若 Alice 选择 a_1,则式(5.1)的前提就是错的,而 Bob 很清楚这一点,这意味着

$$\neg \mathbf{K}_B R_A \vee \neg \mathbf{K}_B \mathbf{K}_A R_B \vee \neg \mathbf{K}_B \mathbf{K}_A \mathbf{K}_B R_A \tag{5.2}$$

一句话,若 Alice 选择 a_1,则 Bob 要么不知道 Alice 是理性的,要么不知道 Alice 知道 Bob 是理性的,要么不知道 Alice 知道 Bob 知道 Alice 是理性的。蕴含着 $\mathbf{K}_B R_A$ 的一层次相互知识,剔除了第一种情况;蕴含着 $\mathbf{K}_B \mathbf{K}_A R_B$ 的二层次相互知识,剔除了第二种情况。因此,若 Alice 选择 a_1,情况必是 $\neg \mathbf{K}_B \mathbf{K}_A \mathbf{K}_B R_A$;即 Alice 的选择违背了理性的第三层次相互知识,因而违背了理性的共同知识。

只要保留两个层次以上的理性的相互知识,我们便可断定,第一个节点之后的节点是不可能达到的。在上述博弈中也不例外。正如我们在上一节所述且将要在 §5.11 证明的,在所有具有唯一子博弈完美均衡的完美信息有限扩展式博弈中,博弈中理性的共同知识可以成立的那些节点,必与逆向归纳的博弈路径相依相伴。当前这个例子中,只有两个这样的节点,根节点和第一个终点节点。

5.9　无限的囚徒困境如何进行

	C	D
C	R, R	S, T
D	T, S	P, P

在重复有限次的阶段性博弈中,假定贝叶斯理性(§1.5),避免逆向归纳,并运用决策论来确定参与人行为,这些做法是合理的。例如,考虑囚犯困境(§2.10),其阶段性博弈如左所示,赢利满足 $T > R > P > S$,博弈重复进行,直到有人背叛或玩满 100 轮即结束。逆向归纳法意味着,两个参与人都将在第一轮就背叛,的确,这是博弈唯一的纳什均衡。但是,第一个参与人可能会暗想,"如果我的对手和我都选择 D,我们都只能获得 P。我愿意合作至少 95 轮,如果我的对手是个聪明人,他也将愿意合作多轮。我估计我的对手也会这样推理。这样我们就会坚持赚

到 95 轮。如果我错估了对手，我仅仅损失 $S-P$，看来冒险一试是值得的；因为要是我没错估对手，我就可以捞到大把钱回家"。

更正式地，假定我的推测是，我的对手将合作到第 k 轮然后以概率 g_k 背叛。那么，我应选择在第 m 轮背叛以最大化下式

$$\pi_m = \sum_{i=1}^{m-1}((i-1)R+S)g_i + ((m-1)R+P)g_m + ((m-1)R+T)(1-G_m)$$

(5.3)

这里，$G_m = g_1 + \cdots + g_m$。上式中第一项表示对手率先背叛时我得到的赢利，第二项表示大家同时背叛时我的赢利，最后一项是我先背叛时我的赢利。对于所有合理的概率分布，在很多情况下，最大化上式表明应合作许多轮。例如，假定 g_k 均匀分布于 $m=1,\cdots,99$ 轮。具体而言，不妨假设 $(T,R,P,S)=(4,2,1,0)$。那么，运用方程(5.3)可以检验，合作到第 98 轮是一个最优反应。的确，假定你预料对手在第 1 轮以 0.95 的概率背叛否则在第 2 至第 99 轮以同等的概率背叛，则你背叛的最优时机仍是第 98 轮。显然，逆向归纳假设并不合理，除非你深信你的对手极可能是一个死硬坚持逆向归纳的人。

接下来我心中暗想，"我的对手也能像我一样展开上述推理，所以他会至少合作到第 98 轮。因而，我应该令 $m=97$。但是，我的对手当然也知道这一点，所以他肯定会在第 96 轮背叛，这种情况下毫无疑问我应该在第 95 轮背叛"。推理的困境出现了。这种自相矛盾的推理表明，我们设置问题的方式存在某些失误。如果 $\{g_k\}$ 分布是合理的，那我就该运用它。运用这种分布去证明它是不可运用的错误分布，是自相矛盾的。而理性的对手也深知这一点，所以我猜他会重返第一层次的分析，即是说合作至少会持续到第 95 轮。从而，我们两个理性的愚公在博弈中将合作很多轮，而不是照纳什均衡行事。

然而，我和对手关于对方何时背叛具有相同的贝叶斯先验(§1.5)，假定这是共同知识。有时也称此为 Harsanyi 一致性(Harsanyi 1967)。那么很显然，我们都将在一开始就背叛，因为逆向归纳结论严格源于贝叶斯推理：兼容于共同先验之共同知识的唯一的先验信念就是在第一轮即背叛。然而，本例中我们没有合情合理的理由去假定 Harsanyi 一致性。

上述论证强化了我们的结论：CKR 没什么神圣不可侵犯。经典博弈理论家主张，理性要求参与人运用逆向归纳法，但情况并非如此。如果两个参与人是理性的，且都知道对方是理性的，而且每个人也都知道对方的推测，那么他们将按照唯一的纳什均衡采取行动(§8.4)。但正如我们所见，我们或许能彼此合理断定：我们对他人的推测确实一无所知，但我们所知道的足够使我们进行许多轮的合作。

5.10 知识的形式逻辑

就参与人何以取得主观先验而言，决策理论中的 Savage 模型乃是不可知论。

人们如何进行博弈,取决于他们对其他参与人的信念抱有怎样的信念,包括他们对其他参与人对他们的信念所抱有的信念,如此等等。为了分析应对这种情况,我们提出一个正式模型,去说明一个人"知道"有关世界的事实意味着什么。

自然状态由一个有限的可能世界的总体 Ω 构成,其子集称为事件。当 $\omega \in E$ 时事件 E 发生。当 Alice 处于状态 ω,她只知道她属于多个状态的一个子集 $\mathbf{P}_A\omega \subseteq \Omega$;即,$\mathbf{P}_A\omega$ 是实际状态为 ω 时 Alice 所认为的可能状态集合。若 $\mathbf{P}_A\omega \subseteq E$,我们就说 Alice 在状态 ω 知道事件 E,因为对于 Alice 知道可能的每一个状态 ω',有 $\omega' \in E$。

给定可能性算子 $\mathbf{P}$,我们用 $KE = \{\omega \mid \mathbf{P}\omega \subseteq E\}$ 定义出相应的*知识算子* $\mathbf{K}$。请注意,KE 是一个事件,包括如下所有状态:在这些状态中个体知道事件 E。容易验证,知识满足如下性质:

(K1) $\mathbf{K}\Omega = \Omega$ 全知性

(K2a) $\mathbf{K}(E \cap F) = \mathbf{K}E \cap \mathbf{K}F$

(K2b) $E \subseteq F \Rightarrow \mathbf{K}E \subseteq \mathbf{K}F$

(K3) $\mathbf{K}E \subseteq E$ 知识

(K4) $\mathbf{K}E = \mathbf{K}\mathbf{K}E$ 透明性

(K5) $\neg\mathbf{K}\neg\mathbf{K}E \subseteq \mathbf{K}E$ 否定内省性

其中"$\neg$"意思是"非",即逻辑否定。请注意,K2a 蕴含着 K2b。要看清这一点,不妨假定 K2a 和 $E \subseteq F$。则有,$\mathbf{K}E = \mathbf{K}(E \cap F) = \mathbf{K}E \cap \mathbf{K}F$,故 $\mathbf{K}E \subseteq \mathbf{K}F$,K2b 得证。性质 K3,通常被称为知识公理,意即所知必为真(若抽走这一原理,我们就得到信念模型而不是*知识*模型),可以直接由 P1 推导出来。性质 K4,即透明性公理,说的是若你知道某事,则你自己知道你知道某事。性质 K5 说的是,若你不知道某事,则你知道你不知道某事。这并不是太直观的表述,但它使得我们可以合乎句法地规定知识算子的性质,而无需考虑它关于可能世界和可能性算子 $\mathbf{P}\omega$ 的语义学解释。我们证明,经由 $\mathbf{P}E = \bigcup_{\omega \in E}\mathbf{P}\omega$,把算子 $\mathbf{P}$ 的定义从状态扩展到事件,K5 就可从 P1 和 P2 中推导出,从而,对于任一事件 $E \subseteq \Omega$,$\neg\mathbf{K}\neg E = \mathbf{P}E$ 且 $\neg\mathbf{P}\neg E = \mathbf{K}E$,在这个意义上,知识和可能性算子是二元的。先看第一层,

$$\neg\mathbf{K}\neg E = \{\omega \mid \mathbf{P}\omega \not\subseteq \neg E\} = \{\omega \mid \mathbf{P}\omega \cap E \neq \varnothing\}$$
$$= \{\omega' \mid \omega' \in \bigcup_{\omega \in E}\mathbf{P}\omega\} = \mathbf{P}E$$

再看第二层,假定 $\omega \in \neg\mathbf{P}\neg E$。我们须证明 $\mathbf{P}\omega \subseteq E$。如果这不成立,则 $\mathbf{P}\omega \cap \neg E \neq \varnothing$,这意味着 $\omega \subset \mathbf{P}\neg E$,而这两者却是矛盾的。要证明 K5,可将其写成 $\mathbf{P}\mathbf{K}E \subseteq \mathbf{K}E$,假定 $\omega \in \mathbf{P}\mathbf{K}E$。则 $\mathbf{P}\omega \subseteq \mathbf{K}E$,故 $\omega \in \mathbf{K}E$。上述证明可以颠倒过来证明等式。

正如我们在 §4.1 所见,我们可以从个人的知识算子 $\mathbf{K}$ 中,重新获得其可能性算子 $\mathbf{P}\omega$,因为

$$\mathbf{P}\omega = \bigcap \{E \mid \omega \in \mathbf{K}E\} \tag{5.4}$$

要验证上式，请注意 $\omega \in KE$，则 $\mathbf{P}\omega \subseteq E$，故式(5.4)左边包含于右边。此外，若 ω' 不属于右边，则对于某些 $\omega \in KE$ 的 E，$\omega' \notin E$，故 $\mathbf{P}\omega \subseteq E$，所以 $\omega' \notin \mathbf{P}\omega$。从而，式(5.4)的右边包含于左边。

若行动主体在每个状态 $\omega \in E$ 都知道 E，我们称事件 E 对该主体是不证自明的。因而，当 $KE = E$，即对于每个 $\omega \in E$ 有 $\mathbf{P}\omega \subseteq E$ 时，E 完全是不证自明的。很明显，Ω 自身是不证自明的，而且，若 E 和 F 是不证自明的，则 $E \bigcap F$ 就是不证自明的。从而，对于每个种状态 ω，$\mathbf{P}\omega$ 是包含 ω 的极小的不证自明事件。每一个不证自明事件，都是极小不证自明事件的并集。极小不证自明事件与分划 $\mathcal{P}$ 的单元保持一致。

5.11　逆向归纳法与扩展式的 CKR

在本节，我们将说明一点点形式逻辑何以可澄清有关理性行为和选择的大问题。我们以逆向归纳法为例，展示 Aumann(1995)的证明：在一般的完美信息扩展式博弈中，只有在那些位于逆向归纳路径中的博弈树节点上，理性的共同知识才有可能成立。

考虑一个有限的完美信息一般扩展式认知博弈 $\mathcal{G}$（对于每个参与人，在博弈的终点的赢利两两不等，该博弈就是"一般"的）。纯策略组合 s 在每一个非终点节点 v 指派一个行动 s^v。的确，若 s_i 是参与人 i 的纯策略组合，若 i 在节点 v 上行动，则 $s^v = s_i^v$。我们以 b 表示唯一的逆向归纳法策略组合。因此，若参与人 i 在节点 v 行动，则：

$$\pi_i^v(b) > \pi_i^v(b/a^v) \qquad 对于 a^v \neq b^v \tag{5.5}$$

其中 $\pi_i^v(s)$ 是策略组合 s 下参与人 i 从节点 v 开始（甚至是从博弈开始，即便 v 不能达到）的赢利；而 s/t^v 表示在节点 v 做出选择的参与人的策略组合 s，在节点 v 以行动 t 代替了行动 s_i^v。

为了在上述框架中详细阐释贝叶斯理性，不妨假设参与人在状态 ω 选择纯策略组合 $\mathbf{s}(\omega)$。那么，对于由 i 做出选择的每一个节点 v，以及对于每个纯策略 $t_i \in \mathbf{s}_i$，若我们有：

$$R_i \subseteq \neg \mathbf{K}_i \{\omega \in \Omega \mid \pi_i^v(\mathbf{s}/t_i) > \pi_i^v(\mathbf{s})\} \tag{5.6}$$

则我们就说 i 是贝叶斯理性的；即，i 不知道在节点 v 存在比 $\mathbf{s}_i(\omega)$ 更好的策略。理性的共同知识，我们记为 CKR，指的是对于所有的参与人 i，R_i 是共同知识。请注意，这一定义某种程度上弱于贝叶斯理性，后者要求参与人对于事件有主观先验并在这些先验信念约束下最大化其效用。

令 $I^v \subseteq \Omega$ 为在节点 v 选择 b^v 这一事件。则：

$$I^v = \{\omega \in \Omega \mid \mathbf{s}(\omega)^v = b^v\} \tag{5.7}$$

故选择了逆向归纳这一事件 I 可简单表示为：

$$I = \bigcap_v I^v$$

理性的共同知识蕴含着逆向归纳法这一说法，就可以简单地表达为：

定理 5.1　$\mathrm{CKR} \subseteq I$

证明：我们首先证明，在每一个终点节点 v，$\mathrm{CKR} \subseteq I^v$。我们有

$$\mathrm{CKR} \subseteq R_i \subseteq \neg \mathbf{K}_i \{\omega \in \Omega \mid \pi_i^v(\mathbf{s}/b_i) > \pi_i^v(\mathbf{s})\}$$
$$= \neg \mathbf{K}_i \{\omega \in \Omega \mid \pi_i^v(b) > \pi_i^v(b/\mathbf{s}_i)\}$$
$$= \neg \mathbf{K}_i \{\omega \in \Omega \mid \mathbf{s}_i^v \neq b^v\} = \neg \mathbf{K}_i - I^v.$$

第一行是令 $t_i = b_i$ 从式 (5.6) 推出的。第二行从如下事实推出：v 是 i 进行选择的一个终点节点，故 $\pi_i^v(b) = \pi_i^v(\mathbf{s}/b_i)$ 且 $\pi_i^v(\mathbf{s}) = \pi_i^v(b/\mathbf{s}_i)$。

由于 i 在 v 点进行选择，I^v 是 i 的知识分划单元的并集，故 I^v 对于 i 是不证自明的，因为 $I^v = \mathbf{K}_i I^v$。于是我们有 $\mathrm{CKR} \subseteq \neg \mathbf{K}_i \neg \mathbf{K}_i I^v$。通过否定内省性质（K5），这意味着 $\mathrm{CKR} \subseteq \neg \neg \mathbf{K}_i I^v = \mathbf{K}_i I^v = I^v$。

上述论证证明，与 CKR 相容的每一种状态中，参与人必须在每个终点节点展开逆向归纳行动。请注意，上述论证无需对第 5 章所谓的"逆向归纳谬误"负责，因为上述论证确实没有假定参与人使用逆向归纳法所不能达到的终点节点会被达到。事实上，上述论证没有做出关于某些节点会被达到或不会被达到的任何假定。

证明的其余部分通过数学归纳法进行。在参与人 i 进行选择的节点 v，假设对于 v 之后所有的节点，有 $\mathrm{CKR} \subseteq I^w$。则我们可记为 $\mathrm{CKR} \subseteq \mathbf{K}_i I^{>v} = \bigcap_{w>v} \mathbf{K}_i I^w$，其中 $w > v$ 表示博弈树中节点 v 之后的节点 w。令 $t_i = b_i$，通过式 (5.6)，于是我们有：

$$R_i \subseteq \neg \mathbf{K}_i \{\omega \in \Omega \mid \pi_i^v(\mathbf{s}/b_i) > \pi_i^v(\mathbf{s})\}$$

现在 $\pi_i^v(\mathbf{s})$ 只取决于 s^v 和 $s^{>v}$，即 s 对 v 之后的节点的约束。于是我们记

$$R_i \cap I^{>v} \subseteq \neg \mathbf{K}_i \{\omega \in \Omega \mid \pi_i^v(b) > \pi_i^v(b/\mathbf{s}^v)\} \cap I^{>v} = \neg \mathbf{K}_i \neg I^v \cap I^{>v}$$

其中第一层包含关系源于如下事实：对于 $\omega \in I^{>v}$，有 $\pi_i^v(\mathbf{s}/b_i) = \pi_i^v(b)$ 与 $\pi_i^v(\mathbf{s}) = \pi_i^v(b/\mathbf{s}^v)$。因而，

$$\mathrm{CKR} \subseteq R_i \cap I^{>v} \subseteq \neg \mathbf{K}_i \neg I^v \cap I^{>v} \subseteq I^v \cap I^{>v}$$

这里，对最终包含关系的论证如前文一样。∎

上述定理并未宣称理性的参与人始终选择子博弈完美均衡。相反，它表明，若参与人行动导向了非逆向归纳路径上的某个节点，则在该节点及博弈树中任何后续的节点上，理性的共同知识将无法获得。参与人这种做法也没什么不理性，因为就理性主体在博弈中如何行动，他的想法有可能基于 CKR 之外的考虑。

另一种说法是，CKR 是一个事件，而并非前提（§4.14）。在某些情况下 CKR

成立,但这并非因为 CKR 意味着结局,而是结局意味着 CKR。

5.12　理性与扩展式 CKR

经典博弈论主张,仅有唯一子博弈完美均衡的完美信息扩展式博弈中,理性参与人必选择这一均衡。但在 1987 年至 1993 年间,几篇颇有影响的论文对此提出了质疑。在许多博弈理论家看来,Aumann(1995)为传统智慧所作的辩护,也只是对上述批评徒劳无功和苍白乏力的回应。针对 Aumann 的分析,关键的批评由 Binmore(1996)陈述如下:

> 使得理性参与人保守在均衡路径的是,他对于自己偏离均衡的后果之考量。然而,假若他背离均衡路径,他就是在非理性地行动。其他的参与人在谋划其对背离均衡行为的反应时若不把这一非理性迹象纳入考虑,那也就太蠢了。……Aumann……坚持认为,倘若博弈树中偏离逆向归纳路径的节点被达到,他的论断对于参与人将如何行动并不会说明什么。但是,对于偏离逆向归纳路径会有什么后果说明不了什么,那么显而易见,对于保守在逆向归纳路径的理性也就说明不了什么。(p.135)

同样,Ben-Porath(1997)断言:

> Aumann 假定,在每一个节点 x,存在这样的共同知识:参与人将会在 x 点开始的子博弈中理性地行动。甚至,对于在最初存在的 CKR 下不能达到的节点 x,也有此假定。因此,假设就是,参与人 i 会忽略这样一个事实:另一个参与人 j 将按照符合 CKR 的方式采取行动。(p.43)

顺理成章,纠正出现了。假如理性的参与人背离了均衡路径,Binmore 说"他就是在非理性地行动"。然而正确的说法应该是,假如参与人偏离了均衡路径,他将违背 CKR,而不是违背理性。即是说,尽管 CKR 的诸多版本在上述批评面前不堪一击,但§5.11 提到的 Aumann 的版本,却不在此列。

不过,上述观点不应视为对 CKR 的捍卫。Aumann 本人在其所有著作中都明确指出,CKR 并非理性主体之间的社会交往规范所发出的指令。CKR 并非贝叶斯理性的强化。相反,CKR 是关于不同贝叶斯理性主体心智表征之共性的一个强有力的但又常常是非常不合情理的假设。

认知博弈理论的主要魅力在于,它使我们可以在博弈中用对于状态集合 $\omega \in \Omega$ 的分析,这里 $\psi(\omega)$ 在 Ω 中成立,去代替命题 ψ 为真还是为假的论争。因此,Aumann 证明的结论,即式(5.1),应理解为"在 CKR 成立的每一个状态 ω,逆向归纳路径由 $\mathbf{s}(\omega)$ 所选择"。同样,"CKR 在偏离逆向归纳路径时失效"应当理解为"在 $\mathbf{s}(\omega)$ 并非逆向归纳路径的每一个状态 ω,CKR 失效了"。

归根到底,从 Binmore(1987)到 Reny(1993)的批评,正确地阐述了理性并不意味着逆向归纳。但 Aumann(1995)也正确地阐述了 CKR 成立的每种状态中逆向归纳路径将得到遵循。

5.13 关于 CKR 的非存在性

Aumann(1995)关于 CKR 隐含着逆向归纳法的证明,可由如下定理的证明推导出。

定理 5.2　在每一个完美信息博弈中,存在一个知识体系满足 $CKR \neq \varnothing$。

证明很繁琐。假设 Ω 刚好只有一种状态,其中每个参与人的策略都是逆向归纳策略。

然而,更有趣的问题却是:对于 $CKR \neq \varnothing$ 的知识体系,它的特征是什么?另外,是否存在 $\Omega = CKR$ 的知识体系?就我所知,这两个问题尚无答案。

不过,要构建 $CKR = \varnothing$ 的现实的认知博弈是很容易的。例如,考虑 §5.9 所刻画的情形。博弈是重复 100 轮的囚徒困境,每个参与人都有一个主观先验,包含着潜在对手策略的概率分布,并在该推测的约束下选择策略最大化其期望赢利。除非所有参与人的推测导致在第一轮就背叛,否则该认知博弈有 $CKR = \varnothing$。当然,没有什么东西迫使理性参与人持有这种推测模式,故 $CKR = \varnothing$ 应视为默认的情形。

更一般地,在任一具有完美信息扩展式和唯一的子博弈完美纳什均衡 $\mathbf{s}^*$ 的认知博弈中,先验信念 $p_i(\,\cdot\,|\omega)$ 完全决定了每个参与人对 $\mathbf{s}^*$ 发生所赋予的概率,即 $p_i([\mathbf{s}=\mathbf{s}^*]|\omega)$。除非 $\mathbf{s}_i(\omega)=\mathbf{s}^*$,否则它必为 0。此外,若 $\omega \in CKR$,则我们必有 $p_i([\mathbf{s}=\mathbf{s}^*]|\omega)=1$,这是主观先验上的一个约束,而主观先验信念通常绝无理由,尽管在某些情形中它确实有其道理(比如一两轮的囚徒困境或 §5.3 的博弈)

也有人提议,某些合理的选择机制——这些机制由某些超越 CKR 的原则予以认知合理化——有可能在拣选出子博弈完美均衡方面取得成功。比如,由 Pearce (1984)和 Battigalli(1997)提出的扩展式理性。然而,这一拣选机制根本没有认知基础。当然,也有另外的备选对象,即针对扩展式博弈的具有认知背景的拣选机制,比如 Fudenberg、Kreps 和 Levine(1988),Börgers(1994),以及 Ben-Porath (1997),但是这些机制确实不支持逆向归纳法。

6

混合问题：纯化与推测

上帝不与宇宙玩骰子。

阿尔伯特·爱因斯坦

经济理论强调，利己主体假设下，用以解决协调问题的机制，只有当其激励兼容时才合理可信。激励兼容即：每个主体都发现，按照机制的要求展开行动符合其自身利益。然而，一个严格的混合策略纳什均衡 $\sigma^* = (\sigma_1^*, \cdots, \sigma_n^*)$ 并非激励兼容，因为利己的主体 i 在 σ^* 的支撑集中任何一个混合策略上都感觉无差异。本章致力于解决这个问题。我们的结论是，尽管我们提供了混合策略纳什均衡之激励兼容性的精巧证明，但它们在大多数情况下仍会失效。我们提出，解决之道在于承认社会规范的威力，以及承认人类遵循社会规范的利他心理倾向，尽管遵循社会规范会有其代价。

6.1　为什么采取混合策略？

在划拳博弈（§2.7）中，存在唯一的混合策略纳什均衡，其中两个参与人都各自以 1/2 的概率选择其每一个纯策略。但是，既然两个纯策略在应付对手之混合策略时具有相同的赢利，又何必要费神搞随机化呢？当然，这完全是一个一般性的问题。根据基本定理（§2.5），任何一个混合策略最优反应都应由具有同等赢利的纯策略所组成，既然如此，参与人为何还要费神去随机化？而且，这一看法对于其他所有的参与人也是成立的。因此，没有参与人会指望其他参与人混合出招。这就是混合问题。

我们假设博弈只进行一次（这就是所谓的单次博弈，尽管它可能以扩展式博弈出现，其中每个参与人都有许多行动，比如下象棋），这样的话就不存在可以赖以推断将来出招的过往历史。每个决策节点至多受访一次，故博弈过程中无法实施统计分析。若某个阶段博弈本身是由某个更短阶段博弈的有限次重复所组成，比如划拳博弈重复 n 次，人们对该阶段博弈中的随机化就会有较好的认识。但是，只有少部分博弈有此类形式。

对于随机化,我们的意见是,相比于你这一方选择的混合策略,对手可能更容易发现你这一方选择的纯策略(Reny and Robson,2003)。的确,当 Von Neuman 和 Morgenstern(1944)在零和博弈中引入混合策略概念时,他们争辩说参与人可利用该策略"在自己意图被对手发现后保护自己"(p. 146)。但这样的辩护是苍白的。因为,一方面,对于许多博弈这根本就不成立,比如性别战(§2.8)。性别战博弈中,参与人在其配偶发现其纯策略行动时可以得益。另一方面,更重要的是,若存在信息加工、声誉效应或者其他可以探悉或发现行动主体"类型"的机制,则这些都应该正式模型化纳入到博弈的设定之中。

最后,随机出招总是代价不菲。由于人们必须有某些构造旋转轮盘或其他随机化装置的复杂深奥的心理算法,故事实上混合策略比纯策略有更为高昂的实施成本。我们一般不讨论实施成本,但此种情形下,实施混合策略最优反应,以及实施其支撑集中任何一个纯策略,两者相对成本的评估中,实施成本发挥了关键作用。由此就有了混合问题:何必要费神进行随机化?

解决混合问题的途径有二。其一归功于 Harsanyi(1973),即我们将在§6.2中提出的方法。Harsanyi 将混合策略均衡视为轻微扰动的"纯化"博弈的极限情况,这里的纯化博弈具有纯策略均衡。这一不凡的招数可以漂亮地处理很多简单的博弈,但却难以扩展到更为复杂的环境。新近的方法归功于 Robert Aumann 及其合作者,该方法用互动认识论来定义代表主观不确定性的知识结构。我们在§6.5节提出这一方法。该方法并不预测行为主体事实上如何出招,因为它仅仅决定了每个参与人对他人策略的推测。故这种方法并没有解决混合策略的问题。然而,我们在§6.6证明,在与 Harsanyi 纯化方法完全相同的条件下,再加上采用纯策略均衡并应用于赢利确定之情形的吸引力,Aumann 推测方法的简单扩展是有效的。

我们的一般结论是,纯化方法对于某些简单博弈是可行的,但对于应用于复杂社会互动的各类博弈(如委托代理模型和重复博弈)则不可行。下面两个例子强化了这一结论。然而,此类复杂模型往往要依靠混合策略。因此,单靠博弈论无法解释这样复杂的社会互动,哪怕只是近似解释或原则上的解释。这对方法论的个人主义又增添了一处硬伤(§8.8)。

6.2 Harsanyi 的纯化理论

	L	R
U	0,0	0,−1
D	−1,0	1,3

要理解 Harsanyi(1973)对单次博弈中混合策略纳什均衡的辩护,请考虑左边的博弈,它有一个混合策略均衡 $(\sigma_1^*, \sigma_2^*) = (3U/4 + D/4, L/2 + R/2)$。参与人 1 Alice 在 U 和 D 之间感觉无差异,倘若由于一些个人习性使她偏好 D 略微甚于 U,她便会采取纯策略 U 而不是混合策略 σ_1^*。同样,略微偏好 R 会偏好将导致参与人 2 Bob 选择纯策略 R。如此一来,混合策略均衡就消失了,混合问题也就克服了。

要形式化描述这一点，可令 θ 为均匀分布于区间 $[-1/2,$ $1/2]$ 上的一个随机变量（事实上，θ 可以是任何连续密度的有界随机变量），并假定对于参与人 1 群体来自 U 的赢利分

	L	R
U	θ_1, θ_2	$\theta_1, -1$
D	$-1, \theta_1$	$1, 3$

布为 $2 + \epsilon\theta_1$，而对于参与人 2 群体来自 L 赢利分布是 $1 + \epsilon\theta_2$，其中 θ_1 和 θ_2 是与 θ 一样的独立分布。假定 Alice 和 Bob 是分别从参与人 1 群体和参与人 2 群体中抽取出来参加博弈的，且每个人都只知道其配偶的赢利分布。假定 Alice 以 β 的概率选择 U，Bob 以 α 的概率选择 L。大家可核对一下，Bob 将推断出 Alice 从 U 得到的赢利分布为 $\pi_U = \epsilon\theta_1$，而从 D 得到的赢利分布为 $\pi_D = 1 - 2\alpha$。类似地，Alice 推断 Bob 从 L 得到的赢利是 $\pi_L = \epsilon\theta_2$，而从 R 得到的赢利是 $\pi_R = 3 - 4\beta$。

现在，β 是 $\pi_U > \pi_D$ 的概率，即使得 $\theta_1 > (1-2\alpha)/\epsilon$ 的概率，这可得到：

$$\alpha = \mathrm{P}[\pi_L > \pi_R] = \mathrm{P}\left[\theta_B > \frac{3-4\beta}{\epsilon}\right] = \frac{8\beta - 6 + \epsilon}{2\epsilon} \tag{6.1}$$

$$\beta = \mathrm{P}[\pi_U > \pi_D] = \mathrm{P}\left[\theta_A > \frac{1-2\alpha}{\epsilon}\right] = \frac{4\alpha - 2 + \epsilon}{2\epsilon} \tag{6.2}$$

同时求解 α 和 β，得：

$$\alpha = \frac{1}{2} - \frac{\epsilon}{8 - \epsilon^2} \qquad \beta = \frac{3}{4} - \frac{\epsilon^2}{4(8 - \epsilon^2)} \tag{6.3}$$

这是我们所期望的均衡。现在，这看起来像一个混合策略均衡，但其实不是。从群体中随机抽取出的一个 Alice 其选择纯策略 U 的概率为 β，而从群体中随机抽取出一个 Bob 其选择纯策略 L 的概率是 α。因而，举例来说，若有一个观察者测量了参与人 1 选择 U 的频率，他将得到一个接近 α 的数字，尽管事实上并没有哪个参与人 1 在随机行动。此外，当 ϵ 非常小时，有 $(\alpha, \beta) \approx (\sigma_1^*, \sigma_2^*)$。因此，若我们观察到大量的行动主体配对进行这场博弈，则选择不同策略的频率就会紧紧逼近他们的混合策略均衡之概率值。

读者若要自己弄透这一分析，不妨推导一下均衡值 α 和 β。假设参与人 i 的独特收益均匀分布于区间 $[a_i, b_i]$，$i = 1, 2$，并证明当 $\epsilon \to 0$ 时 α 和 β 将趋向于混合策略纳什均衡。然后，假定参与人 1 偏好选择 H 的概率是 $\epsilon\theta_1$，其中 θ_1 均匀分布于区间 $[-0.5, 0.5]$，而参与人 2 偏好选择 H 的概率是 $\epsilon\theta_2$，其中 θ_2 均匀分布于 $[0, 1]$，读者可以找出划拳博弈（§2.7）的纯化解，并进而证明当 $\epsilon \to 0$ 时，扰动博弈中的策略就会逼近混合策略均衡。

Govindan、Reny 和 Robson（2003）提出了一个非常一般的命题，非常漂亮地证明了 Harsanyi 的纯化理论。他们还纠正了 Harsanyi 原创证明中的一个失误（参见 van Damme，1987，ch.5）。该定理中所采用的正则均衡概念与动力系统理论中的双曲不动点是一样的（Gintis，2009），并且可在许多具有孤立的严格完美均衡——意即若我们为每个策略增加一点小失误，均衡只会有少许的转移——的简单博弈中得到满足。

下列定理比 Govindan、Reny 和 Robson（2003）稍有弱化，以便更容易理解。

令 G 为一个标准式博弈,对于每个 i 有纯策略集 S_i,赢利为 $u_i: S \rightarrow \mathbf{R}$, $i = 1, \cdots, n$,其中 $S = \prod_{i=1}^n S_i$ 是博弈的纯策略组合集。

如果纳什均衡 S(被认为是 n 维空间中的一个点)的邻域内不存在该博弈的其他纳什均衡,则 S 是严格的纳什均衡。均衡之间的距离是,将策略组合作为 $\mathbf{R}^{|S|}$($|S|$ 为策略集 S 中元素之个数)空间中的点加以考虑时点与点之间的欧氏距离。另一种说法是,若纳什均衡之间相互关联的元素乃某个单一的点,则纳什均衡就是严格的。

假设,对于每个参与人 i 以及每个纯策略组合 $s \in S$,存在一个概率分布为 μ_i 的随机扰动 $v_i(s)$,满足 i 从 $s \in S$ 中得到的实际赢利为 $u_i(s) + \epsilon\, v_i(s)$,其中 $\epsilon > 0$ 是一个很小的数字。我们假设 v_i 是相互独立的,每个参与人仅仅知道自己的结果 $\{v_i(s) | s \in S_i\}$。我们便有下述定理:

定理 6.1 假定 σ^* 是 G 的一个正则混合策略纳什均衡,那么,对于任何 $\delta > 0$,都存在一个 $\epsilon > 0$,使得赢利为 $\{u_i(s) + \epsilon\, v_i(s) | s \in S\}$ 的干扰博弈在 σ^* 的 ϵ 邻域内具有一个严格的纳什均衡。

6.3 正直和腐败的声誉模型

考虑一个社会,其中不时有人穷困潦倒,也不时有人救助穷困者。在第一期,随机选择一对人,其中一个被指定为"穷困者",另一个被指定为"施舍者",然后穷困者和施舍者进行阶段性博弈 G,其中若施舍者救助,则穷困者得到利益 b 而施舍者要承担成本 c,其中 $0 < c < b$;或者,若施舍者背叛,则两者均获益为 0。在随后的每一个阶段,上一期限的穷困者将成为当期的施舍者,随机与穷困者重新配对,博弈 G 在新的一对参与人中进行。若我们假定救助行为是公共信息,给定贴现因子 δ 充分地接近 1,则存在如下形式的纳什均衡。在博弈开始时,每个参与人被贴上"声誉良好"标签;在任何阶段,施舍者提供救助,当且仅当与他配对的穷困者乃声誉良好者;如果参与人不这样做,就会被贴上"声誉糟糕"的标签,并且这个标签在余下的博弈中永远伴随他。

这是一个纳什均衡,对于 δ 充分地接近 1,均衡中每个施舍者在每一期都会救助。要明白这一点,不妨令 v_c 为博弈带给施舍者的现值,并令 v_b 为博弈对于某个并非当前施舍者或穷困者的个体的现值。则我们有 $v_c = -c + \delta v_b$ 以及 $v_b = p(b + \delta v_c) + (1-p)\delta v_b$,其中 p 是博弈开始时被选定为穷困者的概率。第一个式子反映了这样的事实,施舍者必须在当前付出 c 并在下一期成为穷困者中的一员。第二个式子表达了这样的事实,一个人以概率 p 被选定为穷困者并获得 b,再加上下一期成为施舍者的情况,并且在下一期仍有 $(1-p)$ 的概率保持潦倒者候选人身份。若我们同时求解此两式,便会得到当 $\delta > c/(c + p(b-c))$ 时恰有 $v_c > 0$。由于此不等式右边严格小于 1,故存在一个贴现因子区间,使得对于施舍者来说救助并获得良好声誉是其最优反应。

然而，若设有关的假设信息是：每个新的施舍者仅知道其配对的穷困者在上一期是否救助其配对者。若 Alice 是施舍者而与其配对的穷困者为 Bob，而 Bob 在作为施舍者时不曾救助其配对对象，这是有可能的，因为他作为一个施舍者时，其配对对象 Carole 在她作为施舍者时背叛了，或者尽管 Carole 在作为施舍者的上一期中救助了其配对对象 Donald 但这一期 Bob 却没有救助 Carole。由于 Alice 不能以 Bob 的上一期行为作为其行动条件，Bob 的最佳反应就是背叛 Carole，无论她做什么；进而，Carole 将背叛 Donald，无论他做什么。因此，这里并没有救助纯策略纳什均衡。

该论点可扩展到更丰富的信息结构，其中施舍者知道前 k 次的行动，k 是有限的。下面是 $k=2$ 时的情况，欢迎读者们继续推广。假定最后 5 个参与人依次是 Alice、Bob、Carole、Donald 和 Eloise。Alice 可以 Bob、Carole、Donald 但不包括 Eloise 所采取的行动作为自己行动的条件。因而 Bob 对于 Carole 的最优反应不会以 Eloise 的行动为行动条件，进而 Carole 对于 Donald 的反应也不会是以 Eloise 的行动为行动条件。最后，Donald 对 Eloise 的反应也就不会以后者的行动为条件，故当她为施舍者时，其最优反应是背叛。因此，不存在救助纳什均衡。

然而，设若回到 $k=1$ 的情况，面对配对的穷困者之不当背叛，施舍者并非无条件地背叛，而是以概率 $p=1-c/b$ 选择救助，以概率 $1-p$ 选择背叛。由于来自无条件救助的收益为 $b-c$，故采用这个新策略的收益就是 $p(b-c)+(1-p)pb$，其中第一项是帮助的概率 p 乘以下一期回报 b 减去当期救助代价 c，第二项是用背叛的概率 $(1-p)$ 乘以当你作为穷困者被救助的概率 p，再乘以收益 b。令此式与无条件救助收益 $b-c$ 相等，我们有 $p=1-c/b$，这是一个严格在 0 到 1 之间的数，因而是有效的概率。

考虑如下策略。在每一轮，若配对对象上一期选择救助则施舍者本期予以救助，否则以概率 p 的概率选择救助而以概率 $1-p$ 的概率选择背叛。每个使用该策略的施舍者 i 在救助和背叛之间的感觉无差异，因为作为施舍者救助使得 i 付出代价 c，但却在他成为穷困者时得到 b 的好处，故净收益为 $b-c$。但是，作为施舍者时背叛的代价为 0，但成为穷困者时可获得 $bp=b-c$。由于两个行动有相同的赢利，对于每个施舍者来说，在配对的贫困者曾救助时就予以救助，否则就以概率 $1-p$ 背叛，这是激励兼容的。这一策略因而可导致每期皆有救助的纳什均衡之出现。

该均衡的古怪性质是很明显的，源于这样一个事实：任何参与人没有理由沿用这样一个策略来对付其他任何人，因为所有的策略都具有相同的赢利。的确，举例来说，若你稍稍喜欢某人（比如你的朋友）甚于其他人（比如你的敌人），那么你就会救助前者而背叛后者。但是，如果这是普遍成立的，则每个参与人 Bob 都很清楚，他是否得到 Alice 的救助并不取决于 Bob 是否帮助作为穷困者的 Carole，于是 Bob 就没有动力来帮助 Carole。简而言之，若我们往赢利中加入少许"噪声"，其形式是略微喜欢某些潜在的配对者甚于其他人，包含救助的纳什均衡就不再存在了。故带有私人信号的重复模型不能被纯化(Bhaskar, 1998b)。

但是,若参与人从遵循规则(我们在第 7 章冠之以术语规范性倾向)中得到的主观赢利超过从救助朋友或背叛敌人中得到的最大主观收益,即便有私人信号,完全的合作也是可以重建的。的确,可以构造出更为深奥的模型,其中 Alice 可以计算出她作为穷困者时与她配对的施舍者以她的行动作为他行动之条件的概率,该计算取决于其朋友和敌人的统计分布,以及倾向遵守社会规范的强度之统计分布。在这些变量的某些参数区间,Alice 将身正为范;而对其他区间,她将无原则地党同伐异。

6.4 正直和腐败的纯化

设想雇用警察逮捕罪犯,但只有目击犯罪的警官之证词可用于决定对被告的判罚——审判过程中没有可辩护的证据,被指控者难以自辩。而且,完成犯罪卷宗将耗费警官一笔固定成本 f。那么社会要如何构建其激励以诱导警官的诚实正直呢?

我们不妨假设,社会中的元老们已设立刑事处罚使得犯罪毫无好处,给定警官是正直的。然而,警官是利己的,故没有动力去告发犯罪,因为这会花费他们 f 的代价。若元老们对警官每一次举报犯罪都予以奖励 w,当 $w < f$ 时,警官不会举报;当 $w > f$ 时,警官会尽可能多地举报。但如果元老们设置的是 $w = f$,警官就无所谓举报或不举报犯罪,可以存在这样一个纳什均衡,警官对所见到的犯罪都举报,对其他则不闻不问。

这个纳什均衡不能被纯化。如果准备卷宗的成本存在少许差异,或者警官从举报犯罪中获得的效用存在微小差异,这取决于他们同罪犯的关系,那么该纳什均衡就会消失。通过加入一些有效的监督机制,记录下不同警官的举报率等等,我们便可预见这个模型如何转换成有关警官正直和腐败的正式模型。我们也可以加入惩恶扬善的警察文化,并探讨在控制犯罪的活动中道德和物质激励的相互作用。

6.5 认知博弈:作为推测的混合策略

令 $\mathcal{G}$ 为一个认知博弈,其中每个参与人 i 拥有主观先验信念 $p_i(\cdot; \omega)$。对于每个参与人 i 以及每个 $P \in \mathcal{P}_i$,$p(P) > 0$ 且对于 $\omega \in P$,如果 i 的主观先验信念 $p_i(\cdot | P)$ 满足 $p_i(\omega | P) = p(\omega)/p(P)$,则我们称状态空间 Ω 上的概率分布 p 为 $\mathcal{G}$ 的共同先验。

以推测来解决主体为何使用混合策略的难题,这一认识由如下定理给出,该定理归功于 Aumann 和 Brandenburger(1995),我们将在 §8.7 予以证明。

定理 6.2 令 $\mathcal{G}$ 为一个参与人 $n > 2$ 的认知博弈。假定参与人有共同的先验信

念 p，ϕ^ω 是博弈 $\mathcal{G}$ 在 $\omega \in \Omega$ 上的推测集，此为人所共知。那么，对于每个 $j = 1，\cdots，n$，所有的 $i \neq j$ 将从 $\mathcal{G}$ 的纳什均衡中导出关于 j 所推测之混合策略的同样推测 $\sigma_j(\omega) = \phi_j^\omega$，以及 $\sigma(\omega) = (\sigma_1(\omega)，\cdots，\sigma_n(\omega))$。

少数博弈理论家提出，该定理解决了混合策略纳什均衡问题。在他们看来，虽然每个参与人选择了纯策略，但纳什均衡存在于人们的推测中（例如，可参见 §4.3）。但是，参与人的推测乃彼此最优反应，这一事实并不能让我们推导出关于参与人纯策略选择相对频率的任何结果，除了不在均衡混合策略支撑集中的纯策略将被赋予概率 0 之外。因而，假如人们感兴趣的是解释行为而不解释仅仅停留在脑海中的推测，那么这一关于混合问题的建议解就是不正确的。

有许多令人震惊的迹象表明，当代博弈论专家忽视了解释行为；但恐怕没有比围绕这一观念的接受而沾沾自喜更令人震惊的了。这种沾沾自喜背后的方法论支持已由 Ariel Rubinstein 在就任计量经济学学会会长的发言中流利地表达出来（Rubinstein，2006）。他说："就像寓言一样，模型在经济理论中……并不意味着必须被检验……一个好的模型可以对真实世界产生巨大影响，这种影响不是通过提供建议或者预测未来产生的，而是通过影响文化产生的。"Rubinstein 化骨绵掌般的坦白，很难让人不产生共鸣，尽管他是大错特错：模型的价值在于它促进对现实的解释，而不在于为社会增加几条名言警句。

6.6 复活纯化的推测方法

Harsanyi 的纯化理论是由如下观念驱动的，即赢利可以有一个统计分布而不是经典博弈论所假定的确定值。然而，假如赢利确实是确定的，只不过单个参与人的推测（§6.5）在博弈的混合策略均衡值周围存在一个概率分布，这种情况下，混合问题的认知解应该很有说服力。的确，我们将发现，随机推测假设比之 Harsanyi 的随机赢利假设更有优势。据我所知，尚无文献涉及这一研究路线，但它显然值得探索。

考虑性别战博弈（§2.8），假设群体中的 Alfredo 们去听歌剧的平均概率为 α，但是 Violetta 们这个群体 α 的推测之分布为 $\alpha + \epsilon \theta_V$；类似地，假设群体中的 Violetta 们选择去听歌剧的平均概率是 β，但是 Alfredo 们这个群体关于 β 的推测之分布为 $\beta + \epsilon \theta_A$。

令 π_o^A 和 π_g^A 分别为群体中随机抽出一个 Alfredo 去听歌剧和去赌博所得到的期望赢利，令 π_o^V 和 π_g^V 分别为群体中随机抽出一个 Violetta 去听歌剧和去赌博所得到的期望赢利。简单计算表明：

$$\pi_o^A - \pi_g^A = 3\beta - 2 + 3\epsilon\theta_A$$

$$\pi_o^V - \pi_g^V = 3\alpha - 1 + 3\epsilon\theta_V$$

因此：

$$\alpha = \mathrm{P}\big[\pi_o^A > \pi_g^A\big] = \mathrm{P}\Big[\theta_A > \frac{2-3\beta}{3\,\epsilon}\Big] = \frac{6\beta - 4 + 3\,\epsilon}{6\,\epsilon} \tag{6.4}$$

$$\beta = \mathrm{P}\big[\pi_o^V > \pi_g^V\big] = \mathrm{P}\Big[\theta_V > \frac{1-3\alpha}{3\,\epsilon}\Big] = \frac{6\alpha - 2 + 3\,\epsilon}{6\,\epsilon} \tag{6.5}$$

若我们假设，主体的信念反映了两个群体现实的状态，我们可以同时求解两个方程，得到：

$$\alpha^* = \frac{1}{3} + \frac{\epsilon}{6(1+\epsilon)} \qquad \beta^* = \frac{2}{3} - \frac{\epsilon}{6(1+\epsilon)} \tag{6.6}$$

显然，当$\epsilon \to 0$时，该纯策略均衡趋向于阶段博弈的混合策略均衡(2/3, 1/3)，如纯化定理所指示的一样。

然而请注意，在得到式(6.6)的演算过程中，我们假定了$\alpha, \beta \in (0, 1)$。这是对的，但仅当：

$$\frac{1}{3} - \frac{\epsilon}{2} < \alpha < \frac{1}{3} + \frac{\epsilon}{2} \ , \ \frac{2}{3} - \frac{\epsilon}{2} < \beta < \frac{2}{3} + \frac{\epsilon}{2} \tag{6.7}$$

不过，假设$\alpha < 1/3 - \epsilon/2$，则所有的 Violetta 们都会选择赌博，对此 Alfredo 们的最优反应也是赌博。这种情况下，唯一的均衡是$\alpha = \beta = 0$；类似地，若$\alpha > 1/3 + \epsilon/2$，则所有的 Violetta 们都选择歌剧，于是所有的 Alfredo 们也都选择歌剧，我们便有纯策略纳什均衡$\alpha = \beta = 1$，这一解决混合问题的方法另外的吸引力在于，它不仅可以在信念的某些统计分布下逼近混合策略均衡，还可以在信念的其他分布下逼近两个纯策略均衡中的一个或另一个。

贝叶斯理性与社会认识论

社会生活源自两方面,意识的相似性和社会劳动分工。

Emile Durkheim

没有其他事物像社会这样,有单个的男人,女人,而且还有家庭。

Margaret Thatcher

早自 Schelling(1960)和 Lewis(1969)开始,博弈理论家就已经把社会规范解释为纳什均衡。社会规范乃纳什均衡之间的选择,基于上述理念的晚近贡献包括 Sugden(1986)、Elster(1989,b)、Binmore(2005)和 Bicchieri(2006)。但是这种方法存在两个问题:一是,使得理性个体选择纳什均衡的那些条件极为苛刻(定理 §8.4),而且无法完全确保其成立,因为存在着规定了特定纳什均衡的社会规范;二是,最为重要和明显的社会规范根本没有规定纳什均衡,反而是实施相关均衡的机制。

简言之,认知博弈 G 的相关均衡乃是博弈 G^+ 的纳什均衡,博弈 G^+ 在 G 上增加了一个新的初始行动,该初始行动由一个新的参与人来实施,我们称此新的参与人为设计者,该设计者在概率空间 (Γ, p) 内观察到一个随机变量 γ,并且向每个参与人 i 发出一个纯策略选择"指令"。对每个参与人来说,若其他参与人均遵循设计者的指令,则自己也遵循设计者的指令将是其最优反应。

本章运用认知博弈论详细阐述社会规范作为相关均衡的设计者这一理念,并说明社会规范实施相关均衡这一观念的社会心理学先决条件。

与纳什均衡相比,相关均衡是再自然不过的均衡准则了。因为 Aumann(1987)的著名定理证明,在认知博弈 G 中,具有共同主观先验的贝叶斯理性主体将选择博弈 G 的相关均衡(§2.11—2.13)。因此,若理性和共同先验并不蕴含着纳什均衡,则这些假设就必蕴含着相关均衡。正如我们所见,社会规范不仅扮演了设计者,并且为共同先验提供了认知条件。

在相关均衡中,理性参与人没有动机偏离设计者的指引,但倘若相关均衡涉及多个具有同等赢利的策略,他们也就没有动机遵循设计者的指引。若相关均衡能够被纯化(见第 6 章),则每个参与人的确会严格偏好于遵循设计者的指引。然而,大多数复杂博弈的纯化都会失效（§6.3，§6.4），此种情况下，如我们所见，我们必须假定参与人具有规范倾向去遵循设计者的指引，除非他们有严格的更高赢利的其他策略。

相关均衡与具有共同先验的贝叶斯理性之间的同构性假定，设计者拥有至少与任一参与人一样多的信息。这意味着，所有的信息都是公开的，这一假设与许多现实情形相悖。比如，每个参与人的赢利可能由两部分构成：一是设计者所知道的公共部分，二是设计者不知道的、反映主体自身习性的私人部分。假设，在任意状态下某个主体的私人部分之最大规模为 α，但主体遵循设计者的倾向强于 α。那么，无论其私人信息如何，主体都会继续遵循设计者的指令。规范地讲，当个体各纯策略赢利大于遵循设计者的赢利，但个体在所有纯策略之赢利不超过 α 时仍严格偏好于选择设计者指派的策略，则我们就说该个体具有服从社会规范的 α 规范倾向性。我们把 α 规范倾向性称作社会偏好，因为它有助于社会协调却又在 $\alpha > 0$ 时违背了自利偏好。存在进化上的原因使我们相信，经过基因—文化的共同演化，在大量的群体和相当高的 α 水平上，人类已进化出上述社会偏好（Gintis，2003a）。

7.1　性别战：化干戈为玉帛

假设既存的社会规范规定如下：一对男女在选择去看戏还是去赌博时，周一至周五由男方决定，而周末则由女方决定。这一规范设计了一个相关均衡，该均衡中 Alfredo 和 Violetta 将会在周末去看戏，并且只会在周末去看戏。假设两人计划的约会发生在一周的任意一天的概率是相同的，则 Alfredo 的赢利就是 $2(5/7) + 1(2/7) = 12/7$，而 Violetta 的赢利为 $1(5/7) + 2(2/7) = 9/7$。该相关均衡并非博弈的潜在纳什均衡，但如同博弈的纯策略纳什均衡一样，它是帕累托有效的。

7.2　设计者胜过逆向归纳

假设 Alice 和 Bob 在理性共同知识的条件下重复进行 100 次囚犯困境博弈。那么在每一轮决策中，他们都会选择背叛（§5.12）。现在，他们发现有设计者选择了数字 k，$1 \leqslant k \leqslant 99$，并且以 1/2 的概率建议 Alice 合作到第 k 轮且建议 Bob 合作到第 $k + 1$ 轮；以 1/2 的概率将前述对 Alice 和 Bob 的建议颠倒过来。并且建议二人，一经背叛便永远背叛。

假定 Alice 和 Bob 二人皆认为，每人有 $\theta(k) = 1/2$ 的概率获得更低的数字而被建议在第 k 轮背叛，我们可以证明，存在合作到第 $k - 1$ 轮的相关均衡。假设 Bob 采纳了设计者的建议，合作到建议的轮次，然后就立即背叛。假设囚徒困境阶段博弈的赢利为 $t > r > p > s$（对应于 §5.6 中的 $4 > 3 > 1 > 0$），那么 Alice 从合作中得到的赢利将由下式给出：

$$\frac{1}{2}[r(k-1)+t+(n-k)p]+\frac{1}{2}[r(k-2)+s+(n-k+1)p]$$

$$=r(k-2)+\frac{s+t+p+r}{2}+(n-k)p$$

如果 Alice 不听从设计者,她就只能从提早背叛一轮或两轮来获得好处。在第 $k-1$ 轮选择背叛的赢利是:

$$\frac{1}{2}[r(k-2)+t+(n-k+1)p]+\frac{1}{2}[r(k-2)+s+(n-k+2)p]$$

$$=r(k-2)+\frac{t}{2}+(n-k+1)p$$

从而,听从设计者而不是提早一轮背叛的赢利就是 $(r+s-p)/2>0$。若 Alice 提早两轮背叛,则其赢利为 $r(k-3)+t+(n-k+2)p$,给定 $r-p>(t-s)/4$,上述赢利也比听从建议要少。因此,给定前述不等条件(这在 §5.6 的博弈中显然成立),我们就可得到一个相关均衡。如果 k 很大,相关均衡就会有很高的赢利,而 CKR 却没有。

7.3 产权与相关均衡

鹰鸽博弈(§2.9)是一种无效率的产权配置方式,特别是当伤害代价 w 比财产价值 v 大不了多少时。要了解这一点,请注意参与人以概率 v/w 选择鹰,而读者可以验证其赢利相对于有效率的赢利 $v/2$ 的比率为 $1-v/w$。当 w 接近 v 时,该比率趋于 0。

因而,鹰鸽博弈是霍布斯自然状态的绝佳例子,其中生命是卑鄙的、残忍的,也是短暂的(Hobbes,1968[1651])。然而,假如族群中的某些成员建立起尊重产权的社会规范,其建立基于如下事实:无论何时两人发生产权争议,都必有先来后到之分。我们把先来者称为"在位者",把后来者称为"争夺者"。

请注意,如果每个人都遵守产权社会规范,那么就不存在与产权配置有关的效率损失了。为证明这一点,我们确实拥有相关均衡,它足以证明,当我们在鹰鸽博弈中加入一个新的策略 P,即所谓产权,在位者始终选择鹰而争夺者始终选择鸽,则产权是其自身的最优反应。当我们在博弈的标准式矩阵中加入 P 时,便得到图 7.1 所描述的鹰鸽产权博弈。请注意,产权对产权的赢利为 $v/2$,高于鹰对产权的

	H	D	B
H	$(v-w)/2$	v	$3v/4-w/4$
D	0	$v/2$	$v/4$
B	$(v-w)/4$	$3v/4$	$v/2$

图 7.1 鹰鸽产权博弈

赢利 $3v/4 - w/4$，也高于鸽对产权的赢利 $v/4$。故产权是严格的纳什均衡。产权也是有效率的，因为在产权的相关均衡中，永不会有鹰鸽相遇的情况，也就永不会有伤害。

产权策略并非鹰鸽博弈的纳什均衡，但它却是一个具有产权规范的更大的社会体制中的相关均衡。这一例子将在第 11 章详细阐述。

7.4 作为相关均衡的惯例

欢乐谷这个小镇有一个十字交叉路口，一条路贯穿南北，另一条路联通东西。如果东西行的车和南北行的车在十字路口相遇并且都停下来，随机选择一辆车先通过而另一辆车随后通过，则每辆车平均浪费一秒钟时间。如果一辆车停下来而另一辆直接通过，则只有停下来的那辆车会浪费一秒钟时间。然而，如果两辆车都直接向前开，它们就可能相撞，每辆车都有预期损失 $c > 1$。

很明显，该博弈存在一个唯一的对称纳什均衡，其中每辆车直接向前的概率是 $\alpha = 1/c$，且每个参与人的预期赢利为 -1；即，他们还不如都停车等待。但是，显然存在着社会规范，比如东西行的车始终直接向前而南北行的车始终等待。这就是一个相关均衡，它实施了潜在博弈的一个非对称纳什均衡。

牢记这些例子，我们便可掌握隐晦的理论。

7.5 相关策略与相关均衡

我们将运用认知博弈论（§6.5）证明，若认知博弈$\mathcal{G}$中参与人皆贝叶斯理性，且在 Ω 上具有共同先验，则他们选择的策略组合 $\mathbf{s}: \Omega \to S$ 就构成一个相关均衡（Aumann, 1987）。反过来也一样：对于博弈的每一个相关均衡，都存在一个对于认知博弈$\mathcal{G}$的扩展，该扩展博弈具有共同先验 $p \in \Omega$，满足在每种状态 ω 下所有参与人采纳相关均衡所指示的策略都是理性的。

简言之，一个认知博弈$\mathcal{G}$的相关均衡乃是博弈$\mathcal{G}^+$的纳什均衡，而博弈$\mathcal{G}^+$通过自然行动在博弈$\mathcal{G}$上增加了一个初始行动。自然在概率空间(Γ, p)上观察一个随机变量 γ，并向每个参与人 i 发出一项指令 $f_i(\gamma) \in S_i$，而参与人据此选择其纯策略。给定参与人具有共同先验 p，若其他参与人遵循自然的指令，则遵循自然的指令是参与人的最优反应。

上述原理背后的直觉在于，在认知博弈中，状态空间 Ω 包含了关于参与人行动的所有信息，故共同知识意味着，所有参与人就他们拟采取的行动之概率分布达成了一致意见。因此，假定每个参与人 i 在每个状态 ω 下有唯一的最优反应 $\mathbf{s}_i(\omega)$（即，均衡时严格的相关均衡），则每个参与人的行动都会被他人获悉，并且，由于参与人都是理性的，故每个参与人必对其他人的行动做出最优反应。

规范地讲，认知博弈$\mathcal{G}$的相关策略由一个有限的概率空间(Γ, p)和函数 f:

$\Gamma \to S$ 组成,其中 $p \in \Delta\Gamma$。若我们想象有一个设计者,他观察到 $\gamma \in \Gamma$ 并指示参与人选择策略组合 $f(\gamma)$,那么,我们可用概率分布 $\tilde{p} \in \Delta S$ 来识别相关策略,这里,对于 $s \in S$, $\tilde{p}(s) = p([f(\gamma) = s])$ 是设计者选择 s 的概率。我们称 $\tilde{p}$ 为相关策略的分布。S 上的任意概率分布,即某些相关策略 f 上分布,就是所谓的相关分布。

设,$f^1, \cdots, f^k$ 为相关策略,并令 $\alpha = (\alpha_1, \cdots, \alpha_k)$ 为一张彩票(即, $\alpha_i \geqslant 0$, $\sum_i \alpha_i = 1$)。那么,$f = \sum_i \alpha_i f^i$ 也将是定义在 $\{1, \cdots, k\} \times \Gamma$ 上的相关策略。我们称这样一个 f 为 $f^1, \cdots, f^k$ 的凸加总。显然,相关策略的任一凸加总是一个相关策略。顺理成章,相关分布的凸加总本身就是相关分布。

设 $\sigma = (\sigma_1, \cdots, \sigma_n)$ 为博弈 $\mathcal{G}$ 的纳什均衡,其中,对于所有的 $i = 1, \cdots, n$ 有:

$$\sigma_i = \sum_{k=1}^{n_i} \alpha_{ki} s_{ki}$$

其中,n_i 是 S_i 中纯策略的个数,而 α_{ki} 是 σ_i 赋予第 k 个纯策略 $s_{ki} \in S_i$ 的权重。请注意,σ 因而在 S 上定义了一个概率分布 $\tilde{p}$,使得 $\tilde{p}(s)$ 是采取混合策略 σ 时纯策略组合 $s \in S$ 将被选择的概率。从而,$\tilde{p}$ 就是与 $\mathcal{G}$ 相联系的认知博弈(我们也称之为 $\mathcal{G}$)的相关分布。要明白这一点,不妨定义 Γ_i 为有 n_i 个元素的集合 $\{\gamma_{1i}, \cdots, \gamma_{ni}\}$,并定义 $p_i \in \Delta S_i$ 对 γ_k 赋以概率 α_{ki}。然后,对于 $s = (s_1, \cdots, s_n) \in S$,定义 $p(s) = \prod_{i=1}^n p_i(s_i)$。现在,定义 $\Gamma = \prod_{i=1}^n \Gamma_i$ 并令 $f: \Gamma \to S$ 由 $f(\gamma_{k_1 1}, \cdots, \gamma_{k_n n}) = (s_{k_1 1}, \cdots, s_{k_n n})$ 给定。容易验证,f 是相关分布为 $\tilde{p}$ 的相关策略。简言之,每一个纳什均衡都是一个相关策略,故而纳什均衡的任一凸组合也是一个相关策略。

若 f 是一个相关策略,则 $\pi_i \circ f$ 将是 (Γ, p) 上的实值随机变量,具有期望值 $\mathbf{E}_i[\pi_i \circ f]$,期望值与 p 有关。若 $f_i(\gamma) = f_i(\gamma')$,我们就说函数 $g_i: \Gamma \to S_i$ 是关于 f_i 可测的,于是 $g_i(\gamma) = g_i(\gamma')$。显然,当且仅当 g_i 关于 f_i 可测,参与人 i 才能在获悉 $f_i(\gamma)$ 时选择遵循 $g_i(\gamma)$。若对于每个参与人 i 和任意关于 f_i 可测的 $g_i: \Gamma \to S_i$,我们有:

$$\mathbf{E}_i[\pi_i \circ f] \geqslant \mathbf{E}_i[\pi_i \circ (f_{-i}, g_i)]$$

则我们就说相关策略 f 是一个相关均衡。

相关均衡诱导出了 S 上的相关均衡概率分布,S 对于任一纯策略组合 $s \in S$ 赋予的权重就是设计者将选择 s 的概率。请注意,$\mathcal{G}$ 的相关均衡是博弈 $\mathcal{G}$ 加上自然之后所生成的博弈的纳什均衡,自然在博弈起点的行动是观察世界的状态 $\gamma \in \Gamma$,并给每个参与人 i 指示一个行动 $f_i(\gamma)$,满足:给定其他参与人遵循自然的建议,则没有哪个参与人有动机选择遵循自然建议之外的其他行动。

7.6 相关均衡与贝叶斯理性

定理 7.1 在认知博弈 $\mathcal{G}$ 中,若参与人在状态 ω 都是贝叶斯理性的,有共同先

验 p，且每个参与人在状态 ω 皆选择 $\mathbf{s}_i(\omega) \in S_i$，则 $\mathbf{s} = (\mathbf{s}_1, \cdots, \mathbf{s}_n)$ 就是一个相关均衡分布，它由概率空间 (Ω, p) 上的相关机制 f 所给定，这里，对于所有 $\omega \in \Omega$ 有 $f(\omega) = s(\omega)$。

为了证明上述定理，我们把 $\mathcal{G}$ 的状态空间 Ω 看成相关策略的状态空间，把共同先验 p 看成状态空间上的概率分布。然后，我们令 $f(\omega) = (\mathbf{s}_1(\omega), \cdots, \mathbf{s}_n(\omega))$ 来定义相关策略 $f:\Omega \to S$，其中 $\mathbf{s}_i(\omega)$ 为参与人 i 在状态 ω 下的选择（§6.5）。对于任意参与人 i 和任意 $\mathcal{P}_i$ 可测的（即 $\mathcal{P}_i$ 的分划单元为恒定的）函数 $g_i:\Omega \to S_i$，由于参与人 i 是贝叶斯理性的，于是我们有：

$$\mathbf{E}\big[\pi_i(\mathbf{s}(\omega)) \mid \omega\big] \geqslant \mathbf{E}\big[\pi_i(\mathbf{s}_{-i}(\omega), g_i(\omega) \mid \omega\big]$$

现在，在此不等式两端各乘以 $p(P)$，并在非相交的单元格 $P \in \mathcal{P}_i$ 上相加，则对于任一这样的 g_i，可得到：

$$\mathbf{E}\big[\pi_i(\mathbf{s}(\omega))\big] \geqslant \mathbf{E}\big[\pi_i(\mathbf{s}_{-i}(\omega), g_i(\omega))\big]$$

这就证明了 $(\Omega, f(\omega))$ 是一个相关均衡。请注意，此定理反过来也显然成立的。■

7.7　共同先验的社会认识论

我们曾被教导，"萝卜青菜，各有所爱"：决策理论家并不探寻偏好的来源和要旨。比如，Savage 公理仅假定了少数几条高度一般化的选择行为规律（§1.5）。然而，我们却见到，当我们从个人决策理论转向认知博弈理论时，这种自负的包容就不复存在。如我们即将看到的，我们要求有贴切的共同先验，甚至某些时候还需要关于推测的共同知识（§8.1）。

共同先验必是信念形成的共同过程之结果。概率的主观主义解释（di Finetti，1974；Jaynes，2003）作为人类行为模型是有说服力的，但它却只是一个片面的看法，因为它无法解释个体为何会接受某个概率。[①]

要寻求共同先验之标准解释，我们须求助于 von Mises(1981) 和其他人的频率理论，或求助于 Popper(1959) 的密切相关倾向理论。密切相关倾向理论将概率解释为事件的长期频率，或者事件以某个比率发生的倾向。在博弈理论家中，John Harsanyi(1967) 可能算是此种方法最有影响的倡导者了，他促成了 Harsanyi 教条，该教条宣称理性个体之间概率评估的所有差异必源于他们所获得信息之差异。然而，事实上 Harsanyi 教条仅仅在非常严格限制的条件下适用。

尽管在概率命题的哲学基础上缺乏一致看法（von Mises，1981；de Laplace，

[①]　Savage 公理 A3（见本书第 1 章）认为，关于概率存在着些超越个人的东西。该公理声称，与某事件相关的概率，不一定取决于对于事件发生之赢利所抱的心愿。至于为何如此，实则并无理由，除非存在某些超越个人的标准来评估概率。

1996；Gillies，2000；Keynes，2004），但在概率的数学法则上却鲜有分歧（Kolmogorov，1950）。而且，现代科学是公开的、客观的：除了那些很尖端的研究之外，科学家之间存在着广泛的共识，无论他们之间存在多么不同的信仰、文化或个人偏好。

这一推理路线认为，我们可称所考虑的事件为自然事件，自然事件是可以从一阶感知信息中推断出来的，譬如"球是黄色的"；在此范围内，存在一个形成共同先验的基础。当群体中的每个成员都可以获得一阶感知信息时，我们就说自然事件在个体群之间是可以彼此理解的，即某个成员获悉 N，则他知道所有的成员都知道 N。例如，若 i 和 j 都盯着同一个黄球，且彼此都知道对方正盯着这个球，也都知道彼此有正常的视力、没有幻觉，那么，球的颜色就是可以彼此理解的：i 知道 j 知道球是黄色的，反之亦然。简言之，我们可以假定，牵涉一系列个人的社会局势可以共享一个关于自然事件的专注状态，使得在一个联合专注状态下，自然事件是可以彼此理解的（Tomasello，1999；Lorini，Tummolini，Herzig，2005）。

当我们把上述感知信息加入到对称的推理者的联合专注状态之概率中（§7.8）时，自然事件的共同知识就变得合乎情理了（定理 7.2）。

但是，更高阶的认知观念，诸如无法由个人经验来评估的目的信任、信仰、他人的前瞻性行动、自然观，以及超感官现实观，确实不属此类（Morris，1995；Gul，1998；Dekel and Gul，1997）。那么，这些更高阶的观念又如何为人所共知的呢？

答案在于，我们智人这个物种的成员有能力思考如下事实：其他的成员也有头脑，并且以平行于我们的方式对经验做出反应。这种能力极为罕见，而且很可能是人类独有的（Premack and Woodruff，1978）。从而，若主体 i 相信某事，且知道主体 j 与自己共享某些外部环境经验，则 i 就知道 j 也很可能相信此事。特别地，人类拥有文化体系，可以提供某些自然事件，这些自然事件可以起到更高阶信念和预期的符号暗示作用。

关于心灵如何理解心灵，神经心理学文献提到了镜像神经元、人脑前额叶，以及有助于分享认识和信念的其他大脑机制。从人类行为建模观点来看，这些辅助机制必须转化成策略互动的公理化原则。这是博弈论要跨出的重大一步，因为博弈论尚未提供关于认识和信念的任何形式的准则。

7.8 公共知识的社会认识论

我们已经看到，我们必须将规范倾向原则添加进贝叶斯理性，以使得社会认识论足以断定：存在恰当的设计者的情况下，具有共同先验的理性主体将选择达成相关均衡。现在，我们研究主体的认知属性，这些认知属性足以断定社会规范可以催生共同先验。

许多事件在某种程度上被定义为所涉及的个人的心理表征。例如，个人偶遇泛泛之交和偶遇密友，表现出的行为将大不一样。心灵事件难以彼此理解，只因它们天然是私有信号。不过，存在可彼此理解的事件 N，可靠地指示了社会事件 E，而 E 包含了个人的心灵状态，在此意义上讲，对于任何人 i，若 i 获悉 N，则 i 也就获悉了 E（Lewis，1969；Cubitt and Sugden，2003）。

比如，在一个大城市，当我向正在驶来的出租车挥手，出租车司机和我都认为这是一个"打的"的事件。当司机停下来载我，我将坐进出租车，告诉司机要去的地方，并在旅程结束时付车费。除此之外的其他行为都会被认为很古怪。

我们的意思是，事件 N 通过指示器对群体中所有的个体规定了社会事件 E；即，对于任一个体 i，有 $\mathbf{K}_i N \Rightarrow \mathbf{K}_i E$。指示器通常由群体成员通过累积过程习得。当一个人遇到一个新社群，他就会经历一个学习过程，学习该社群各种特定社会事件的指示器。在行为博弈理论中，指示器常称作其所指示事件的框架，所以框架效应包括了实验方案所隐含的预期行为暗示。

对于事件 E 的指示器 N，如果任何时候 i 知道 N，i 也知道 j 知道 N，从而 i 知道 j 知道 E，即 $\mathbf{K}_i N \wedge \mathbf{K}_i \mathbf{K}_j N \Rightarrow \mathbf{K}_i \mathbf{K}_j E$（Vanderschraaf and Sillari，2007），则我们定义个体 i 为关于个体 j 的对称推理者。对于群体中的每个 i 和 j，若 i 是关于 j 的对称推理者，则我们说群体中所有个体都是对称推理者。

与可彼此理解、联合专注状态和指示器一样，对称推理也是贝叶斯理性的附加条件，在信念一致性中有基础性的作用。的确，人们可以认为，我们的对称推理能力是从我们对可彼此理解的认同类推出来的。比如，我会认为，我挥手打车与被招呼的车乃黄色的且车顶上有一个写着"出租车"的发光的牌子，这两者是同样明确的。

定理 7.2 假定，关于 E 的可彼此理解的指示器 N，群体中所有个体在这方面都是贝叶斯理性的对称推理者。若当前状态 $\omega \in N$ 是共同知识，则 E 就是在 ω 上的共同知识。

证明：假设对所有的 i 有 $\mathbf{P}_i \omega \subseteq N$。则由于 N 指示了 E，故对于所有的 i 有 $\mathbf{P}_i \omega \subseteq E$。对于任意 i 和 j，由于 N 是可彼此理解的，故 $\omega \in \mathbf{K}_i \mathbf{K}_j N$，又由于 i 是关于 j 的对称推理者，故 $\omega \in \mathbf{K}_i \mathbf{K}_j E$。从而有 $\mathbf{P}_i \omega \subseteq \mathbf{K}_j E$ 对于所有 i 和 j 成立（在 $i = j$ 的简单情况下也成立）。从而，对于所有的 j，N 是 $\mathbf{K}_j E$ 的一个指示器。将上述推理应用到指示器 $\mathbf{K}_k E$ 上，我们可发现，对于所有 i，j，k，有 $\omega \in \mathbf{K}_i \mathbf{K}_j \mathbf{K}_k E$。同理，可获得所有更高阶的相互知识，证实了共同知识。∎

推论 7.2.1 假定，在状态 ω 中，对于贝叶斯理性的对称推理者群体，N 是可彼此理解的自然事件，则 N 就是状态 ω 中的共同知识。

证明：当 $\omega \in N$ 发生时，既然 N 是自然事件，N 就会被彼此获悉。显然，N 指示了自身，故上述推论可从定理 7.2 中推导出来。

请注意，我们从一个更简单的认知假设引出了事件的共同知识，从而使我们可在一定程度上相信，共同知识条件在现实世界有可能出现。这与理性的共同知识不同，理性的共同知识被视为元信息因而难合情理。知识的共同性应始终源于更为基本的心理规律和社会规律。

7.9 社会规范

若存在社会规范 $\mathcal{N}(E)$，规定了社会适当行为 $\mathcal{N}(E) \subseteq S, \mathcal{N}(E) \neq \varnothing$，其中 S 为认知博弈的策略组合集，则我们说事件 E 是受规范支配的。请注意，我们承认适当行为是相关的。社会局势 E 的共同知识将如何影响博弈 $\mathcal{G}$ 中的出招行为？答案是，每个参与人 i 都必定将某个特定的社会规范 $\mathcal{N}(E)$ 与 E 绑在一起，而该规范决定了博弈中的适当行为；i 深信他人亦会将 $\mathcal{N}(E)$ 与 E 绑定，故 i 料定他人必会根据 $\mathcal{N}(E)$ 采取适当的行为；于是对于 i 而言，给定上述条件，采取适当行为是其最优反应。

假定对所有参与人，E 都指示了 $\mathcal{N}(E)$，因为他们属于同一个社会。在该社会中，共同的文化规定了进行博弈或事件 E 发生时由 $\mathcal{N}(E)$ 来指出适当行为。假定参与人都是关于 E 的对称推理者。则，类似定理 7.2 的推理可证明，$\mathcal{N}(E)$ 是共同知识。于是我们有如下定理：

定理 7.3 给定认知博弈 $\mathcal{G}$，参与人皆为具有规范倾向的对称推理者，令 E 为社会规范 $\mathcal{N}(E)$ 的指示器。那么，若遵循 $\mathcal{N}(E)$ 的适当行为是 $\mathcal{G}$ 的相关均衡，则所有参与人将会选择相应的相关策略。

7.10 规范演化与博弈论

社会规范无法解释为贝叶斯理性主体相互作用的产物。相反，如本书第 10—12 章所要提出的，社会规范可由基因—文化共同演化的社会生物学模型加以解释（Cavall-Sforza and Feldman，1973；Boyd and Richerson，1985）。人类已进化出致使社会规范有效的心理倾向。社会演化（Cavalli-Sforza and Feldman，1981；Dunbar，1993；Richerson and Boyd，2004）促进了社会规范的产生，并且人类倾向于遵守社会规范、皈依共同先验、识别诸多事件的共同知识。这一过程也不仅仅局限于人类，对各种各样非人类物种中的地盘权的研究已明确这一点（Gintis，2007b）。这一过程的顶峰就是人性的模式，人性可能受制于公理化的定式，如我们用 Savage 公理所刻画的定式那样。

视社会规范为设计者的思想，只是分析社会规范的第一步——一方面明确贝叶斯理性与博弈论之间的联系，另一方面明确宏观社会制度及其演化之间的联系。基于奖惩与社会认可行为之间的关系，把奖惩绑定到行为上，我们就可以把"迫使"这一维度注入到社会规范的概念中。在某些条件下，我们也可把社会规范视作是高度亲社会的，即：给定其他人与自己做法一样（α 规范倾向），个人将宁可选择遵循规范，即便这样做并不符合其个人利益。最后，我们可以用社会规范联系模型，提出一个规范演化的理论，这一工作最早由 Binmore（1993，1998，2005）提出。

7.11 商货

考虑一个协调博弈G，其标准式矩阵如右图所示。它有两个纯策略均衡为：(2, 2)和(1, 1)。还存在一个赢利为(1/3, 1/3)的混合策略均衡，其中参与人以 1/3的概率选择s_1。导致参与人就更高赢利或任意其他纳什均衡进行协调的贝叶斯理性原则，在此并不存在。

	s_1	s_2
s_1	2, 2	0, 0
s_2	0, 0	1, 1

这个例子中，存在两个显然的社会规范："参与一个纯协调博弈时，应选择给参与人带来最高（或最低）共同赢利的策略。"下面是合乎情理的社会规范，因为它得到了两种协调赢利的凸组合。

有两个相邻的部落，部落成员生产并交换苹果和干果。一个部落的人身着长袍，而另一个部落的人穿着短衫。人们摆出货物表明交换意向，货物的质量为 1 或 2，在交易前卖家知道质量而买家却不知道。交换货物之后，双方都应该是满意的；否则交易不能达成，货物就会积压在原来的物主手中。治理交易的社会规范$\mathcal{N}$是"永不要欺骗自己部落的人，总是欺骗其他部落的人"。

我们假定，当两人相遇时，其货物的可见性F代表了可彼此理解的自然事件；自然事件乃是一个指示器，指示了社会规范为$\mathcal{N}$，而遵循该规范是双方的最优反应。若两人都着长袍或短衫，$\mathcal{N}$就意味着两人都会给足价值 2；若两人着装款式不一样，每人都会给出不公平的价值 1 试图欺骗对方。由于所有人都有规范倾向乃共同知识，既然交易比不交易要好，故人人都会遵循规范。于是每种情况下交易都会达成。每个参与人的期望赢利就是$2p + (1 - p)$，这里p是遇到自己部落的交易者的概率。

上述分析揭示了几个关键点。首先，如我们即将在§8.1所见，对于两个理性主体选择纳什均衡，存在异常简单而充分的条件（定理 8.2）：相互的理性知识、相互的博弈及其赢利的知识、相互的关于推测（他人将如何出招）的知识。

在商货问题中，很明显的问题是：彼此关于推测的知识从何而来？正如我曾强调的，理性选择理论中，没有任何东西可以使我们断定，两个理性的主体会共享关于每个对手对于每个对手之信念所持信念的信念。相反，每个参与人会根据其社会知识——本例中是根据两个部落的共同风俗以及每个人都知道两个部落之风俗的相互知识——就对手的可能行为以及对手的可能推测形成推测。

结论是，没有理由断定理性人定会选择帕累托优超均衡，因为我们已看到人们有时就是不这样。使我们认为帕累托优超均衡是显然而然的，是人性而不是理性。借助于基因—文化共同演化史和我们文明的文化所赋予的德行，我们人类已怀有一种默认的心结，即"在协调博弈中，除非你有某些特殊信息表明应另谋他途，不然你就应推测其他参与人也视该心结为默认并如你一样推理，并且你应选择假定你的对手也正在假定你的行动"。我们将在第 12 章重返这一点，在那时我们将把它定位为演化认识论的一部分。

▶ 8

共同知识和纳什均衡

那里人人都是人人的敌人……人类生活满是孤独、困苦、险恶、残忍和蛮横。

Thomas Hobbes

若有一人,其意见是真正值得信任的,试问何以如此? 这是因为他敞开心扉接受对自己观点的批评……

John Stuart Mill

本章运用§4.1和§5.10提出的知识的形式逻辑,探讨二人博弈中纳什均衡的充分条件(§8.1)。然后,我们把知识的形式逻辑拓展到多个行为主体,并证明一个非凡定理;该定理归功于 Aumann(1976),定理宣称,对于群体中的每个成员,不证自明的事件必是共同知识(§8.3)。

该定理出人意料,因为它似乎证明了,个人无需显在的认识论假设便能洞察到他人内心所想。在§8.4我们证明,该定理是隐含的认识论假设之产物,这些隐含的假设涉及共同知识的标准语义模型之构建;一旦采用更为合理的假设,该定理就不再是准确的了。

Aumann 著名的同意定理是§8.7的主题,我们将证明,Aumann 和 Branden-burger(1995)的定理本质上是同意定理,它提供了多人博弈中理性主体选择纳什均衡的充分条件。由于不存在贝叶斯理性原则为我们提供同意所依赖的信念共性,故我们的分析需要终结方法论的个人主义,这是§8.8探讨的主题。

8.1 二人博弈中纳什均衡的条件

假定理性主体在状态 ω 中清楚彼此的推测(§4.1),那么,对于所有的 i 和 $j \neq i$,若 $\phi_i^\omega(s_{-i}) > 0$ 且 $s_j \in S_j$ 是参与人 j 在 s_{-i} 中的纯策略,则 s_j 就是对其推测 ϕ_j^ω 的最优反应。于是我们得到了一个真正的"推测中的纳什均衡",给定其他参与人的推测,没有人有动机去改变自己的纯策略选择 s_i。我们有如下定理。

定理 8.1 令 G 为一个认知博弈,参与人在状态 ω 是贝叶斯理性的,并假定在

状态 ω 中每个参与人 i 都清楚他人的行动组合 $\mathbf{s}_{-i}(\omega)$，则 $\mathbf{s}(\omega)$ 就是一个纳什均衡。

证明：要证明这一归功于 Aumann 和 Brandenburger(1995) 的定理，请注意，对于每个参与人 i，i 清楚其他参与人在 ω 的行动，故 $\phi_i^{\omega}(s_{-i}) = 1$，根据 K3 这意味着 $\mathbf{s}_{-i}(\omega) = s_{-i}$，从而 i 在状态 ω 的贝叶斯理性意味着 $\mathbf{s}_i(\omega)$ 是 s_{-i} 的最优反应。■

如果对于每个参与人 i，$\mathbf{s}_i(\omega)$ 是 ϕ_i^{ω} 的最优反应，并且对于每个 i 有 $\phi_i^{\omega} \in \Delta^* S_{-i}$，则我们就说推测 $(\phi_1^{\omega}, \cdots, \phi_n^{\omega})$ 中的纳什均衡在 ω 状态下发生了。于是我们有如下定理。

定理 8.2 假定 $\mathcal{G}$ 为二人博弈，在 $\omega \in \Omega$，对于 $i = 1, 2$，$j \neq i$，

a. 每个参与人清楚对方是理性的：即，$\forall \omega' \in \mathbf{P}_i\omega$，$\mathbf{s}_j(\omega')$ 是 $\phi_j^{\omega'}$ 的最优反应；

b. 每个参与人都清楚对方的信念：即，$\mathbf{P}_i\omega \subseteq \{\omega' \in \Omega \mid \phi_j^{\omega'} = \phi_j^{\omega}\}$。

那么，混合策略组合 $(\sigma_1, \sigma_2) = (\phi_2^{\omega}, \phi_1^{\omega})$ 是推测中的一个纳什均衡。

证明：要证明这一归功于 Aumann 和 Brandenburger(1995) 以及 Osborne 和 Rubinstein(1994) 的定理，不妨假定 s_1 在 $\sigma_1 = \phi_2^{\omega}$ 中有正的权重。由于 $\phi_2^{\omega}(s_1) > 0$，故存在 $\omega' \in \mathbf{P}_2\omega$ 以及 $s_1(\omega') = s_1$。根据 (a) s_1 是 $\phi_1^{\omega'}$ 的最优反应，根据 (b) 它与 ϕ_1^{ω} 是相等的，从而 s_1 是 $\sigma_2 = \phi_1^{\omega}$ 的最优反应。类似的论证可以证明，s_2 是 σ_1 的最优反应，所以 (σ_1, σ_2) 是一个纳什均衡。■

8.2　一个三人反例

遗憾的是，定理 8.2 虽然说明了贝叶斯理性和彼此关于推测的知识蕴含着纳什均衡，却并未拓展到三人或更多参与人的情形。例如，图 8.1 所示的博弈中，Alice 选择行 (U, D)，Bob 选择列 (L, R)，而 Carole 则选择矩阵 (E, W)（此例子来自 Osborne and Rubinstein，1994，p.79）。

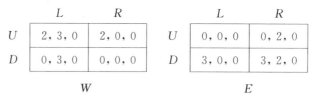

	L	R			L	R
U	2, 3, 0	2, 0, 0		U	0, 0, 0	0, 2, 0
D	0, 3, 0	0, 0, 0		D	3, 0, 0	3, 2, 0

W　　　　　　　　　　　E

图 8.1　Alice、Bob 和 Carole

请注意，Carole 的每一个策略都是最优反应，因为她的赢利无一例外都是 0。我们假定有七种状态，故 $\Omega = \{\omega_1, \cdots, \omega_7\}$，如图 8.2 所刻画。状态 ω_1 和 ω_7 代表纳什均衡。还有两个混合策略纳什均衡集。在第一个混合均衡集，Alice 出招为 D，Carole 出招为 $2/5W + 3/5E$，而 Bob 可以任意出招（Carole 的策略的确由如下条件规定：她的策略使得 Bob 所有策略的赢利皆相等）；而在第二个混合均衡集，Bob 出招为 L，Carole 出招为 $3/5W + 2/5E$，Alice 可以任意出招（这一次，Carole 的策略由如下条件规定：她的策略使得 Alice 所有策略的赢利皆相等）。

	ω_1	ω_2	ω_3	ω_4	ω_5	ω_6	ω_7
P	32/95	16/95	8/95	4/95	2/95	1/95	32/95
s_1	U	D	D	D	D	D	D
s_2	L	L	L	L	L	L	R
s_3	W	E	W	E	W	E	E
$\mathcal{P}_A$	$\{\omega_1\}$	$\{\omega_2\}$	$\{\omega_3\}$	$\{\omega_4\}$	$\{\omega_5\}$	$\{\omega_6\}$	$\{\omega_7\}$
$\mathcal{P}_B$	$\{\omega_1\}$	$\{\omega_2\}$	$\{\omega_3\}$	$\{\omega_4\}$	$\{\omega_5\}$	$\{\omega_6\}$	$\{\omega_7\}$
$\mathcal{P}_C$	$\{\omega_1\}$	$\{\omega_2\}$	$\{\omega_3\}$	$\{\omega_4\}$	$\{\omega_5\}$	$\{\omega_6\}$	$\{\omega_7\}$

请注意，P 是状态的概率，s_i 是 i 在相应状态下的选择，$\mathcal{P}_i$ 是个体 i 的知识分划。

图 8.2　Alice、Bob 和 Carole 博弈的信息结构。

由于存在共同先验(图 8.2 的 P 行)，且每个状态都在相应的针对每个人的分划单元中(图中最后三行)，它们是真正的知识分划。而且，参与人的后验概率兼容于每个参与人的知识算子。例如，在状态 ω_4，$\mathbf{P}_A\omega_4 = \{\omega_4, \omega_5\}$，给定 $\mathbf{P}_A\omega_4$，ω_4 的条件概率是 2/3，ω_5 的条件概率是 1/3。因此，Alice 对 Bob 策略的推测是 $\phi_{AB}^{\omega_4} = L$，而对于 Carole 策略的推测是 $\phi_{AC}^{\omega_4} = 2/3E + 1/3W$。从而，Alice 在 ω_4 的行动 D 就是针对 L 和 $2/3E + 1/3W$ 的最优反应，其赢利为 2，而选择行动 U 的赢利仅 2/3。而且，Alice 清楚 Carole 在 ω_4 是理性的(说简单点，因为她的赢利并不取决于她的行动)。Alice 清楚 Bob 在 ω_4 的信念，因为 Bob 将位于 $\mathcal{P}_B$ 分划单元 $\{\omega_3, \omega_4\}$ 或 $\{\omega_5, \omega_6\}$，在任何一个单元，他都相信 Alice 出招为 D，Carole 出招为 $2/3W + 1/3E$。她也清楚 Bob 在两个单元都会出招 L，并且 Bob 是理性的，因为针对 D 和 $2/3W + 1/3E$ 出招 L 的赢利是 2，而出招 R 的赢利仅 2/3。同样，在状态 ω_4，$\mathbf{P}_B\omega_4 = \{\omega_3, \omega_4\}$，故 Bob 清楚 Alice 位于 $\mathcal{P}_A$ 分划单元 $\{\omega_2, \omega_3\}$ 或 $\{\omega_4, \omega_5\}$，在任何一个单元，Alice 都清楚 Bob 会出招 L 而 Carole 会出招 $2/3E + 1/3W$。这样，Bob 清楚 Alice 的信念，也清楚 Alice 出招为 D 时是理性的。同样的推理可表明，Carole 清楚 Alice 和 Bob 的信念，也清楚他们在状态 ω_4 都是理性的。于是，前述定理的所有条件都可在 ω_4 得到满足，但是，状态 ω_4 上的推测当然并不构成纳什均衡，因为 $\phi_{AB}^{\omega_4} = L$ 和 $\phi_{BA}^{\omega_4} = D$ 并非博弈的任意一个纳什均衡之组成部分。

定理 8.2 没能拓展到三人博弈的原因是，Alice 和 Bob 对 Carole 的行为持有不同的推测，这确有可能，因为 Carole 对 Alice 和 Bob 有不止一个最优反应。他们都清楚 Carole 是理性的，也清楚她认为 $\phi_C^\omega = \{D, L\}$，对于状态 $\omega \in \{\omega_2, \cdots, \omega_5\}$。然而，这些条件并未决定 Carole 的混合策略。于是，彼此关于理性和信念的知识并不足以保证纳什均衡得以选择。

8.3　共同知识的形式逻辑

假定我们有一集合，集合中有 n 个行为主体，每个主体皆有知识算子 $\mathbf{K}_i$，$i =$

$1, \cdots, n$。若对于所有的 $i = 1, \cdots, n$，E 是不证自明的，则我们称 $E \subseteq \Omega$ 为公共事件。根据 K1，Ω 是一个公共事件，并且，若 E 和 F 都是公共事件，则根据 K2a，$E \bigcap F$ 也会是一个公共事件。因而，对于任意 $\omega \in \Omega$，存在包含 ω 的极小公共事件 $\mathbf{P}_* \omega$；即所有包含着 ω 的公共事件之交集。

我们可按如下方式构造 $\mathbf{P}_* \omega$。首先，令

$$\mathbf{P}_*^1 \omega = \bigcup_{j \in N} \mathbf{P}_j \omega \tag{8.1}$$

这是在状态 ω 对于至少某一个主体可能存在的状态之集合。现在，对于来自每个状态 $\omega' \in \mathbf{P}_*^1 \omega$ 的所有参与人 i，ω 都是可能的；但对于某些位于 ω 参与人来说，一个任意的 $\omega' \in \mathbf{P}_*^1 \omega$ 是有可能的，尽管没有必要对所有的参与人都是如此。故 $\mathbf{P}_*^1 \omega$ 不可能是公共事件。进而我们定义

$$\mathbf{P}_*^2 \omega = \bigcup \{ \mathbf{P}_*^1 \omega' \mid \omega' \in \mathbf{P}_*^1 \omega \} \tag{8.2}$$

这是在 $\mathbf{P}_*^1 \omega$ 的某些状态中对于某些参与人可能存在的状态集合；即，这是一个可能状态的集合，这些集合针对的是某些行为主体，而这些行为主体来自于某些状态 ω'，ω' 对于 ω 中的某些（很可能是其他的）行为主体是有可能的。运用类似的推理，我们可发现，$\mathbf{P}_*^1 \omega$ 中的任一状态对于任一参与人 i 和任一 $\omega' \in \mathbf{P}_*^2$ 都是有可能存在的，但某些存在于 $\mathbf{P}_*^2 \omega$ 中的状态对于一个或多个主体或有可能存在，却无法对所有主体皆有可能存在。更一般地，可对 $i = 1, \cdots, k-1$ 定义 $\mathbf{P}_*^i \omega$，然后我们定义

$$\mathbf{P}_*^k \omega = \bigcup \{ \mathbf{P}_*^1 \omega' \mid \omega' \in \mathbf{P}_*^{k-1} \omega \} \tag{8.3}$$

最后，我们定义

$$\mathbf{P}_* \omega = \bigcup_{k=1}^{\infty} \mathbf{P}_*^k \omega \tag{8.4}$$

这是状态 ω' 的集合，满足：存在一个状态序列 $\omega = \omega_1, \omega_2, \cdots, \omega_{k-1}, \omega_k = \omega'$ 使得 $r = 0, \cdots, r-1$ 时 ω_{r+1} 对于 ω_r 中的某些主体是有可能存在的。当然，这的确是一个有限的并集，因为 Ω 是一个有限的集合。因此，对于某些 k，$\mathbf{P}_*^k \omega = \mathbf{P}_*^{k+i} \omega$ 将对于所有的 $i \geqslant 1$ 成立。

我们可以证明，$\mathbf{P}_* \omega$ 是包含 ω 的极小公共事件。首先，对于每个 $i = 1, \cdots, n$，$\mathbf{P}_* \omega$ 是不证自明的，因为对于每个 $\omega' \in \mathbf{P}_* \omega$，对于某些整数 $k \geqslant 1$ 而言有 $\omega' \in \mathbf{P}_*^k \omega$，故 $\mathbf{P}_i \omega' \subseteq \mathbf{P}_*^{k+1} \omega \subseteq \mathbf{P}_* \omega$。因此 $\mathbf{P}_* \omega$ 是一个包含 ω 的公共事件。现在，令 E 是包含 ω 的任意公共事件。那么，对于所有的 $i = 1, \cdots, n$，E 必包含 $\mathbf{P}_i \omega$，故 $\mathbf{P}_*^1 \omega \subseteq E$。假定我们已证明对于 $j = 1, \cdots, k$ 有 $\mathbf{P}_*^j \omega \subseteq E$。由于 $\mathbf{P}_*^k \omega \subseteq E$ 且 E 为公共事件，则 $\mathbf{P}_*^{k+1} \omega = \mathbf{P}_*^1 (\mathbf{P}_*^k \omega) \subseteq E$。于是有 $\mathbf{P}_* \omega \subseteq E$。

公共事件的概念可以直接根据主体的分划 $\mathcal{P}_1, \cdots, \mathcal{P}_n$ 来定义。若分划 $\mathcal{Q}$ 的每个单元都位于分划 $\mathcal{P}$ 的某些单元中，我们就说分划 $\mathcal{P}$ 比分划 $\mathcal{Q}$ 更粗略；如果 $\mathcal{Q}$ 比 $\mathcal{P}$ 更粗略，我们就说 $\mathcal{P}$ 比 $\mathcal{Q}$ 更精细。从而，对应于 $\mathbf{P}_*$ 的公共事件分划 $\mathcal{P}_*$，是个体参与人

之分划$\mathcal{P}_1$，$\cdots$，$\mathcal{P}_n$之最为精细的共同粗化。

为使上述概念形象化，且让我们重回玉米地的类比（§4.1）。为了粗化一个分划，只需抽走一段或多段栅栏，然后整理，重复抽走那些至少有一端没与其他栅栏相连的栅栏。要细化（即，使其更精细）一个分划，只需对其一个或多个单元继续分划。若该玉米地有两个分划，不妨想象其中一个的栅栏为红色，而另一个的栅栏为蓝色。在栅栏交接的地方，令它们分享共同的栅栏杆。那些由红色和蓝色的栅栏同时分割的同一片玉米秸秆，包括围绕整个玉米地的栅栏，将它们圈入红蓝条纹交错的栅栏之中。于是，两个分划的最为精细的共同粗化，就是抽走全部单色栅栏所形成的分划。

这种形象化可直接适用于n人博弈中对应于知识分划的公共事件分划。我们给每个参与人的栅栏分划赋予特有的颜色，并允许两个或多个行为主体共享某些栅栏段且对共享段赋以多种颜色。我们也允许不同的参与人穿越其他参与人，在穿越相交的地方安放一个共用的栅栏杆。现在，抽走所有的颜色少于n种的栅栏。剩下的就是公共事件分划。换言之，包含ω的极小的公共事件$\mathbf{P}_*\omega$由某些状态组成，这些状态可以通过从ω步行到玉米地的任一状态来获得，但条件是给定没有人翻越所有参与人共享的栅栏。

显然，算子$\mathbf{P}_*$满足P1。若要证明它也满足P2，不妨假定$\omega'\in\mathbf{P}_*\omega$，然后由构造法证明$\mathbf{P}_*\omega'\subseteq\mathbf{P}_*\omega$。要证明$\mathbf{P}_*\omega'=\mathbf{P}_*\omega$。请注意，对于某些$k$有$\omega'\in\mathbf{P}_*^k\omega$。因此，利用构造法，存在序列$\omega=\omega_1$，$\omega_2$，$\cdots$，$\omega_{k-1}$，$\omega_k=\omega'$，满足：对于某些$i_j\in n$，$j=1$，$\cdots$，$k-1$，有$\omega_{j+1}\in\mathbf{P}_{i_j}\omega_j$。不过，颠倒一下序列的顺序，可发现$\omega\in\mathbf{P}_*\omega'$。故$\mathbf{P}_*\omega=\mathbf{P}_*\omega'$。这证明了P2是成立的，所以$\mathbf{P}_*$具有概率算子的所有性质。

从$\mathbf{P}_*$是一个概率算子出发继续推导。我们将公共事件算子$\mathbf{K}_*$定义为对应于概率算子$\mathbf{P}_*$的知识算子，故$\mathbf{K}_*E=\{\omega\mid\mathbf{P}_*\omega\subseteq E\}$。然后，若$\mathbf{P}_*\omega\subseteq E$，我们可以定义事件$E$为$\omega\in\Omega$上的公共事件。因此，$E$是一个公共事件，当且仅当$E$在每个$\omega\in E$上对于所有参与人都是不证自明的。同样，$E$是一个公共事件，当且仅当$E$是来自$\mathbf{P}_*\omega$的极小公共事件的并集。而且，K5表明，若$E$是一个公共事件，则在每个$\omega\in E$每个人都清楚$E$是$\omega$上的公共事件。

在共同知识的标准处理方式中（Lewis，1969；Aumann，1976），一个事件成为共同知识的条件是，每个人知道E，每个人都知道每个人知道E，如此等等。公共事件总是共同知识，反之亦然。要明白这一点，不妨假定E是一个公共事件。然后，对于任意i，j，$k=1$，$\cdots$，n，$\mathbf{K}_iE=E$，$\mathbf{K}_j\mathbf{K}_iE=\mathbf{K}_jE=E$，$\mathbf{K}_k\mathbf{K}_j\mathbf{K}_iE=\mathbf{K}_kE$$=E$，如此等等。从而，所有来自$\mathbf{K}_k\mathbf{K}_j$，$\cdots$，$\mathbf{K}_iE$的事件对于$k$都是不证自明的，故$E$是共同知识。反之，假定对于任何序列$i$，$j$，$\cdots$，$k=1$，$\cdots$，$n$，$\mathbf{K}_i\mathbf{K}_j$，$\cdots$，$\mathbf{K}_kE\subseteq E$。则对于任意$\omega\in E$，由于$\mathbf{P}_i\omega\subseteq E$，我们有$\mathbf{P}_*^1\omega\subseteq E$，其中$\mathbf{P}_*^1$在(8.1)中定义。我们还有$\mathbf{K}_i\mathbf{P}_*^1\omega\subseteq E$，因为对于$i$，$j=1$，$\cdots$，$n$有$\mathbf{K}_i\mathbf{K}_jE\subseteq E$，故根据(8.2)有$\mathbf{P}_*^2\omega\subseteq E$。根据(8.3)，我们现在发现对于所有的$k$有$\mathbf{P}_*^k\omega\subseteq E$，故$\mathbf{P}_*\omega\subseteq E$。故$E$是公共事件的并集，并因而是一个公共事件。

图 8.3 说明了这样的局势，Alice 在 ω 知道 E，因为她在 ω 的极小不证自明事件 $\mathbf{P}_A\omega$ 存在于 E 中。而且，$\mathbf{P}_A\omega$ 与 Bob 的两个不证自明事件集 $\mathbf{P}_B\omega$ 和 $\mathbf{P}_B\omega'$ 相交。由于 $\mathbf{P}_B\omega$ 和 $\mathbf{P}_B\omega'$ 都存在于 E 之中，Bob 知道 Alice 在 ω（及 $\mathbf{P}_A\omega$ 中其他状态）中知道 E。

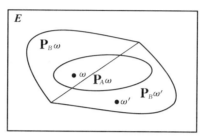

图 8.3　在 ω 中 Bob 知道 Alice 知道是 E 的例子

8.4　知识的共性

我们已将公共事件定义为对所有参与人不证自明的事件。然后我们证明了，一个事件当且仅当它是共同知识时，它才是公共所知的。那么，看来在公共事件上存在完美的知识共性：参与人熟知他人之所知。而这一知识从何而来？答案在于，我们已默认假定每个个体分划 Ω 的方式是众所周知的，并非按照正规意义上的知识算子来分划，而是按照形如 $\mathbf{K}_i\mathbf{K}_jE$ 的表达式这个意义上来分划的，该表达式本意就是"i 知道 j 知道 E"。正式地说，声称 i 知道 j 在 ω 知道 E，意思就是在每个状态 $\omega' \in \mathbf{P}_j\omega$ 都有 $\mathbf{P}_i\omega' \subseteq E$。但是，$i$ 知道仅在他知道 $\mathbf{P}_j\omega$ 时才有这种情况，$\mathbf{P}_j\omega$ 使他可以对每个 $\omega' \in \mathbf{P}_j\omega$ 检验 $\mathbf{K}_i\omega' \subseteq E$。

例如，想像 Alice、Bob 和 Carole 每年碰头一次，在某个日子某个时刻进行博弈 $\mathcal{G}$。假设非常巧合的是，博弈的前一天三人刚好在得克萨斯州的 Dallas 市，尽管他们并没有看见彼此，却目睹了同一件极不寻常的事件 x。我们定义总体 $\Omega = \{\omega, \omega'\}$，其中不寻常事件发生在 ω 中，但不发生在 ω' 中。那么有，$\mathbf{P}_A\omega = \mathbf{P}_B\omega = \mathbf{P}_C\omega = \{\omega\}$，因而 $\mathbf{K}_A\omega = \mathbf{K}_B\omega = \mathbf{K}_C\omega = \{\omega\}$，故 ω 对三人来说都是不证自明的，因此 ω 就是一个公共事件。从而，在状态 ω，Alice 知道 Bob 知道 Carole 知道 ω，如此等等。但是，事实当然并非如此。实际上，三个人都没意识到其他人已获悉事件 x。

问题出在我们错误地设定了总体。假设事件 ω 是四维的，第一个维度的记录是 x 或 $\neg x$（意即"非 x"），其他三维的记录是"真"或"假"，这分别决于 Alice、Bob 和 Carole 各自是否获悉 x 已发生。于是总体 Ω 现在就有 16 个不同的状态，而状态 ω 确实发生的是 $\omega = [x, \text{true}, \text{true}, \text{true}]$。然而，现在 $\mathbf{P}_A\omega = \{\omega' \in \Omega \mid \omega'[1] = x \wedge \omega'[2] = \text{true}\}$。于是，状态 ω 对于 Alice 来说就并非不证自明。的确，此种情况下 Alice 在 ω 的极小不证自明事件 $\mathbf{P}_A\omega$ 就是 Ω 本身。

这一推理路线揭示了认知博弈论的一个重大缺陷：其共同知识的语义模型假定得太多了。其定理宣称彼此的不证自明蕴含着共同知识，而经济学家已被这些美妙的定理误导,认为理性选择的公理蕴含着关于不同主体之间知识共性的某些实质性的东西。然而它们确实没有蕴含这些。事实上,不存在正式的原则来规定如下条件,在这些条件下不同的个体将对经验内容的命题 p 赋以同样的真值(我们可以假设理性主体全都同意数学和逻辑上的同义反复),或者对他人向 p 赋以真值这一事实拥有心理表征。接下来,我们将刻画出我们冠之以"可彼此理解的"事件(§7.8)的属性,来讨论上述问题。

8.5 涵养女士

Alice、Bonnie 和 Carole 在公园里散步的时候,遇到了一场狂风暴雨,不得不匆忙跑进一家餐馆喝茶避雨。Carole 注意到 Alice 和 Bonnie 的脸上有脏东西,尽管二人都未意识到这一事实。Carole 太有涵养而不愿提及这一令人尴尬的情形,因为这样做势必会让对方陷入窘迫。但是她也发现,其他两位女士也跟她一样,出于涵养而对彼此脸上的污物视若无睹。这一想法让 Carole 意识到,自己的脸上可能也有脏东西,可是手边没有镜子或其他工具可以用以解除这一怀疑。

就在此刻,一个小男孩路过三位女士的桌子,大声说:"有人的脸脏了!"一阵尴尬的沉默之后,Carole 意识到自己的脸脏了,脸刷地红了。

这一逻辑演绎结果何以可能?确实,至少有一人脸上有脏东西,这是三位女士彼此之间都知道的,所以就这一事实小男孩并没有提供什么额外信息。而且,每位女士都可以发现,其他女士中的每一位都看到了至少一张脏脸,因此,在小男孩开口之前,每位女士其实都已明知小男孩所说的内容。然而,小男孩的话确实提醒了每一位女士:她们都知道彼此明知她们中有人脸脏了。这是在小男孩开口之前大家所不知道的。比如,Alice 和 Bonnie 都知道自己可能不会有脏脸,所以 Alice 就知道 Bonnie 可能认为 Carole 见到的是两张干净的脸,在这种情况下 Alice 和 Bonnie 就知道 Carole 可能并不知道这里至少有一个人脸脏了。然而,根据小男孩的话,并假定其他女士都是逻辑性思考者(若她们是贝叶斯决策者,她们就必定如此),那么 Carole 关于自己脸上状况的推理就不可避免。

要明白何以如此,不妨假定 Carole 脸上没有污物。则 Carole 就知道 Alice 看见了一张脏脸(Bonnie 的),所以 Alice 从小男孩的话中得不到任何额外消息。但是,Carole 知道 Bonnie 看到 Carole 的脸是干净的,所以若 Bonnie 的脸不脏,那么 Alice 就会看到两张干净的脸,而小男孩的话就暗示了 Alice,她将知道自己就是脸脏了的倒霉蛋。由于 Alice 并没有窘迫脸红,于是 Carole 就知道 Bonnie 将会得出自己脸脏了的结论而窘迫脸红。由于 Bonnie 并未如此,于是 Carole 就明白了"自己脸是干净的"这一假设并不成立。

若要正式分析上述问题,不妨假定 Ω 由形如 $\omega = xyz$ 的八个状态组成,其中 $x, y, z \in \{d, c\}$ 分别是 Alice、Bonnie 和 Carole 的状态,此处 d 和 c 分别代表"脏脸"和"干净脸"。比如,$\omega = ccd$ 就是如下状态:Alice 和 Bonnie 都有干净脸而

Carole 则是脏脸。当 Carole 坐下来喝茶时,她知道 $E_C = \{ddc, ddd\}$,意思是她发现 Alice 和 Bonnie 的脸都脏了,但自己的脸既可能干净也可能脏。同理,Alice 知道 $E_A = \{cdd, ddd\}$ 而 Bonnie 知道 $E_B = \{dcd, ddd\}$。显然,没有哪个女士知道自己的状态。Bonnie 对 Alice 的知识知道些什么? 由于 Bonnie 不知道自己脸的状况,所以她只知道 Alice 知道"Carole 脸脏了"这一事件,即 $E_{BA} = \{cdd, ddd, ccd, dcd\}$。同理,Carole 知道 Bonnie 知道 Alice 知道的就是 $E_{CBA} = \{cdd, ddd, ccd, dcd, cdc, ddc, ccc, dcc\} = \Omega$。假设 Carole 的脸干净,则她知道 Bonnie 知道 Alice 知道的就是 $E'_{CBA} = \{cdc, ddc, dcc, ccc\}$。在小男孩开口之后,Carole 知道 Bonnie 知道 Alice 知道的就是 $E''_{CBA} = \{cdc, ddc, dcc\}$,所以,如果 Bonnie 的脸是干净的,她就会知道 Alice 知道 $E''_{BA} = \{dcc\}$,于是 Bonnie 推断 Alice 会窘迫脸红。而 Bonnie 的"自己脸是干净的"假设是不成立的,因此 Bonnie 应该窘迫脸红。但 Bonnie 并没有窘迫脸红,故 Carole 就知道"自己脸是干净的"并不成立。

有一种颇有益处的形象化的方式来分析上述涵养女士问题,由 Fagin 等(1995)提出,如图 8.4 所示。设想每位女士分别占有图中三条轴之一,立方体每一拐角点代表总体的八个状态之一。平行于某轴的线段上的端点,代表了占有该轴的女士的极小不证自明事件;即,该女士对自己脸是否干净颇感犹疑。

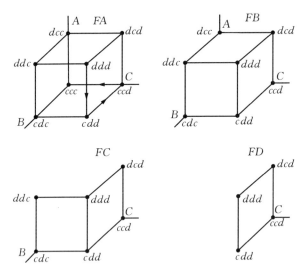

图 8.4 涵养女士问题

由于每条线段的端点对于某位女士都代表了极小不证自明事件,给定有某些路径沿着图中的线段首尾相连,则某个节点可以从另一个节点抵达。例如,在板块 FA 中,从 ddd 沿箭头方向到达 ccc,这意味着什么? 首先,在 ddd,Alice 认为 cdd 是可能的,在 cdd,Bonnie 认为 ccd 是可能的,在 ccd,Carole 认为 ccc 是可能的。换句话说,在 ddd,Alice 认为"Bonnie 认为'Carole 认为 ccc 可能是真实状态'是有可能的"是有可能的。的确,很容易看出,围绕立方体的任何移动序列都对应于某个如下形式的命题:"x 认为'y 认为……是有可能的'是有可能的",等等。照此方式,若每个状态 $\omega \in E$ 是可以从其他状态到达的,则我们就定义事件 $E \subseteq \Omega$ 为公共事件,或者共同知识。显然,唯一的公共事件就是 Ω 本身。

当小男孩讲出了 b(即有人脸脏了),假设这一命题被认为是真实的,则三位女士都知道状态 ccc 不可能发生,所以我们可以删掉所有通往 ccc 的路径。结果如板块 FB 所示。现在,若状态为 dcc,则 Alice 将知道自己脸脏了,但由于她显然不知道自己脸脏了,我们就可以删掉以 dcc 为终点的线段,得到图中的板块 FC。现在,在 ddc 或 cdc,Bonnie 将知道自己的脸脏了,于是我们可以删除掉连接到这两个节点的线段。剩下的节点描绘在图 FD 板块中。显然,在这一事件中,Carole 知道自己脸脏了,但是 Alice 和 Bonnie 不知道。

8.6 涵养女士与知识共性

涵养女士问题涉及诸多未曾明说的认识论主张,这些主张远远超出了 Carole 获悉其脸上状态这一结论所涉及的理性共同知识。让我们仔细看看这些主张究竟是什么。

令 x_i 是 i 有脏脸的条件,令 k_i 为 i 的知识算子,这里 $i = A, B, C$ 分别代表 Alice、Bonnie 和 Carole。当我们标记 i,意即任意 $i = A, B, C$,当我们标记 j,意即任意 $i, j = A, B, C$ 且 $j \neq i$,当我们标记 i, j, m 意即 $i = A, B, C$ 且 $i \neq j \neq m \neq i$。令 y_i 是 i 窘迫脸红的条件。六个标志 x_i 和 y_i 代表了在状态空间 Ω 中事件可能的状态。令 E 为小男孩开口惊呼 $b = x_A \vee x_B \vee x_C$ 之前的事件。

问题的陈述告诉我们,$x_i \in E$ 且 $k_i x_j \in E$;即,每位女士能看到其他两位女士的脸,但无法看到自己的脸。该问题还主张,$k_i x_i \Rightarrow y_i \in E$(女士知道自己脸脏后会窘迫脸红),且 $y_i \Rightarrow k_j y_i \in E$。很容易验证这些条件和 $\neg k_i x_i \in E$ 是兼容的;即,在事件 E 没有哪位女士知道自己的脸脏了。上述条件也暗含着 $k_i b \in E$(每位女士都知道小男孩所言属实)。

虽然该问题意欲使 $k_i x_j \Rightarrow k_i k_m x_j \in E$(即若 i 知道 j 脸脏了,她也就知道 m 也清楚这一点),但这一含义并非从任何理性原则中导出,故我们必须把它作为新的原则纳入分析。一个必要的概念是可彼此理解的自然事件。x_i 对于 j 和 m 的可彼此理解性,看起来是一个脆弱的假设,但实际上它恰是我们首次提出的实质性的主张,即一个行为主体知道另一个主体知道些什么。在这一假设下,每位女士知道在 E 中其他人知道 b(请回忆 b 乃是小男孩声称 ccc 为假),故有 $k_i k_j b \in E$。要明白这一点,请注意 $k_i x_j \Rightarrow k_i k_m x_j \Rightarrow k_i k_m b$,这对于所有的 i 和 $m \neq i$ 都是成立的。

令 E' 为小男孩惊呼 $b = x_A \vee x_B \vee x_C$ 之后的知识状态,$b = x_A \vee x_B \vee x_C$ 被我们假定为共同知识。要证明在 E' 中某位女士(例如 Carole)会窘迫脸红,我们假设 y_i 对于 j, m 是可彼此理解的,且在考虑事件 y_i 时 j 是对称于 m 的推理者。

根据小男孩所言展开的推理可以总结如下。我们将证明,在 E' 中的任何状态下,若 Carole 假设 $\neg x_C$,则她就会得到一个矛盾的结果。假设 $\neg x_C$ 为真且 b 是共同知识,我们有 $k_C k_B(\neg x_B \Rightarrow k_A \neg x_B \Rightarrow k_A(\neg x_B \wedge \neg x_C \wedge b) \Rightarrow k_A x_A \Rightarrow y_A) \Rightarrow k_C k_B y_A$ $\Rightarrow k_C y_A$,而 $k_C y_A$ 在 E' 中为假。于是在 E' 中,有 $k_C k_B x_B \Rightarrow k_C y_B$,而这在 E' 的任何状态中都不为真。从而,x_C 在 E' 中为真,既然 Carole 知道当前状态在 E' 中,则有 $k_C x_C$,她就窘迫脸红了。

8.7 同意不一致

在埋没于《统计学年刊》中的一篇四页纸的论文里,Robert Aumann(1976)证明了一个非凡定理。他证明,若两个行为主体对某一事件有同样的先验,若他们运用当前状态 ω 的私人知识更新其先验,并且,若他们的后验概率是共同知识,则那些后验概率必定相等。简言之,具有共同先验的两个理性行为主体不可能"同意不一致"(agree to disagree),哪怕各自更新信念所基于的信息有多么不同。我将把具有这一结论的任何定理统统称为同意定理。Aumann 评论说"我们发表这一意见时有点不自信,因为一旦人们获得适当的框架,它在数学上就微不足道"(p. 1236)。理解这一定理及其一般化是颇有价值的,因为,事实证明,就人们如何博弈而言,纳什均衡的共同知识条件需要行为主体之间有一个同意定理。

假设 Alice 和 Bob 在 Ω 上具有共同先验 p,对于所有的 $\omega \in \Omega$ 有 $p(\omega) > 0$。假定真实状态为 ω_a,导致 Alice 将事件 E 的概率从 $p(E)$ 更新为 $p_A(E) = p(E \mid \mathbf{P}_A \omega_a) = a$,导致 Bob 从 $p(E)$ 更新为 $p_B(E) = p(E \mid \mathbf{P}_B \omega_a) = b$。那么,若 $p_A(E) = a$,$p_B(E) = b$ 是共同知识,则必有 $a = b$。从而,尽管事实上 Alice 和 Bob 有不同的消息($\mathbf{P}_A \omega_a \neq \mathbf{P}_B \omega_a$),其后验概率若是共同知识,则就不可能不一致。

要弄清楚这一点,不妨假定包含 ω_a 的极小公共事件为 $\mathbf{K}_*^{\omega_a} = \mathbf{P}_A \omega_1 \bigcup \cdots \bigcup \mathbf{P}_A \omega_k$,其中对于 Alice 来说每个 $\mathbf{P}_A \omega_i$ 都是极小不证自明事件。因为事件 $p_A(E) = a$ 是共同知识,它在 $\mathbf{K}_*^{\omega_a}$ 上是恒定的,故对于任何 j,有 $a = p_A(E) = p(E \mid \mathbf{P}_A \omega_j) = p(E \bigcap \mathbf{P}_A \omega_j) / p(\mathbf{P}_A \omega_j)$,故 $p(E \bigcap \mathbf{P}_A \omega_j) = ap(\mathbf{P}_A \omega_j)$。从而有:

$$P_A(E \bigcap \mathbf{K}_*^{\omega_a}) = p(E \bigcap \bigcup_i \mathbf{P}_A \omega_i) = p(\bigcup_i E \bigcap \mathbf{P}_A \omega_i)$$
$$= \sum_i p(E \bigcap \mathbf{P}_A \omega_i) = a \sum_i p(\mathbf{P}_A \omega_i) = ap(\mathbf{K}_*^{\omega_a})$$

然而,通过类似的推理,有 $\mathbf{P}_A(E \bigcap \mathbf{K}_*^{\omega_a}) = bp(\mathbf{K}_*^{\omega_a})$。故 $a = b$。

看起来这个定理适用性有限,因为当人们不一致的时候,其后验概率常常是私人信息。但是,假定 Alice 和 Bob 均风险中立,每人都有确定的金融资产,他们同意交换这些资产,且交易的费用很低。令 E 是如下事件,即 Alice 的资产之期望价值比 Bob 的资产之期望价值要大。若他们同意交易,则 Alice 认为 E 的概率是 1,Bob 认为 E 的概率是 0,这确实是共同知识,因为他们的协议表明他们愿意交易。这是个矛盾的情形,它证明了 Alice 和 Bob 不会同意交易。

现实生活中,人们每天都在交易大量的金融资产,这证明要么是理性的共同知识要么是共同先验,必有错误。事实上,这两者都很可能是错的。如我在 §5.11

节所主张的,但凡违背 CKR 会增加个人赢利的时候,理性的行为主体都将违背 CKR,此种状况经常发生在那些子博弈完美均衡对参与人赢利相对较低的情形(§5.9,5.7)。而且,几乎没有理由认为,Harsanyi 教条(§7.7)对于股票市场价格会成立(Kurz,1997)。

我们可以对 Aumann 的观点进行诸多一般化。对于每个 $P \subseteq \Omega$,令 $f(P)$ 为一个实数。如果,对于所有的 P,$Q \subseteq \Omega$ 且 $P \cap Q = \varnothing$,若 $f(P) = f(Q) = a$,则 $f(P \cup Q) = a$,我们就说 f 在 Ω 上满足确信事件原则。例如,若 p 是 Ω 上的概率分布,而 E 是一个事件,则后验概率 $f(X) = p(E \mid X)$ 满足确信事件原则,因为给定 $X \subseteq \Omega$ 则随机变量 x 的期望值 $f(X) = \mathbf{E}[x \mid X]$。于是我们有如下同意定理(Collins,1997):

定理 8.3 假定对于每个主体 $i = 1, \cdots, n$,f_i 在 Ω 上满足确信事件原则,并假定在状态 ω 时 $f_i = s_i$ 是共同知识。则对于所有的 i 有 $f_i(\mathbf{K}_*^\omega) = s_i$,其中 $\mathbf{K}_*^\omega$ 是包含有 ω 的共同知识分划单元。

证明:要证明上述定理,请注意 $\mathbf{K}_*^\omega$ 是 i 的可能性集合 $\mathbf{P}_i\omega{}'$ 的非相交并集,并且每个可能性集合中 $f_i = s_i$。因此,根据确信事件原则,在 $\mathbf{K}_*^\omega$ 上有 $f_i = s_i$。∎

推论 8.3.1 假定主体 $i = 1, \cdots, n$ 在 Ω 上有共同先验,表明事件 E 有概率 $p(E)$。假定每个主体 i 现在获得私有信息,即实际状态 ω 在 $\mathbf{P}_i\omega$ 中。则,若后验概率 $s_i = p(E \mid \mathbf{P}_i\omega)$ 是共同知识,则 $s_1 = \cdots = s_n$。

推论 8.3.2 假定理性而风险中立的主体 $i = 1, \cdots, n$ 在 Ω 上具有同样的主观先验 p,且每个主体有资产组合 X_i,所有的这些资产组合有等同的期望价值 $E_p(X_1) = \cdots = E_p(X_n)$,且存在很小的交易费用 $\varepsilon > 0$,故没有哪一对主体愿意交易。在状态 ω,主体有后验期望价值 $\mathbf{E}_p(X_i \mid \mathbf{P}_i\omega)$,它不可能成为主体愿意交换的共同知识。

最后,我们来谈谈颇受欢迎的共同知识和纳什均衡之间的关系:

定理 8.4 令 $\mathcal{G}$ 为有 $n > 2$ 个参与人的认知博弈,并令 $\phi^\omega = \phi_1^\omega, \cdots, \phi_n^\omega$ 为一个推测集。假定参与人有共同先验 p,所有参与人在 $\omega \in \Omega$ 都是理性的,并且,在状态 ω,ϕ 是博弈推测集这一点是众所周知的。则,对于每个 $j = 1, \cdots, n$,所有的 $i \neq j^*$ 对 j 的行动归纳出同样的推测 $\sigma_j(\omega)$,而 $(\sigma_1(\omega), \cdots, \sigma_n(\omega))$ 构成 $\mathcal{G}$ 的纳什均衡。

上述定理出人意料之处在于,若这些推测是共同知识,则它们必独立分布。从本质上说,确实如此,因为已假设参与人的先验 ϕ_i^ω 独立于其本人的行为 $s_i(\omega)$。从而,当策略都是共同知识时,它们可以是相关的,但是它们在给定 ω 时的条件概率必服从独立分布。

证明:要证明上述定理,我们应注意到,由(8.3),在 ω 中 $\phi = \phi_1^w, \cdots, \phi_n^w$ 是共同知识,故 $(\sigma_1(\omega), \cdots, \sigma_n(\omega))$ 被唯一定义。由于所有的行为主体在 ω 都是理性的,故每个 $s_i(\omega)$ 将最大化 $\mathbf{E}[\pi_i(s_i, \phi_i^\omega)]$。它仍然仅仅表明,推测意味着主体的策略是

---

* 原文为"$i = j$",疑应为 $i \neq j$。—— 译者注

不相关的。令 $F = \{\omega' \mid \phi^{\omega'}\}$ 是共同知识。由于 $\omega \in F$，且 $p(\mathbf{P}\omega) > 0$，我们有 $p(F) > 0$。现在，令 $Q(a) = P([s] \mid F)$ 且 $Q(s_i) = P([s_i] \mid F)$，这里一般而言，对于一些可变函数 $x: \Omega \to \mathbf{R}$，我们定义 $[x] = \{\omega \in \Omega \mid x(\omega) = x\}$（因此，$[s] = \{\omega \in \Omega \mid s(\omega) = s\}$）。请注意，$Q(a) = P([s] \bigcap F)/P(F)$。现在，令 $H_i = [s_i] \bigcap F$。由于 F 是众所周知的，且 i 知道 $[s_i]$ 和 H_i。因此 H_i 是极小的、i 所知形式为 $\mathbf{P}_i\omega'$ 的事件之并集，且 $p([s_i] \bigcap \mathbf{P}_i\omega') = \phi_i^\omega(s_{-i}) p(\mathbf{P}_i\omega')$。将所有包含 H_i（一个非相交的并集）的 $\mathbf{P}_i\omega'$ 相加。我们得到 $P([s] \bigcap F) = P([s_{-i}] \bigcap H) = \phi_i^\omega(s_{-i})P(H_i) = \phi_i^\omega(s_{-i})Q(s_i)P(F)$。除以 $P(F)$，我们得到 $Q(a) = \phi_i^\omega(s_{-i})Q(s_i) = Q(s_{-i})Q(s_i)$。

它同时证明了，对于所有 $i = 1, \cdots, n$，若 $Q(a) = Q(s_{-i})Q(s_i)$，则 $Q(a) = Q(s_1)\cdots Q(s_n)$ 很明显，这对于 $n = 1, 2$ 是成立的。假定它对于 $n = 1, 2, \cdots, n-1$ 成立。从 $Q(a) = Q(s_1)Q(s_{-1})$ 开始，其中 $a = (s_1, \cdots, s_n)$，我们将所有的 s_i 相加，得到 $Q(s_{-n}) = Q(s_1)Q(s_2, \cdots, s_{n-1})$。同理，对于任何 $i = 1, \cdots, n-1$，有 $Q(s_{-i}) = Q(s_i)Q(s_2, \cdots, s_{i-1}, s_{i+1}, \cdots, s_{n-1})$。由归纳假设，有 $Q(s_{-n}) = Q(s_1)Q(s_2)\cdots Q(s_{n-1})$，故 $Q(a) = Q(s_1)\cdots Q(s_n)$。∎

定理 8.4 表明，共同先验和推测的共同知识，都是我们断定理性主体将采取纳什均衡所必需的认知条件。接下来的问题就是，在何种条件下，共同先验和推测的共同知识有可能是真实世界策略互动的具体体现。

8.8 方法论个人主义的终结

经典博弈理论家之间有一个默契，除了行为主体的理性之外，其他信息与分析人们如何博弈是无关的。这一默契是方法论个人主义的一种形式。方法论个人主义教条认为，社会行为模式是由个人相互作用构成，故在对社会行为进行建模时，超越个人特征的东西是不必要的，甚或是不被允许的。

方法论个人主义最著名的支持者是奥地利学派经济学家和哲学家 Ludwig von Mises，体现在其名著《人类行为》中，该书首印于 1949 年。虽然大部分奥地利经济学派理论未能经受住时间的考验，但方法论个人主义，如果还算经受住考验的话，却在经济学家中的地位日升，特别是自宏观经济学中的"理性预期"革命以来（Lucas, 1981）。"没有人敢否认，"von Mises 写道，"即国家、州、市、政党、宗教团体，是决定人类大事进程的真正因素。"他接着说道（p. 42）："方法论个人主义，远离了整个集体之重要性的争辩，反而把描述和分析集体的生灭、结构变迁及其运行作为自己的主要任务。"von Mises 的看法对上述原则的支持既不求助于社会理论也未求助于社会事实。相反，他断言："离开个体成员的行动，社会集体就谈不上存在和实现……认识整个集体的方法是，去分析个人的行动。"（p. 42）

当然，上述辩词仅仅是原则的重申。自然科学中人们熟知的解释标准表明，它并非乍看上去那样合理。例如，一台电脑是由无数固态电子器件和其他电气机械设备组成,但是,如果说只用这些底层部件的运行模式就可以成功地对电脑运行进行建模,这种说法恰恰是错误的,即使在原则上也是错的。类似地,真核细胞由大量的有机化合物组成,但这些有机化合物并不能为细胞动力学建模提供全部的工具。

从现代复杂理论中,我们获悉地球上有诸多层次的客观存在,从微粒到人类,每个层次都坚实地建立在更低层次的实体之相互作用之中,尽管有自发的特性,这些特性不可避免地与其更低层次的构成之动态相互作用有关,但是无法由更低层次来加以解释。生物学家 Maynard Smith 和 Szathmáry(1997)的生命合成全景史阐述了这一主题,即进化历史中的每次重大转变,都是采取更高层次生物组织的形式,展示出无法从其组成部分演绎出的特性。Morowitz(2002)将分析扩展到了物理系统中的涌现现象。事实上,这一点不该令人困惑,因为没有什么可以阻止一个现象的最为经济的模型最终成为模型本身(Chaitin, 2004)。因此,把涌现性作为根本的存在追加到更高层次的模型中,则可达到其他方法所不能达到的:解释复杂现象。

认知博弈理论表明,确保个人选择纳什均衡的条件并不限于其个人特征,而且包括他们的共同特征,以共同先验和共同知识为形式。我们看到(定理 7.2),个人特征和集体默契对于解释共同知识都是必需的,而后者与个人特征不可通约。正是因为这个原因,当方法论个人主义用于分析社会生活时就不那么正确了。

由于方法论个人主义的主张,博弈论放弃了个体行动者层面之上的非概念性建构而取得了进展。如同诸多的社会学理论一样,在一个更高的加总水平上运行的社会理论虽然取得了重要的洞见,但却没有发展出一个分析内核作为可靠的、累积性的解释方法之基础。此处介绍的材料表明,终结方法论个人主义意识,但谨慎阐述个人理性行为和社会制度的分析性联系,将大有裨益。社会制度校正了个人的信念和预期,使得有效的社会交往成为可能。

总之,方法论个人主义并不恰当,因为一般的人性,以及特殊的人类理性,都是生物进化的产物。人类群体的演化动力学产生了社会规范,来协调理性个体的策略互动,并调节亲缘关系、家庭生活、劳动分工、财产权利、文化规范和社会惯例。认为可以把社会制度分解为理性个体的相互作用,从而把社会规范放到博弈论的视野中,这是一个错误(方法论个人主义的错误)。

9

反身推理与均衡精炼

> 若我们允许人类生活由理智支配,则生活的所有可能性都将毁灭。
>
> Leo Tolstoy
>
> 若某物之重为另一物两倍,则给定高度其下落只需一半的时间。
>
> Aristotle:《论天》

在前几章,我们强调了,社会认识论对于思考复杂社会互动中的理性个体之行为甚为必要。然而,也存在许多相对简单的互动局势,在这些局势中,我们可以用某些反身推理形式,去推断个体将如何出招。既然参与人可以像我们一样进行反身推理,这种情况下我们就有望从人们的出招看到纳什均衡。然而,在很多情形,存在太多的纳什均衡,只有部分纳什均衡会被理性的主体所选择。

基于我们对理性个体将如何博弈的非正式理解,扩展式博弈的纳什均衡精炼,是一个适用于那些被认为是合理的纳什均衡,却不适用于那些被认为是不合理的纳什均衡的准则。在寻找令人满意的均衡精炼准则之过程中,涌现了大量的文献。许多准则被提出来,包括子博弈完美、完美、完美贝叶斯、序贯以及适当均衡(Harsanyi,1967;Myerson,1978;Selten,1980;Kreps and Wilson,1982;Kohlberg and Mertens,1986),这些准则引入了参与人失误,模化了出招路径之外的信念,考察了对均衡偏离趋向零时扰动系统的受限行为。[1]

我将提出一个新的精炼准则,它能更好地抓住我们的直觉,更好地阐明我们下意识用于判断某个纳什均衡合理与否的标准。该准则并不取决于反事实的或非均衡的信念、颤抖,或逼近博弈的约束。我称之为局部最优反应(local best response,LBR)准则。LBR准则看起来使得传统的精炼标准成了多余的。

传统的精炼准则都是子博弈完美的变体,因而总是受如下事实困扰:在缺乏CKR假设的局势中,对于理性主体来说,不存在恰当的理由去选择子博弈完美策

---

[1] 本章不涉及标准式博弈的不同均衡精炼类别,包括聚点(Schlling,1960;Binmore and Samuelson,2006),以及风险占优(Harsanyi and Selten,1998)标准。完美准则和序贯准则本质上是子博弈完美标准的推广和扩展。

略。相反，LBR 准则是前向归纳的一个变体。在前向归纳中，主体根据博弈树某个节点已经达到的事实，将进行如下推断：某些将来的行为可以从其他人是理性的这一事实中推断出来。

假定完美记忆有限扩展式博弈 $\mathcal{G}$，有参与人 $i = 1$，$\cdots$，n，且对于每个参与人 i 存在有限纯策略集 S_i，故 $S = S_1 \times \cdots \times S_n$ 是博弈 $\mathcal{G}$ 的纯策略组合集，有赢利 π_i：$S \to \mathbf{R}$。令 S_{-i} 为除 i 之外的参与人之纯策略组合集，且令 $\Delta^* S_{-i} = \prod_{j \neq i} \Delta S_j$ 为 S_{-i} 上的混合策略集。令 $\mathcal{N}$ 为 $\mathcal{G}$ 的信息集之集合，并令 $\mathcal{N}_i$ 为参与人做选择时的信息集合。

信息集 ν 上的一个行为策略 p，就是在 ν 中可行的行动 A_ν 上的概率分布。如果 p 是通过 σ 在 A_ν 上归纳出的概率分布，则我们就说 p 是策略组合 σ 的一部分。给定 σ，若有一条贯穿博弈树的路径以严格的正概率穿过 ν 中的某个节点，则我们就说混合策略组合 σ 到达了信息集 ν。

对于参与人 i 以及 $\nu \in \mathcal{N}_i$，我们称 $\phi^\nu \in \Delta^* S_{-i}$ 为 i 在 ν 上的推测。若 ϕ^ν 是 $\nu \in \mathcal{N}_i$ 上的一个推测，且 $j \neq i$，则我们记 ϕ^ν_μ 为 ϕ^ν 在 $\mu \in \mathcal{N}_j$ 上的边缘分布，故 ϕ^ν_μ 是 i 在 ν 上对 j 在 μ 上的行为策略之推测。

令 N_ν 为到达信息集合 ν 的纳什均衡策略组合集，并令 N^σ 为采用策略组合 σ 所达到的信息集之集合。对于 $\tau \in N_\nu$，我们记 p^τ_μ 为在 μ 上 τ 归纳出的行为策略。如果，对于任意 i 和任意 $\nu \in N^\sigma \cap \mathcal{N}_i$，$\sigma_i$ 都是 ϕ^ν 的最优反应，则我们就说，推测集 $\{\phi^\nu | \nu \in \mathcal{N}\}$ 支撑了纳什均衡 σ。

我们称一个纳什均衡 σ 是一个 LBR 均衡，如果存在一个支撑 σ 的推测集 $\{\phi^\nu | \nu \in \mathcal{N}\}$ 且该推测集有如下性质：(a) 对每个 i，$j \neq i$，每个 $\nu \in \mathcal{N}_i$，以及每个 $\mu \in \mathcal{N}_j$，若 $N_\mu \cap N_\nu \neq \phi$，则对于某些 $\tau \in N_\mu \cap N_\nu$ 有 $\phi^\nu_\mu = p^\tau_\mu$；(b) 若在 ν 上作出选择的参与人 i 拥有多个选择可导致其他参与人的不同信息集（我们称这样的选择为决定性的），i 将选择其中赢利最高的那个。

第一个条件可从字面上陈述如下：LBR 均衡就是参与人推测集所支撑的纳什均衡 σ，该推测集来自给定 σ 时每个可达到的信息集，在那些可到达的信息集上参与人被迫只推测部分参与人的行为，这些行为是纳什均衡的一部分。

9.1 完美、完美贝叶斯和序贯均衡

传统的精炼准则可以理解为是对右图博弈所出现的问题之反应。该博弈有两个纳什均衡，Ll 和 Rr。然而，前者包含了不可置信的威胁，因为倘若 Bob 是理性的，那么当他在 ν_B 面临选择时，他肯定会选 r 而不是选 l。若 Alice 认为 Bob 是理性的，她不会认为 Ll 是合理的，而会选择 r，这条路径上 r 是 Bob 的最优反应。

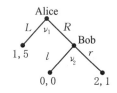

Selten(1975) 将此视为子博弈完美的一个问题（§5.2）。他注意到，如果我们假设总是存在很小的概率使得参与人犯错并在每个信息集选择一个随机行动（即

所谓的颤抖),那么,博弈树的所有节点都必能以正概率被访问,而只有子博弈完美均衡能保留下来。Selten 定义一个均衡 σ 是完美的,条件是,对于任意 $\delta > 0$,存在 $\epsilon > 0$ 使得博弈的各种情况加上小于 ϵ 规模的颤抖在 σ 的 δ 邻域内有一个纳什均衡。显然,在上述博弈中,Rr 是唯一的完美均衡。

这一解决方案的缺陷是,即便颤抖概率为零,Ll 均衡也是不合理的。一种更恰当的均衡精炼方法,即完美贝叶斯均衡(Fudenberg and Tirole, 1991),直接把信念融合到了精炼之中。令 $\mathcal{N}$ 为博弈之信息集的集合。纳什均衡 σ 针对所有 $\nu \in \mathcal{N}$ 确定了行为策略 p_ν(即在 ν 中行动 A_ν 上的概率分布)。评估 μ 被定义为每个信息集 ν 之节点上的概率分布。评估必须与行为策略 $\{p_\nu | \nu \in \mathcal{N}\}$ 一致。"一致"的意思是,给定 σ,若 σ 到达信息集 $\nu \in \mathcal{N}$,而 x 是 ν 中一个节点,则 $\mu(x)$ 必等于到达 x 的概率。给定 σ,在未能到达的信息集上,μ 可以被任意定义。

如果存在一致的评估 μ,使得对于每个参与人 i 和每个由 i 做选择的信息集 ν,利用 μ 在 ν 给出的概率权重,p_ν 可针对 $p_{-\nu}$ 最大化 i 的赢利,则我们就说 σ 是一个完美贝叶斯均衡。[①]

这是一个相当复杂的定义,但直觉上很清晰。一个纳什均衡,若存在一致信念使得每个参与人的选择在每个信息集都是赢利最大化的,则它就是完美贝叶斯均衡。请注意,前述的博弈中,均衡 Ll 并非完美贝叶斯的,因为在 ν_B 上,Bob 从 r 得到的赢利比从 l 得到的赢利要大。

也许,最有影响力的精炼准则,不是子博弈完美,而是序贯均衡(Kreps and Wilson, 1982)。这一准则糅合了完美和完美贝叶斯。序贯均衡方法运用某些失误行为使策略选择发生扰动,并要求博弈出招路径之外(即纳什均衡无法以正概率到达的地方)的信息集上的评估,是扰动博弈在失误率趋于零时的评估之极限,而不是允许博弈出招路径之外有任意的评估。若失误行为被恰当地选择,贝叶斯法则和 σ 一起就在所有节点上唯一地决定了极限评估 μ,当失误率趋于零的时候,它就是一致的评估之极限。如果存在一个极限评估 μ,使得对于每个参与人 i 和每个由 i 做选择的信息集 ν,利用 μ 在 ν 给出的概率权重,p_ν 可针对 $p_{-\nu}$ 最大化 i 的赢利,则我们就说 σ 是一个序贯均衡。

9.2 不可置信的威胁

右图的博弈中,先假定 $a = 3$。对于 Bob 的任意混合策略 σ_B,所有纳什均衡的形式皆为 (L, σ_B)。在 ν_A,Alice 的任何一个推测都会支撑所有的纳什均衡。既然没有哪个纳什均衡会到达 ν_B,也就不存在对 Alice 之推测的限制。在 ν_B,Bob 的推测必对 L 赋予概率 1,那么对 Bob 来说,任何 σ_B 都是对此推

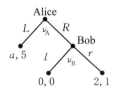

---

① 我们定义 $p_{-\nu}$ 为给定 σ 时在除 ν 之外的其他所有信息集上的行为策略。

测的最优反应。故此,所有(L, σ_B)均衡都满足 LBR 准则。尽管,这些均衡中只有一个是子博弈完美的,但却没有任何均衡牵涉到不可置信的威胁,因而理性的 Bob 也没有理由偏好选择一个策略甚于另一个策略。这就是为何所有均衡皆满足 LBR 准则的原因。

现在,假定图中 $a = 1$。此时纳什均衡是(R, r)和(L, σ_B),这里 $\sigma_B(r) \leqslant 1/2$。Alice 推测 Bob 会选 r,因为在 ν_B,这是唯一可以成为纳什均衡之组成部分的策略。由于 R 是 r 唯一最优反应,所以(L, σ_B)不是 LBR 均衡。Bob 必推测 Alice 会选择 R,因为这是她在达到 ν_B 的纳什均衡中唯一的策略。Bob 的最优反应是 r。故此,子博弈完美均衡(R, r)是唯一的 LBR 均衡。

请注意,上述观点并不要求均衡状态之外的任何信念或者失误分析。只需认知性的考虑即可确保子博弈完美;即,Bob 以正概率选择 l 的纳什均衡是一个不可置信的威胁。

有人可能会争辩说,应该捍卫子博弈完美,因为事实上总是存在很小的概率让 Alice 犯错,而在 $a = 3$ 的情形误选 R。然而,为什么要单单挑出这种可能性来说事?从现实世界的策略互动,一路走到上图所示的博弈,人们对太多可能的不完美视而不见,而它们可能会朝不同方向产生作用。因此,单单挑出一个 Alice 犯错的可能性,太过武断。例如,假设 l 是 Bob 的默认选择,可以想象为决定选择 r 而不是 l 会承担一个小额成本 ϵ_d,并假定观察 Alice 的行为要花费 Bob 成本 ϵ_B。于是新的决策树如图 9.1 所示。

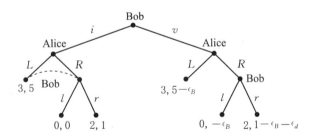

图 9.1 给 Bob 增加无穷小的决策成本

在这个新的局势中,Bob 可以选择不观察 Alice 的选择(i),赢利与以前一样,且 Bob 按默认选择 l。不过,若 Bob 选择观察(v),则他将付出核查成本 ϵ_B,观察到 Alice 的选择,并在她碰巧选择了 R 时转向非默认的 r,且承担成本 ϵ_d。若 Alice 以概率 ϵ_a 选择 R,容易证明,只有在 $\epsilon_A \geqslant \epsilon_B/(1-\epsilon_d)$ 时,Bob 才会选择核查。

因此,LBR 准则对于该博弈来说是一个正确的精炼准则。由于只接受子博弈完美均衡,而不管是否有合理的理由去这样做(例如,牵涉到不可置信威胁的均衡),标准的精炼方法失效了。LBR 抓住了问题的本质,可由如下论断加以表述:存在不可置信威胁的时候,若 Bob 开始选择,他将选择给他带来更高赢利的策略,而 Alice 也深知这一点。所以 Alice 将选择 R 而不是 L 来实现最大化。如果没有不可置信的威胁,Bob 就可以想怎么选就怎么选。

在本章余下的部分,我将在诸多典型的博弈背景中对比 LBR 准则与传统的精炼准则。我将论及 LBR 与传统的精炼方法的不同在于何处,又何以不同,也将论及哪种准则更符合我们对理性博弈招数的直觉。为达阐明之目的,我纳入了一些例子,在这些例子中两个准则表现得一样好。然而,我更主要还是探讨传统准则表现糟糕而 LBR 准则表现良好的例子。实际上,假定我们的直觉就是纳什均衡将被选择,我找不出哪个例子中很可能被其他认知准则强化的 LBR 准则会表现不好。我选择的例子来自 Vega-Redondo(2003)。我用 Vega-Redondo(2003)所有的例子和其他很多例子检验了 LBR 准则,不过这里仅展示少数意味深长的例子。

LBR 准则与传统的精炼准则共享有一个前提假设,即纳什均衡将会被选择;而且,在本章的例子中,我的的确确希望理性参与人选择 LBR 均衡(尽管这一希望并未获得经验证据的支持)。然而,在许多博弈中,比如 Rosenthal 的蜈蚣博弈(Rosenthal,1981),Basu 的旅行者困境(Basu,1994),以及 Carlsson 与 Van Damme 的全局博弈(Carlsson and Damme,1993),我们的直觉和行为博弈理论证据都违背了主体会选择纳什均衡的前提假设。LBR 标准对这些博弈并不适用。

很多博弈有多重 LBR 均衡,其中只有一个严格子集会被理性参与人选择。通常,追加到 LBR 的认知原则会拣选出这个子集。在本章,我使用的是非充分理由原则和本章最后我称作诚实沟通的原则。

9.3 不合理的完美贝叶斯均衡

图 9.2 所示博弈中,所有的纳什均衡都是子博弈完美和完美贝叶斯的,但只有一个均衡是合理的,这也是唯一满足 LBR 准则的均衡。该博弈有两个均衡集。第一个是 $\mathcal{A}$,以概率 1 选择 A 且 $\sigma_B(b)\sigma_C(V)\leqslant 1/2$,其中包括了纯策略均衡 AbU,这里 σ_A,σ_B 和 σ_C 分别是 Alice、Bob 和 Carole 的混合策略。第二个是严格纳什均衡 BbV。在这个例子中,只有后者才是合理均衡。的确,虽然所有的均衡都是子博弈

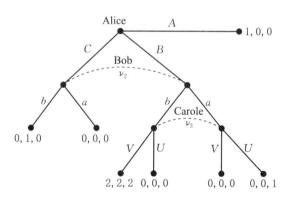

只有均衡 BbV 是合理的,但存在一个连续的纳什均衡集,包括纯策略 AbU 在内,所有的均衡都是完美贝叶斯的。

图 9.2

完美的,因为不存在严格的子博弈,并且若 Carole 认为 Bob 会以至少 2/3 的概率选择 a,则 AbU 是完美贝叶斯的,但它却不是序贯均衡;原因在于,倘若 Bob 开始行动,他会以 1 的概率选择 b,因为在扰动博弈中 Carole 会以正概率选择 V。

对 $\mathcal{A}$ 均衡集之非合理性的前向归纳论证如下。选择 A 可令 Alice 确保赢利为 1。她确保更高赢利的唯一办法是,选择 B,但必须有 Bob 选择 b 且 Carole 选择 V。Carole 很清楚,若她有机会行动,则 Alice 必定选择了 B,又由于选择 b 是有可能保证 Bob 获得正的赢利的唯一途径,故 Bob 必然选择 b,对此 V 将是唯一的最优反应。从而,Alice 推断出,若自己选择 B 可保证得到赢利 2。这就导致了均衡 BbV。

为了运用 LBR 准则,请注意,Bob 和 Carole 在需要他们选择的纳什均衡中(即博弈到达了他们的信息集之一)唯一的行动分别为 b 和 V。从而,Alice 必然推测到这一点,对这一推测的最优反应就是 B。Bob 推测 V,故选择 b,而 Carole 推测 b,故选择 V。因此,只有 BbV 是 LBR 均衡。

9.4 LBR 拣选出序贯均衡

右图描述了另外一个例子,其中不合理的均衡通过了子博弈完美和完美贝叶斯准则,但却被 LBR 准则给排除了;不过在这个例子中,序贯准则和 LBR 准则有同等的功效。除了纳什均衡 Ba 之外,还存在均衡集 $\mathcal{A}$,其中 Alice 以概率 1 选择 A,而 Bob 以至少 2/3 的概率选择 b。集 $\mathcal{A}$ 中的均衡并非序贯的,但 Ba 是序贯的。LBR 准

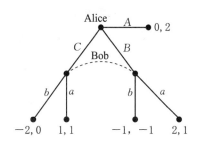

则要求 Alice 推测到,Bob 在其有机会行动时将选择 a,因为这是 Bob 在到达其信息集的纳什均衡中唯一的行动。Alice 对上述推测的唯一最优反应是 B。Bob 必会推测到 B,因为这是到达他的信息集的纳什均衡之组成部分中 Alice 唯一的选择,而 a 是上述推测的最优反应。故此,Ba 是 LBR 均衡,但其他的不是。

9.5 Selten 马:序贯准则 vs. LBR 准则

Selten 马如图 9.3 所示。该博弈表明,序贯准则既不比 LBR 准则更强,也不比 LBR 准则更弱,因为两种准则在这个例子中拣选出了不同的均衡。

纳什均衡存在一个连续统 $\mathcal{M}$,由下式给定:

$$\mathcal{M} = \{(A,\ a,\ p_\lambda\lambda + (1-p_\lambda)\rho) \mid 0 \leqslant p_\lambda \leqslant 1/3\}$$

这里 p_λ 是 Carole 选择 λ 的概率,当然,所有的概率都有等同的赢利($3,3,0$)。纳什均衡还存在另外一个连续统 $\mathcal{N}$,由下式给定:

$$\mathcal{N} = \{(D,\ p_a a + (1-p_a)d,\ \lambda) \mid 1/2 \leqslant p_a \leqslant 1\}$$

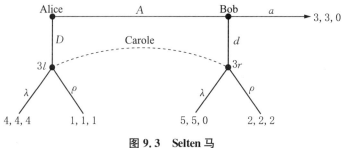

图 9.3 **Selten 马**

这里 p_a 是 Bob 选择 a 的概率,所有概率都有等同的赢利(4，4，4)。

均衡集 $\mathcal{M}$ 是序贯的,但是均衡集 $\mathcal{N}$ 甚至连完美贝叶斯都算不上,因为若 Bob 有机会选择时,其最优反应是 d 而不是 a。所以,标准的精炼准则选择 $\mathcal{M}$ 作为合理的均衡集。

Carole 有机会进行选择的唯一的纳什均衡集是 $\mathcal{N}$,其中她选择 λ。因而,对 LBR 准则而言,Alice 和 Bob 必推测到 Carole 选择 λ。同时,a 是 Bob 在到达其信息集的纳什均衡之组成部分中唯一的选择。故 Alice 必推测到 Bob 选择 a 而 Carole 选择 λ,所以她的最优反应是 D。这就导致了均衡 $Da\lambda$。在 Bob 的信息集,他必推测到 Carole 选择 λ,故 a 是最优反应。从而,均衡构成 $\mathcal{N}$ 中的纯策略 $Da\lambda$ 满足 LBR 准则。

Selten 马是这样的一个例子,LBR 准则在其中拣选出了一个合理的均衡,尽管这个均衡连贝叶斯完美都谈不上,而标准的精炼准则却从 $\mathcal{M}$ 中拣选出了一个不合理的均衡。均衡集 $\mathcal{M}$ 不合理的原因在于,若 Bob 确实有机会选择时,他将推测 Carole 选择 λ,因为那是她在她有行动机会的纳什均衡中唯一的行动,因而违背了 LBR 条件,该条件即选择到达其选择节点的纳什均衡之组成部分中的行动。因为,如果他是理性的,他就会违背 LBR 准则而选择 d,导致最好的赢利(5，5，0)。如果 Alice 推测 Bob 这样做,她会选择 A,最后是一个非纳什均衡结果 $Ad\lambda$。当然,Carole 也能跟上这一思考轨道,她将推测 Alice 和 Bob 会采取非纳什均衡策略,此时她选择非纳什均衡行动 ρ 会令自己处境更好。但是当然,Alice 和 Bob 都会意识到 Carole 会以这种方式推理。如此循环。总之,我们这里获得了一个例子,在这个例子中序贯均衡是不合理的,但却存在非纳什均衡选择与 LBR 准则拣选出的纳什均衡同样合理。

9.6　Spence 信号模型

图 9.4 展示了著名的 Spence 信号模型(Spence，1973)。Alice 既有 $p = 1/3$ 的概率是低素质工人(L),也有 $p = 2/3$ 的概率是高素质工人(H)。只有 Alice 自己知道其素质高低。Bob 是一个雇主,可提供两类工作,一类工作提供给非熟练工(U),另一类工作提供给熟练工(S)。若 Bob 能将雇员的素质与岗位技能要求相匹

配,其利润为 10;否则,其利润为 5。Alice 可以投资于教育(Y)或者不投资于教育(N)。教育并不提高 Alice 的技能,但是若 Alice 是低素质的,则教育将花费掉她 10,而如果她是高素质的,则她可分毫不花。因此教育纯粹是一个信号,很可能表明 Alice 的类型。最后,技能岗比非技能岗多支付报酬 6,在非技能岗位上,未受教育的高素质工人比未受教育的低素质工人可多赚得 2,而非技能岗位上低素质、未受教育的工人之基本工资为 12。由此形成的赢利如图 9.4 所列示。

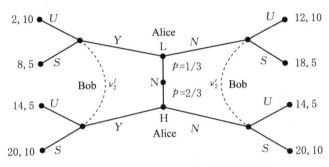

图 9.4　LBR 准则拒绝不合理的混同均衡

上述模型存在一个分离均衡,其中 Alice 只有在她是高素质时才接受教育,而 Bob 把接受过教育的工人分派到技能岗位上,把没受过教育的员工分派到非技能岗位上。在此均衡中,Bob 的利润为 10,而 Alice 的赢利在获悉其素质高低之前为 17.33,现在低素质工人赚 12,而高素质工人可赚 20。还存在一个混同均衡,其中 Alice 根本不接受教育,而 Bob 把所有工人分派到技能岗位。的确,策略 SS(分派所有工人到技能岗位)和 SU(分配未受教育的工人到技能岗位,而受过教育的到非技能岗位)的任意组合是 Bob 在混同均衡中的最优反应。在此均衡中,Bob 赚 8.33 而 Alice 赚 19.33。然而,该均衡中未受教育的工人赚 18 而熟练工人赚 20。

两个均衡集是序贯的。对于混同均衡,考虑一个纯粹的混合策略组合描述 σ_n,其中 Bob 以概率 $1-1/n$ 选择 SS。对大数 n,Alice 最优反应是不要接受教育,处于 Bob 右手边信息集 ν_r 上方节点 a_t 的近似概率大约为 1/3。从极限上说,当 $n \to \infty$ 时,根据贝叶斯更新方法计算出的 ν_r 上的概率分布为 $(1/3, 2/3)$。无论左手方的信息集 ν_l 上的极限分布如何(注意,我们总是可以确保此类概率分布的存在),我们都能得到一致的评估,在该评估中 SS 是 Bob 的最优反应。因此混同均衡是序贯的。

对于分离均衡,假设 Bob 选择纯粹的混合策略 σ_n,以概率 $1-1/n$ 选择 US(分派受教育的工人到非技能岗位,而受过教育的工人到技能岗位)。Alice 的最优反应是 NY(只有高素质的 Alice 才接受教育),故在 ν_r 上贝叶斯更新计算的概率几乎把所有的权重都赋予上方的节点,而在 Bob 左手边的信息集 ν_l,所有的权重几乎都赋予下方的节点。在这一极限状态,我们有一致的评估,在该评估中 Bob 认为只有高素质工人才会接受教育,给定这种信念分离均衡是 Bob 的最优反应。

两个纳什均衡集都规定了 Bob 在信息集 ν_B' 选择 S，故 Alice 必推测到这一点，而 Alice 在 L 会选择 N，故 Bob 必推测到这一点。容易验证，(NN, SS) 和 (NY, US) 因而都满足 LBR 准则。

9.7　非相关的节点增加

Kohlberg 和 Mertens(1986)运用图 9.5 以 $1 < x \leqslant 2$ 表明，博弈树中一个非相关的变化可以改变序贯均衡集。我们用该博弈来说明，LBR 准则在两个板块中都可选出合理的均衡，尽管序贯准则要达到这步就必须增加一个"非相关的"节点，如图 9.5 右边板块所示。该情形中合理的均衡是 ML，这是序贯均衡。不过，左边板块中 TR 也是序贯均衡。要明白这一点，不妨令 $\{\sigma_A(T), \sigma_A(B), \sigma_A(M)\} = \{1 - 10\epsilon, \epsilon, 9\epsilon\}$ 以及 $\{\sigma_B(L), \sigma_B(R)\} = \{\epsilon, 1 - \epsilon\}$。这分别收敛到 T 和 R，且位于 ν_2 左边节点的条件概率为 0.9，故 Bob 的混合策略就是距离最优反应的距离 ϵ。然而，在右边板块，对于 Alice 来说，M 严格占优于 B，故 TR 不再是序贯均衡。

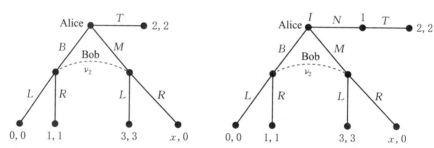

对于 $1 < x \leqslant 2$ 唯一合理的均衡是 ML，它是序贯均衡且满足 LBR 准则。然而，不合理的均衡 TR 在左边板块中是序贯均衡，在右边板块中加入一个非相关节点后却不再是。

图 9.5

要运用 LBR 准则，请注意，允许 Bob 进行选择的唯一纳什均衡就是 ML，它给 Alice 带来赢利 3，相比之下选择 T 的赢利为 2。因此，推测到这一点，Alice 会给予 Bob 以选择机会来最大化自己的赢利；即，ML 是唯一的 LBR 均衡。

9.8　不适当的序贯均衡

考虑右图的博弈。存在两个纳什均衡：Fb 和 Aa。两者都是序贯均衡，因为，若 Alice 打算选择 F，如果误选 B 的概率大于误选 A 的概率，则选 b 是 Bob 的最优反应。相反，若误选 A 的概率大于误选 B 的概率，选 a 是 Bob 的最优反应。既然选 B 对 Alice 来说是代价更高的错误，适当均衡概念

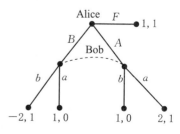

假定它的发生相对于错误选 A 来说要罕见得多，则 Bob 在其开始行动时应选 a，故

Alice 就应该选择 A。因此，根据 Myerson(1978)的准则，Aa 是唯一的适当均衡。

要发现 Aa 是该博弈唯一的 LBR 均衡，请注意，能达到 Bob 的信息集的唯一的纳什均衡是 Aa。因而 LBR 准则规定了 Alice 推测 Bob 会选择 a，对此其最优反应是 A。

读者会注意到，与适当性准则相比较，这里对 Aa 的判断是如此简单明了！而适当性准则还需要关于颤抖趋向零时失误率的重要性排序之假设。

9.9 二阶前向归纳

图 9.6 描述了由 Ben Porath 和 Dekel(1992)分析过的著名的烧钱博弈，揭示了二阶前向归纳。通过"烧钱"（金额为 1），Alice 可确保赢利 2，故倘若她不烧钱，说明她必定指望得到高于 2 的赢利。这诱使 Alice 的"性别战"对手采取有利于她的行动，给她带来赢利 3。

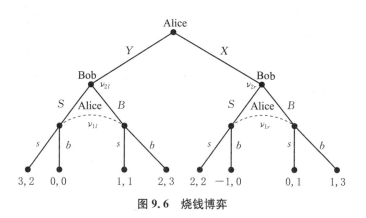

图 9.6 烧钱博弈

纳什均衡集可描述如下。第一个均衡集即 $\mathcal{YB}$，其中 Alice 选择 Yb（不烧钱并做选择有利 Bob 的选择），而 Bob 选择 BB（无论 Alice 怎么选自己都有 B）和 SB（若 Alice 选 X 则自己选 S，若 Alice 选 Y 则自己选 B）之任意混合。这一均衡集代表了有利于 Bob 的帕累托最优赢利。第二个均衡集是 $\mathcal{YS}$，其中 Alice 选择 Ys（不烧钱但做有利于 Alice 的选择），而 Bob 选择 BS（针对 X 选 B 而针对 Y 选 S）和 SS（无论如何都选 S）之任意混合。这一均衡集代表了有利于 Alice 的帕累托有效赢利。第三个均衡集是 $\mathcal{XS}$，其中 Alice 选择 Xs，而 Bob 选择 SB 和 SS 的任意混合策略组合，其中选择 SB 的概率 $\geqslant 1/2$。这是有利于 Bob 的烧钱的帕累托次劣性别战均衡。第四个均衡集是 $\mathcal{M}$，其中 Alice 先选择 Y 然后选择 $(1/4)b+(3/4)s$，而 Bob 选择可以导致行为策略 $(3/4)B+(1/4)S$ 的任意混合策略。二阶前向推理拣选出 $\mathcal{YS}$。

所有均衡都是序贯的，都是从两个不同的剔除弱占优策略的顺序中得到的。Bob 可在 ν_{2l} 做选择的唯一纳什均衡涉及在此选 S。故 Alice 会推测到这一点，并清楚自己兼容于 ν_{2l} 的最优反应是 Xs，这给她带来赢利 2。有三个纳什均衡集中 Alice

会选择 Y。其一,她选择 YB 而 Bob 选择 B,给她带来赢利 2。其二,她选择 Ys 而 Bob 选择 S,给她带来赢利 3。其三,Alice 和 Bob 选择性别战混合策略均衡,Alice 得到赢利 3/2。上述均衡中任何一个都兼容于如下信念,即在这些均衡中 Bob 会选择纳什均衡策略。故 Alice 的最高赢利可采用 Ys 来达到。因为 Y 明明白白包含于 Alice 选择 Ys 的纳什均衡中,也能给 Alice 带来比之其他采用 X 的纳什均衡更高的赢利,那么当 Bob 在 v_{2r} 行动时,LBR 准则确保他会推测到这一点,因而 S 就是其最优反应。从而,Alice 必推测到 Bob 会在自己选择 Y 时选择 S,而对此 Ys 是唯一的最优反应。故此,YSs 是唯一的 LBR 均衡。

9.10 不考虑直觉标准的啤酒和蛋卷博弈

图 9.7 描述的,也许是讨论均衡精炼中信念之重要性的最负盛名的例子,即 Cho 和 Kreps(1987)的"真汉子不吃蛋卷"博弈。它也揭示了众所周知的直觉准则,这一准则与序贯准则互补。不过,LBR 准则可以拣选出合理的均衡,而无需求助任何额外的准则。

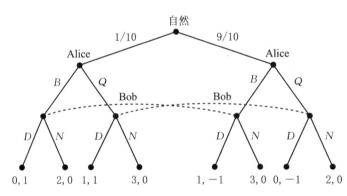

图 9.7 "真汉子不吃蛋卷"博弈

该博弈有两个(混同)纳什均衡集。第一个是 Q,其中 Alice 选择 QQ(若软弱则选 Q,若强硬也选 Q),而 Bob 选择任何 DN(针对 B 选择 D 而针对 Q 选择 N)和 NN(无论如何都选择 N)的任意混合,其中对 DN 赋予的权重至少为 1/2。Alice 的赢利为 21/10。第二个是 B,其中 Alice 选择 BB(若软弱则选 B,若强硬也选 B),而 Bob 选择任何 ND(针对 B 选择 N 而针对 Q 选择 D)和 NN 的任意混合,其中对 ND 赋予的权重至少为 1/2。Alice 的赢利为 29/10。

Cho 和 Kreps(1987)的直觉准则注意到,Alice 选择 QQ 将获得 21/10,而选择 BB 则获得 29/10。因此一个理性的 Alice 将选择 BB。为了找出 LBR 均衡,我们注意到,均衡集 B 和 Q 都满足第一个 LBR 条件。而且对 Alice 而言,B 相对于 Q 明明白白有着更高的赢利,因此唯一的 LBR 均衡就是 B。

9.11 不合理的完美均衡

图 9.8 的博弈取自 McLennan(1985)，有一个严格的纳什均衡在 RlU 路径上，以及一个序贯均衡 $\mathcal{L}$ 的区间，其形式 Lr 和至少 3/4 的概率选 D。由于种种原因，均衡集 $\mathcal{L}$ 是"非直观的"。可能最简单的原因就是前向归纳。假设 Carole 有机会行动，无论是 Alice 选择了 R 还是 Bob 选择了 l。在前一种情况，Alice 必预料 Carole 会选择 U，故她的赢利将是 3 而不是 2。如果 Bob 行动，他必选择了 l，此种情况下他必定也预料 Carole 会选择 U，这样其赢利就是 2 而不是 1。于是，U 是 Carole 唯一的合理行动。

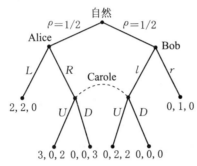

完美不易感知，但 LBR 却容易感知。

图 9.8

对于 LBR 准则，请注意 $\mathcal{L}$ 已被排除，因为到达 Carole 信息集的唯一纳什均衡以概率 1 选择 U。然而，RlU 均衡却可满足 LBR 准则。

9.12 非充分理由原则

右图描述的博弈由 Jeffery Ely（在私人交谈中）提出，该博弈唯一的纳什均衡集构成一个连续统 $\mathcal{A}$，其中 Alice 选择 A，而 Bob 以概率 $\sigma_B(a) \in [1/3, 2/3]$ 选择 a，这使得 Alice 的赢利为 0。另有两个均衡 Ca 和 Bb，并且 Alice 的信息集上存在与每个均衡一致的状态。在 Bob 的选择

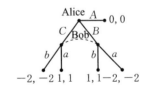

信息集上，对 Alice 的所有推测 σ_A 若 $\sigma_A(A) < 1$ 则是可行的。因此，所有的纳什均衡都是 LBR 均衡。然而，根据非充分理由原则和问题的对称性，若 Bob 有机会行动，其每个行动似乎都差不多。因此，对 Alice 来说，唯有假定 $\sigma_B(a) = \sigma_B(b) = 1/2$ 是合理的，对此则只有 A 才是 Alice 的最优反应。

9.13 诚实沟通原则

容易验证，右图协调博弈有三个纳什均衡，均满足传统的精炼准则，也都是

LBR 均衡。然而，很明显，对理性参与人来说，只有 Ll 是合理的均衡。该均衡的一个正当理由是，若我们追加一轮预先的沟通，若每个参与人沟通后承诺采取特定的行动，并且每个人相信诚实沟通原则（据此每个参与人将会遵守诺言，除非他们能从背叛诺言或背叛信任中获得好处），那么每个参与人都将承诺选择 L 或 l，并且会信守诺言。

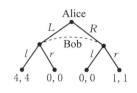

9.14 归纳：前向是稳健的，后向是脆弱的

LBR 准则是精炼准则的完善，它将使其他标准的精炼准则成为多余。不过，LBR 准则并非标准博弈推理的障碍。若博弈有唯一的纳什均衡，它将既是子博弈完美均衡也是 LBR 均衡。若博弈有存在不可置信威胁的非子博弈完美的均衡，它也就不可能是 LBR 均衡，因为在 LBR 均衡中，参与人从来不会推测不可置信的威胁。在重复博弈中，参与人在其到达的每个信息集如 LBR 准则所要求那样谋求最大化，这个主张是合理的。我们无需寻求序贯均衡概念的额外包袱来使这一假设正当化。

LBR 提供了严谨的富有洞察力的均衡精炼准则。而且，它澄清了"直觉上合理的"均衡的意思，即它是这样一个均衡：在该均衡中参与人将推测到其他参与人会采取作为纳什均衡组成元素的行动，并在这种推测的约束下选择自己的行动最大化其赢利。

▶ 10

人类社会解析

那时,全世界只有一种语言。人们说:"来吧,让我们建一座自己的城和一座通天之塔。"上帝说:"看哪,他们是一样的人,有一样的语言。那他们就没有什么做不成的。我们下去,混淆他们的语言。"上帝使人们分散在地球上,他们也就停工不造那城了。

《创世纪 11:1》

经济交易是一个已经解决的政治问题。选择已经解决的政治问题作为其研究领域,使经济学获得了社会科学之皇后的美冠。

Abba Lerner

10.1 解释合作:概述

人们常说,社会学讨论合作而经济学则论述竞争。但博弈论表明,合作与竞争既不是不同的,也不是对立的。合作涉及不同利益主体的信念和动机之调整,群体间的竞争需要群体内的合作,而个体间的竞争亦可使彼此获益。

经济理论的一个主要目标,是证明自虑个体之间大规模合作的合理性。在早期,这主要关注于一般市场均衡的瓦尔拉斯模型,以著名的福利经济学基本定理达到顶峰(Arrow and Debreu,1954;Debreu,1959;Arrow and Hahn,1971)。然而,该定理的关键假设,即交易双方可以在零交易成本下进行交易,通常不能成立(Arrow,1971;Bowles and Gintis,1993;Gintis,2002;Bowles,2004)。

博弈论革命用重复博弈模型取代了关于外在实施的信任,在重复博弈模型中,合作者对背叛者的惩罚可保证自虑个体之间的合作。的确,当博弈G由同样的参与人重复无限次,许多跟有限博弈(§5.1,5.7,4.11)有关的反常现象都会消失不见。而且,重复博弈出现的纳什均衡并非G的纳什均衡。这些均衡的精确性质是无名氏定理(§10.3)的议题,该定理表明,当自虑的个人是贝叶斯理性的,具有足够长的时间视界,并存在充分的关于谁守矩谁违规的公开信息,则有效率的社会合作将可以在广泛多样的情形中达成。

无名氏定理要求,每个参与人采取的每个行动都要承载一个信号传达到其他参与人。若所有参与人接收到同一个信号,我们就说这个信号是公开的。若信号精确地披露了参与人的行动，我们就说该信号是完美的。首个广义无名氏定理无需依赖不可置信的威胁，它由 Fudenberg 和 Maskin(1986) 针对完美公开信号的情形予以证明。

若信号有时会误报参与人的行动，我们就说该信号是不完美的。不完美的公开信号，对所有参与人将披露同样的信息，只不过有时是不准确的信息。无名氏定理由 Fudenberg、Levine 和 Maskin(1994) 拓展到不完美公开信号的情形，我们将在 §10.4 予以分析。

若不同参与人接收到不同信号，或者有些人根本没接收到任何信号，我们就说信号是私有的。私有信号的情形业已表明远比公开信号情形令人棘手，不过，对于私有但近似公开信号(即对公开信号有任意小 ϵ 偏离的那些信号)下的无名氏定理，已由几个博弈理论家提出来，包括 Sekiguchi(1997)、Piccione(2002)、Ely 和 Välimäki(2002)、Bhaskar 和 Obara(2002)、Hörner 和 Olszewski(2006)、以及 Mailath 和 Morris(2006)。很难估计这些无名氏定理的信息要求有多么重要，因为一般的定理都是针对"足够小的 ϵ"予以证明的，并未对所涉及的实际重要状况进行讨论。

一旦考虑到博弈的规模，达成有效合作所需的信号质量这一问题就特别重要。通常，无名氏定理甚至从未提及参与人数量，而在现实生活的大多数情形下，参与合作努力的人越多，"合作 vs. 背叛"信号的平均质量就越低，因为无论群体有多大，参与人一般都只能高度精确观察到少数其他成员。我们将在 §10.4 探讨这个问题，运用 Fudenberg、Levine 和 Maskin(1994) 的公共品博弈框架(§3.9)来阐述这一问题；在很多方面，公共品博弈是人类合作的典型背景。

10.2　重返 Bob 和 Alice

假设 Bob 和 Alice 进行右图所示的因徒困境博弈。在单次博弈中，只有一个纳什均衡，其中双方都背叛。然而，假设同样的参与人在 $t = 0, 1, 2, \cdots$ 进行博弈，

	C	D
C	5, 5	$-3, 8$
D	8, -3	0, 0

那么这就是一个新的博弈，即所谓的重复博弈，其中每个参与人的赢利是贴现因子 $\delta (0 < \delta < 1)$ 赋权后的各期赢利累加而成。我们称每个单次博弈为重复博弈的阶段博弈，其中每一期参与人都可以根据以前阶段的完备历史来选择行动。先选择合作，直到某个事件发生便转向不同的策略，在接下来的博弈中锁定在背叛并可能因而伤害对手，这样的策略叫做触发策略。

请注意，如果我们假设参与人对未来并不贴现，但在每一期，博弈还要至少进行一期的概率为 δ，那我们仍有完全一样的分析。一般来说，我们可以把 δ 视为贴现因子和博弈延续概率的某种组合。

我们证明，合作解 (5, 5) 可以作为子博弈完美纳什均衡而被达到，条件是，δ 充分地接近 1，且每个参与人都采用触发策略，只要他人合作则自己就合作，一旦他

人在某一轮背叛则自己就永远背叛。要明白这一点，不妨考虑重复博弈中特定参与人的即期报酬和将来报酬都为 1，而贴现因子为 δ。令 x 为该博弈对参与人的价值。若参与人当期得到 1，则下一期就采取完全相同的招数。由于下一期的博弈价值为 x，其现值就是 δx。从而有 $x = 1 + \delta x$，故 $x = 1/(1-\delta)$。

现在，假设对阵主体双方皆采取触发策略。那么，每一方赢利皆为 $5/(1-\delta)$。假设一方参与人使用另一种策略。这必涉及合作一定的期数（很可能是 0 期）然后永远背叛；一旦该参与人背叛，其对手将永远背叛，对此最优的反应也是永远背叛。考虑博弈从时刻 t 参与人首次背叛。不失一般性，我们令 $t = 0$。背叛者可立即获得 8，但此后就一无所获。于是，当且仅当 $5/(1-\delta) \geqslant 8$ 或 $\delta \geqslant 3/8$，合作策略可形成纳什均衡。当 δ 满足上述不等式时，触发策略对也是子博弈完美的，因为双方都永远背叛的情形是纳什子博弈完美的。

上述方法让我们就此问题获得了一个漂亮的解，但事实上，该博弈还存在着诸多其他的子博弈完美纳什均衡。例如，Bob 和 Alice 可以按如下方式权衡彼此的背叛。考虑 Alice 如下的触发策略：只要 Bob 轮流采取 D，C，D，$\cdots$，则自己就轮流采取 C，D，C，$\cdots$；一旦 Bob 背叛这一模式，自己就永远背叛。假设 Bob 采用与此互补的策略：只要 Alice 轮流采取 C，D，C，$\cdots$，自己就轮流采取 D，C，D，$\cdots$；一旦 Alice 偏离上述模式，自己就永远背叛。当 δ 足够接近 1 时，上述两个策略构成一个子博弈完美纳什均衡。

为了明白这一点，请注意，Alice 现在的赢利是 -3，8，-3，8，$\cdots$，而 Bob 的赢利是 8，-3，8，-3，$\cdots$。令 x 为 Alice 的赢利，Alice 眼下得到 -3 而在下一期得到 8，然后又重复开始从眼下起始的两期博弈。于是有，$x = -3 + 8\delta + \delta^2 x$。解此方程，我们有 $x = (8\delta - 3)/(1 - \delta^2)$。另一个策略是 Alice 在某个时刻背叛，最有利的背叛时刻是轮到她得到 -3 的时候，但此后所有的未来时期中她只能得到 0。从而，当且仅当 $x \geqslant 0$，等价于 $8\delta - 3 \geqslant 0$ 或 $\delta \geqslant 3/8$，合作将构成纳什均衡。

对于非常不平等的均衡之例子，不妨假设 Bob 和 Alice 均同意 Bob 采取 C，D，D，C，D，D，$\cdots$，在任何 Bob 被认为要选择合作的时候，Alice 都选择背叛，反之亦然。给定 Bob 和 Alice 均遵循自己的策略，令 ν_B 为博弈轮到 Bob 合作时他的赢利。则我们有：

$$\nu_B = -3 + 8\delta + 8\delta^2 + \nu_B \delta^3$$

解此方程，得到 $\nu_B = (8\delta^2 + 8\delta - 3)/(1 - \delta^3)$。Bob 背叛的价值是眼下得到 8 而此后永远得到 0，因此，满足 Bob 合作的最小贴现因子就是方程 $\nu_B = 8$ 的解，可得到 $\delta \approx 0.66$。现在，令 ν_A 为博弈轮到 Alice 合作时她的赢利，假定她和 Bob 都遵循自己的策略，则我们有：

$$\nu_A = -3 - 3\delta + 8\delta^2 + \nu_A \delta^3$$

由此可得 $\nu_A = (8\delta^2 - 3\delta - 3)/(1 - \delta^3)$。Alice 背叛而不是合作的价值，就是她第一次这么做时获得的 $\nu_A = 8$，我们可由此解出 δ，得到 $\delta \approx 0.94$。根据这一贴现率，博

弈给 Alice 带来的价值为 8,但 $\nu_B \approx 72.47$,故 Bob 所得超过了 Alice 的 9 倍。

10.3 无名氏定理

之所以叫无名氏定理,是因为没有人知道是谁最先把它提出来——它只是博弈论的民间智慧中的一部分。我们先用一个例子对无名氏定理做出简明扼要的分析,然后在下一节才予以更完善的讨论。

考虑 §10.2 中的阶段博弈。它存在一个子博弈完美纳什均衡,其中每个参与人都得到零。而且,基于该阶段博弈的重复博弈中,没有哪个参与人会被迫接受负的赢利,因为只要出招 D 就可确保至少得到零。此外,假如参与人可协商同意每人都采取混合策略,则图 10.1 中 $OEABCF$ 区域内任何一点都可在阶段博弈中实现。要了解这一点,请注意,若 Bob 以概率 α 选用 C 而 Alice 以概率 β 选用 C,那么期望赢利对就是 $(8\beta - 3\alpha, 8\alpha - 3\beta)$,这刻画出了 $\alpha, \beta \in [0, 1]$ 时四边形 $OEABCF$ 内的每一点。但只有 $OABC$ 中的点,才会优于全都背叛的均衡 $(0, 0)$。

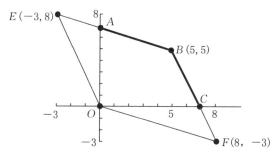

$OABC$ 区域内任何一点,作为重复博弈之子博弈完美均衡的平均每期赢利,均可以得以维持。该重复博弈以 §10.2 中的阶段博弈为基础。

图 10.1 无名氏定理

考虑基于 §10.2 阶段博弈 $\mathcal{G}$ 的重复博弈 $\mathcal{R}$。无名氏定理认为,在参与人可获得合作/背叛信号的适当条件下,给定每个参与人的贴现因子充分接近 1,$OABC$ 区域内任何一点作为 $\mathcal{R}$ 的子博弈完美均衡之平均每期赢利,皆可以得以维持。

更正规地讲,考虑一个 n 人博弈,对于 $i = 1, \cdots, n$ 存在有限策略集 S_i,故博弈的策略组合集为 $S = \prod_{i=1}^{n} S_i$。参与人 i 的赢利是 $\pi_i(s)$,这里 $s \in S$。对任意 $s \in S$,我们记 s_{-i} 为 s 中除掉第 i 个元素后得到的向量,且对任意 $i = 1, \cdots, n$,我们记 $(s_i, s_{-i}) = s$。对某个给定的参与人 j,假定其他参与人选择策略 m^j_{-j} 可使 j 的最优反应 m^j_j 给 j 带来尽可能低的博弈赢利。我们把策略组合 m^j 的结果称作对 j 的极大惩罚赢利。这样,$\pi_j^* = \pi_j(m^j)$ 就是 j 在其他人"合伙整他"时的赢利。我们称:

$$\pi^* = (\pi_1^*, \cdots, \pi_n^*) \tag{10.1}$$

为博弈的极小极大点。现在定义：

$$\Pi = \{(\pi_1(s), \cdots, \pi_n(s)) \mid s \in S, \pi_i(s) \geqslant \pi_i^*, i = 1, \cdots, n\}$$

故 Π 是阶段博弈中的策略组合集，对于每个参与人，其赢利至少与极大惩罚赢利一样。

对于贴现因子为 δ 的重复博弈 $\mathcal{R}$，上述构造描述其阶段博弈 $\mathcal{G}$。若 $\mathcal{G}$ 在 $t = 0$，$1, 2, \cdots$ 时期进行，若参与人使用的策略组合序列为 $s(1), s(2), \cdots$，那么参与人 j 的赢利为：

$$\widetilde{\pi}_j = \sum_{t=0}^{\infty} \delta^t \pi_j(s(t))$$

我们姑且假定，信息是公开并且完美的，这样，当某个参与人在某些时期背离了某些议定的行动，披露这一后果的信号就会以 1 的概率传达到每个参与人。若参与人可以使用混合策略，则通过每个参与人在每期使用同样的混合策略，Π 中的任意一点都可作为 $\mathcal{R}$ 的赢利得到实现。然而，若信号表明与严格混合策略均衡相背离，那么如何可以理解这一信号，这一点尚不清楚。确保此类信号存在的最简单的假设是，有一个可被所有参与人观察到的公开随机化机制，给定参与人同意使用特定的混合策略，他们将根据公开随机化机制来决定其纯策略。例如，可假想该随机化机制是一个手指一碰便可旋转的指针罗盘。那么，某个参与人就可在罗盘周边标记出许多的分区，每个分区大小与该参与人使用每个纯策略的概率成比例，而每个纯策略使用的概率则由该参与人所使用的混合策略给定。在每一期，每个参与人都碰一下指针，并选择对应的纯策略，上述行为会被信号机制精确地记录下来，结果会传达到所有参与人。

有了上述定义，我们便有如下结果，对于 $\pi \in \Pi$，$\sigma_i(\pi) \in \Delta S_i$ 将参与人 i 的混合策略，使得 $\pi_i(\sigma_1, \cdots, \sigma_n) = \pi_i$。

定理 10.1　无名氏定理　假设参与人有公开随机化机制，且表示每个人合作或背叛的信号是公开而完美的，那么，对于任意 $\pi = (\pi_1, \cdots, \pi_n) \in \Pi$，若 δ 充分接近 1，则重复博弈存在一个纳什均衡使得 π_j 是 j 在每一期的赢利，$j = 1, \cdots, n$。该均衡可以实现，条件是：只要所有参与人从未获得背叛的信号，则每个参与人 i 都采用 $\sigma_i(\pi)$，一旦 j 首次被发现背叛，则每个 i 在未来所有时期中都采取极小极大策略 m_i^j。

上述定理背后的思想很简单。对于任何这样的 $\pi \in \Pi$，每个参与人 j 采用策略 $\sigma_j(\pi)$ 将在每期获得赢利 π，给定其他参与人也这样做的话。然而，若某个参与人背叛，则其他所有参与人将永远采用对 j 实施极大惩罚赢利的策略。由于 $\pi_j \geq \pi_j^*$，参与人 j 将不能从背离 $\sigma_j(\pi)$ 中获得好处，故该策略组合就是一个纳什均衡。

当然，除非策略组合 $(m_1^j, \cdots, m_n^j)$ 对每个 $j = 1, \cdots, n$ 都是纳什均衡，否则，哪怕一次极小极大的惩罚都是不可置信的威胁，更不用说永远惩罚了。不过还好，我们的确有如下定理。

定理 10.2 子博弈完美的无名氏定理。假设 $y = (y_1, \cdots, y_n)$ 是潜在的单次博弈中的纳什均衡之赢利向量,且对于 $i = 1, \cdots, n$ 有 $\pi \in \Pi$ 且 $\pi_j \geq y_i$。那么,若 δ 充分接近1,则重复博弈存在一个子博弈完美均衡,使得 π_j 是 j 每个时期的赢利,$j = 1, 2, \cdots, n$。

要明白这一点,请注意,对于任意这样的 $\pi \in \Pi$,每一个参与人 j 使用策略 s_j,给定其他参与人也这样做,则 j 每期获得赢利为 π。然而,一旦某个参与人背离,所有参与人都将采用赢利向量为 y 的策略。

10.4 不完美公开信息下的无名氏定理

由 Fudenberg、Levine 和 Maskinl(1994)提出的一个重要模型,将无名氏定理扩展到了存在公开不完美信号的诸多情形。尽管他们的模型并未讨论 n 人公共品博弈,我们将在此证明,该博弈的确满足上述定理的适用条件。

我们将看到,对于任何意愿的合作水平(我们以此表示想要的而非实现的合作水平),对于任何群体规模 n,以及对于任何失误率 ϵ,存在一个充分接近1的 δ 使得该合作水平可以实现;在这个意义上,该例子中无名氏定理的明显威力来自于,令贴现因子 δ 最终趋于1。不过,给定 δ,当 n 和 ϵ 相对较小时,合作水平可能会相当低。在本节,我们自始至终假设信号不完美的形式是:参与人会偶然以概率 ϵ 背叛,因而无法给群体带来好处 b,尽管他们付出了成本 c。

Fudenberg、Levine 和 Maskin 的阶段博弈由参与人 $i = 1, \cdots, n$ 组成,每人皆有有限的纯行动集 $a_1, \cdots, a_{mi} \in A_i$。向量 $a \in A \equiv \prod_{j=1}^{n} A_j$ 叫做纯行动组合。对于每个组合 $a \in A$,存在着 m 个可能的公众信号 Y 之上的概率分布 $y | a$。参与人 i 的赢利只取决于自己的行动和公开信号。给定组合 $a \in A$,若 $\pi(y|a)$ 是 $y \in Y$ 的概率,则 i 从 a 得到的期望赢利就由下式给出:

$$g_i(a) = \sum_{y \in Y} \pi(y \mid a) r_i(a_i, y)$$

混合行动和组合,及其赢利,按常见方式定义并以希腊字母表示,故 α 是一个混合行动组合且 $\pi(y|\alpha)$ 是混合行动 α 产生的概率分布。

请注意,在简单公共品博弈的情况中,每个参与人可承担个人成本 c 而为他人产出 b 来进行合作,每个人的行动由两个元素 $\{C, D\}$ 组成。我们将假定参与人只选择纯策略,那么以1表示选择 C 而0表示选择 D 就很方便。令 A 是 n 个0和1字符串的集合,代表 n 个参与人可能的纯策略组合,第 k 项代表第 k 个参与人的选择。令 $\tau(a)$ 是 $a \in A$ 中1的数目,记 a_i 为 $a \in A$ 中第 i 项。对任意 $a \in A$,随机变量 $y \in Y$ 表示了关于 $a \in A$ 的不完美公开信息。我们假定背叛信号会精确发出,但意愿的合作有 $\epsilon > 0$ 的概率失败并以背叛的面孔出现。令 $\pi(y \mid a)$ 为实际策略组合是 $a \in A$ 时参与人接收到信号 $y \in A$ 的概率。显然,若对于某个 i 有 $y_i > a_i$,则 $\pi(y \mid a) = 0$。否则有:

$$\pi(y \mid a) = \epsilon^{\tau(a)-\tau(y)} (1-\epsilon)^{\tau(y)}, \text{对于 } \tau(y) \leq \tau(a) \qquad (10.2)$$

选择 a_i 而接收到信号 y 的参与人 i 的赢利,由 $r_i(a_i, y \mid a) = b\tau(y)(1-\epsilon) - a_i c$ 给出。参与人 i 的期望赢利刚好是:

$$g_i(a) = \sum_{y \in Y} \pi(y \mid a) r_i(a_i, y) = b\tau(a)(1-\epsilon) - a_i c \qquad (10.3)$$

回到重复博弈,我们假定每个时期 $t = 0, 1, \cdots$,阶段博弈以公共产出 $y^t \in Y$ 进行。因而序列 $\{y^0, \cdots, y^t\}$ 是博弈沿着时间 t 的公开历史,并且我们假定在时刻 t 采用的策略组合 $\{\sigma^t\}$ 仅仅取决于这一公开历史(Fudenberg、Levine 和 Maskin 证明,允许行为主体以其先前的私人历史组合为条件选择行动并不会增加任何额外的均衡赢利)。我们称公开策略组合 $\{\sigma^t\}$ 为完美公开均衡,条件是:对于任何时刻 t 以及任何到达 t 期的公开历史,规定的策略组合对于自该点以降余下的博弈来说是一个纳什均衡。因此,公开完美均衡是由公开策略组合所实施的子博弈完美纳什均衡。于是参与人 i 的赢利就是每个阶段博弈赢利之贴现总和。

参与人 i 的极小极大赢利是,当所有其他参与人联合起来选择使 i 的极大化赢利极小化的策略组合时,i 可以获得的最大赢利,参见方程(10.1)。在公共品博弈中,每个参与人的极小极大赢利都是零,因为其他参与人最坏的做法不外乎就是背叛,对此 i 的最优反应是自己也背叛而得到赢利零。令 V^* 为支配每个参与人极小极大赢利的阶段博弈赢利凸包。有意合作并付出成本 c(这是其他参与人不可知的)的参与人以概率 $\epsilon > 0$ 失败而不能带来好处 b(这是所有参与人都可知的)。在二人情形下,V^* 是图 10.2 中四边形 $ABCD$,这里 $b^* = b(1-\epsilon) - c$ 是大家都合作时某个参与人的预期赢利。

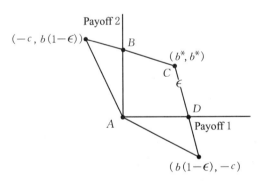

图 10.2 二人公共品博弈

从而 Fudenberg、Levine 和 Maskin(1994)的无名氏定理如下。[1]我们称 $W \subset V^*$ 是光滑的,如果 W 闭且凸,有非空内点,并满足每个边界点 $v \in W$ 有唯一相切的切超平面 P_v,P_v 随 v 连续变化(例如,中心在 V^* 内部的闭球)。那么,如果 $W \subset V^*$ 光滑,则存在一个 $\underline{\delta} < 1$ 使得 $\underline{\delta} \leq \delta < 1$ 对所有的 δ 成立,W 中的每一个点对应于

---

① 我废除了两个关于信号 y 的条件,它们要么已经简单满足,要么是与公共品博弈无关的。

一个贴现因子为 δ 的严格完美公开均衡,其中每个时期均采用了一个纯行动组合。特别地,我们可以选择 W 去获得一个尽量靠近我们想要的赢利 $\mathbf{v}^* \equiv (b^*, \cdots, b^*)$ 的边界,此时,全面合作的赢利可以得偿所愿地尽可能逼近。

在公共品博弈例子中,该定理唯一需要验证的条件是,假定参与人可使用混合策略,则全面合作的赢利 $\mathbf{v}^* \equiv (b^*, \cdots, b^*)$ 将位于 $\mathbf{R}^n$ 中的赢利开集之边界上。假设参与人 i 以概率 x_i 合作,则参与人 i 的赢利就是 $v_i = \pi_i - c x_i$,这里:

$$\pi_i = b \sum_{j=1}^n x_j - x_i$$

如果 J 是变化式 $x \rightarrow v$ 的雅可比矩阵,可以直接证明:

$$\det[J] = (-1)^{n+1}(b-c)\left(\frac{b}{n-1}+c\right)^{n-1}$$

它是非零的,证明变换并非奇异的。

证明该定理所用到的递归动态规划方法,实际上提供了一种均衡构造算法,或者更准确地说,提供了此类算法的一个集合。给定集合 $W \subset V^*$,贴现因子 δ,以及策略组合 α,我们称 α 是关于 W 和 δ 可实施的,条件是:如果有一个赢利向量 $v \in \mathbf{R}^n$ 和连续函数 $w : Y \rightarrow W$ 使得对于所有的 i,有:

$$v_i = (1-\delta)g_i(a_i, \alpha_{-i}) + \delta \sum_{y \in Y} \pi(y \mid a_i, \alpha_{-i}) w_i(y)$$

$$\text{对于所有 } \alpha_i(a_i) > 0 \text{ 的 } a_i, \tag{10.4}$$

$$v_i \geq (1-\delta)g_i(a_i, \alpha_{-i}) + \delta \sum_{y \in Y} \pi(y \mid a_i, \alpha_{-i}) w_i(y)$$

$$\text{对于所有 } \alpha_i(a_i) = 0 \text{ 的 } a_i, \tag{10.5}$$

我们将连续函数解释如下。若观察到信号 $y \in Y$(根据假设,同一个信号将被所有人观察到),则每个参与人都转向重复博弈中给参与人 i 带来长期平均赢利 $w_i(y)$ 的策略组合。于是我们说,$\{w(y)_{y \in Y}\}$ 针对 v 和 δ 实施了 α,且赢利 v 是关于 α、W 和 δ 可分解的。为使上述解释有效,我们须证明 $W \subseteq E(\delta)$,其中 $E(\delta)$ 是平均赢利向量的集合,这些向量对应于贴现因子为 δ 时的均衡。

方程(10.4)和(10.5)可用于构造均衡。首先,我们可假定方程(10.4)和(10.5)作为等式满足。于是对每个参与人 i,$|Y| = 2^n$ 个未知量 $\{w_i(y)\}$,存在两个方程。为了减少方程组的不可充分决定性,我们将只寻求在参与人之间对称的纯策略,因此没有哪个参与人能以特定的索引指标 i 为行动条件。此时,$w_i(y)$ 仅仅取决于 i 是否传出合作信号。这使得参与人的策略数目从 2^n 减少到了 $2(n-1)$。出于对效率最大化的关心,我们假定在第一期所有参与人都合作,并且只要 y 表明了普遍的合作,则博弈继续进行且大家都合作。

在观察到背叛而式(10.4)和(10.5)又得到满足的情形下,为了使给予惩罚的数额最小化,我们先假定,若不止一个行为主体的信号显示背叛,大家继续合作。

若只有一人显示背叛，则他将被所有参与人背叛一个数额以示惩罚，该背叛数额刚好满足激励兼容方程(10.4)和(10.5)。当然，无法确保这是可能的，但如果是这样，就会存在唯一的惩罚水平 γ，足以遏止自虑的参与人蓄意背叛。利用公共品博弈的参数，用式(10.2)和(10.3)求解方程(10.4)和(10.5)便可决定出 γ 的水平。计算工作相当枯燥，但根据模型参数 γ 的解为：

$$\gamma = \frac{c(1-\delta)}{\delta(1-\epsilon)^{n-1}(1-n\epsilon)} \tag{10.6}$$

请注意，γ 并不取决于 b。这是因为，惩罚的数目必须只诱导参与人只付出成本 c。当然，一个给定的 γ 所成就的单期产出，将依存于 b。也请注意，式(10.6)仅在 $n\epsilon<1$ 时成立。下面我们讨论更一般的情况。

现在，我们可以计算单期赢利 $v = v_i(\forall i)$。计算工作同样枯燥，但我们有：

$$v = b(1-\epsilon) - c - \frac{n\epsilon c(1-\delta)}{1-n\epsilon} \tag{10.7}$$

上式表明，当 $n\epsilon$ 接近 1 时，合作的效率将骤然下降。

上述解只在 $n\epsilon<1$ 时才有意义。假设 k 是一个正整数，满足 $k-1 \leq n\epsilon < k$。对上述论证的扩展表明，如果，只在恰好有 k 个背叛信号发出时才给予惩罚，那么式(10.7)就变为：

$$v = b(1-\epsilon) - c - \frac{n\epsilon c(1-\delta)}{k-n\epsilon}. \tag{10.8}$$

我们再次看到，若 δ 充分接近 1，我们便能尽量逼近意愿的帕累托效率。

审视一下式(10.4)和(10.5)，我们可以获得一些洞见，理解到无名氏定理在此究竟表达了什么意思。当 $n\epsilon$ 比较大，惩罚就受到了抑制，因为需要一些背叛来触发惩罚——此时惩罚将持续几期且这期间赢利为 0。然而，当合作以正概率重新开始，将很少会有背叛，若 δ 接近 1，这少数几期合作的赢利之总和将会很高，故式(10.4)中第二项将会很大。而且，若 δ 接近 1，代表当期预期赢利的第一项近似为零，故 $\delta \to 1$ 时合作的现值将由第二项决定。显然，没有理由可以认为这就是大群体合作问题的解。

10.5　具有私有信号的合作

带有私有信号的重复博弈模型，包括 Bhaskar 和 Obara(2002)、Ely 和 Välimäki(2002)，以及 Piccione(2002)，均受到了前一节提出的批评，但由于不存在支持全面合作的序贯均衡，这一事实使得私有信号模型更为复杂，所以严格的混合策略均衡是必需的。要明白这一点，先考虑第一期。倘若每个参与人都使用全面合作策略，那么，当一个参与人接收到来自另一个参与人的背叛信号时，这只表明坏信号概率为 1，而不表明存在蓄意背叛。那么，很有可能，其他成员并未收到背叛信号。因此，没有参与人会对此背叛信号做出背叛反应，结果总是背叛的策略将比总是合作的策略有更高的回报。为了应对这一问题，所有参与人在第一阶段都会以正的概率背叛。

现在，在任一纳什均衡，某个参与人的两个以正概率选择的策略中，任何一个策略在对抗其他人的均衡策略时都应当有相同的赢利。因此，对于背叛概率的选择，必然要满足使得参与人至少在第一轮的合作或背叛上感觉无差异。Sekiguchi(1997)及 Bhaskar 和 Obara(2002)完成了这项研究，他们假设参与人在第一轮随机选择，并在随后各轮采用冷酷触发策略——只要收到对手合作的信号，则自己就在下一轮合作，而一旦收到背叛信号则自己以后每轮都背叛。在第一轮以后，很可能背叛信号意味着真的有人背叛，因为那个参与人也采用触发策略，他可能在上一轮收到了背叛信号。

当参与人数 n 比较少的时候，特别是 $n=2$ 时，上述模型是合理的。然而，当误差率接近 $1/n$ 时，模型将会无效，因为至少有一个行为主体收到背叛信号的概率接近 1，故博弈的预期轮数接近 1，这时博弈重复的好处消失了。而且，在大多数情形下，私有信号的质量会随着群体规模扩大而逐渐恶化（比如，假设每个人会从一个固定最大数目的其他参与人中获得一个信号）。正如 Bhaskar 和 Obara(2002)所证明的，在每一个合作停止之后的轮次，可以重新以正概率启动合作，这样我们就可改善模型的效果，但这只是效率的边际改善，因为这一过程并不能激励参与人在任何给定轮次中选择合作。

Ely 和 Välimäki(2002)沿着 Piccione(2002)的路线，提出了解决此问题的不同方法。Piccione(2002)证明了，在私有信息重复博弈中如何实现协调，而无须 Sekiguchi、Bhaskar 和 Obara 所运用的冷酷触发和一定程度的信念更新。Ely 和 Välimäki 构建了一个均衡，其中每一阶段每个参与人在合作和背叛之间都感觉无差异，而无论其同类成员如何做。于是，此类个体将愿意在每期选择任意混合策略。作者证明，给定个体充分耐心且失误很小，则对每个参与人，存在着一个可以确保接近完美合作的策略。

上述方法的一个问题是，它在每一期都使用混合策略，除非博弈可以纯化（§6.2），否则参与人就没有理由选择这样的策略或者认为其对手会采用这样的策略。Bhaskar(2000)已经证明，绝大多数使用混合策略的重复博弈模型不能纯化；而 Bhaskar、Mailath 和 Morris(2004)也证明，在 Ely-Välimäki 对囚徒困境的分析中，若信号是公开的，纯化通常是不可能的。私有信号的情形要困难得多，尚未听说有此类情形纯化的例子。

没有设计者，就没有任何机制去协调大量人群活动，以实现带有私有信息的重复博弈均衡。由此可得出，对于其纳什均衡必然要求严格混合策略的博弈，该类博弈能否纯化的问题，并非根本重要的。不过，此类博弈没有纯化的例子，倒是至少有两个不可能纯化的例子，注意到这一点是很有用的。Bhaskar(1998, 2000)提出例子明确了纯化何以不可能：存在私有信息的重复博弈中，纳什均衡是可以设计出的,这使得参与人在根据有关背叛的信息采取行动和忽视此类信息采取行动这两者之间是感觉无差异的。然而,赢利的微小改变即可打破这种无差异格局,故参与人将按照同样的方式行动,而不管他们收到了什么信号。这样的行为无法兼容于合作纳什均衡。

不过,人们可能认为,无法纯化并非致命缺陷,因为我们已经证明,重复博弈模型的社会实在化需要一个设计者,社会规范无法实施一个混合策略 σ 无需理由,至少在原理上,对于每一个支撑 σ 的纯策略,社会规范无法以等同于该纯策略在 σ 中的权重的概率去指示该纯策略。然而,这一想法并不正确,如我们在 §6.3 所展示的,除非参与人有充分强烈的规范倾向,否则,赢利的微小随机变动也会诱使参与人背离设计者的指示。上述模型无法纯化的确是致命的——它们将无法社会实在化。

10.6 对无名氏定理的一次喝彩

在行为科学中,无名氏定理是最有前途、分析缜密的人类合作理论。其优势在于,它将 Adam Smith 的"看不见的手"转换成了清晰优美的分析模型。无名氏定理的关键缺陷在于,它只是一个存在性定理,没有考虑其证明存在的纳什均衡在社会过程中如何可以实实在在地现实化。当然,这些均衡无法自发实施,也无法通过参与人的学习过程来实施。相反,正如本书始终强调的,策略互动必须由一个设计者——如第 7 章概括的具有共同知识地位的社会规范——予以社会结构化。

上述弱点在分析上微不足道,但在学术上却意义重大。弥补这一缺陷既加固了重复博弈模型,也表明了它们如何可以被实证检验——即,寻找一个设计者,若无法找到设计者,就转而判定重复博弈的何种前提被违背,并提出另外的模型。意识到社会合作的规范性维度还将有额外的好处,它可解释重复博弈模型为何与我们之外的物种毫不相干(Clements and Stephens, 1995;Stephens et al., 2002;Hammerstein, 2003),原因在于,对于非人类物种来说,规范性行为充其量也只是极端原始的。

重复博弈理论的第二个缺陷是过于关注这样的局势:人们几乎都是未来导向的(即使用的贴现因子接近 1),系统内的噪声(例如信号随机性或当事人失误)任意地小。如此过分关注的原因很简单:当行为主体太急功近利,或者信号不完美,或者参与人很可能失误,都会使得无名氏定理失效。

对上述缺陷的正确回应是:(a)观察现实社会中合作实际上是如何发生的,并且(b)改变重复博弈的特性以纳入参与人已经发现的东西。我们从生物学获知,有机体的合作存在巨大的收益,而行为之协调以及将背叛限制在可控水平的挑战也是极大的,并且只能由罕见的遗传变异来加以克服(Maynard Smith and Szathmáry, 1997)。如第 3 章曾强调的,人类合作具有很强的生物学因素,这一看法与上述一般的生物学观点是一致的。为达阐释之目的,我们基于可观察的人类特性提出了一个合作模型；贝叶斯理性或先前章节提出的社会认知论不曾捕捉到这些可观察的人类特性。

日常观察和行为实验均表明，受到特定文化环境滋养的人们倾向于以亲社会方式采取行动（Gintis，2003a）。这种倾向包括诸如同情他人的他虑偏好、接受合作规范，以及不惜个人代价去惩罚那些违规者。它也包括坚守诸如诚实、守诺、可靠、勇敢、尽忠、体谅之类的美德。最后，它还包括看重自尊，并意识到自尊取决于与我们互动的人们如何评价我们。若没有这些亲社会的、根深蒂固的生物性特性，人类不会发展出语言，因为维持真诚的信息传输没有任何意义。若没有高质量的信息，基于重复博弈纳什均衡的有效合作就是不可能的事。的确，信息具有充分质量来维持自虑行动者之间的合作，这种情况可能很罕见。

10.7 公共品博弈中的利他惩罚

本节在 Carpenter 等（2009）的基础上，提出一个公共品博弈中的合作模型，其中每个代理人都受利己、无条件利他以及强对等性所驱动。我们将考察合作均衡的条件，也将考察合作的效率如何取决于利他和对等性的水平。我们证明，若存在稳定的内点均衡（即兼有合作行为和偷懒行为），利他动机和对等性动机的增加将产生更高的效率。

考虑一个规模为 $n > 2$ 的群体，其中成员 i 提供 $1 - \sigma_i \in [0, 1]$ 单位的努力。我们称 σ_i 为成员 i 的偷懒水平，并记平均的偷懒水平为 $\bar{\sigma} = \sum_{j=1}^{n} \sigma_j / n$。我们假定，$1 - \sigma_i$ 的努力水平下群体产出将增加 $q(1 - \sigma_i)$ 美元，这里 $q > 1$，而努力的成本是二次函数 $s(1 - \sigma_i) = (1 - \sigma_i)^2 / 2$。我们称 q 为合作的生产率。我们假定，群体成员平分其产出，则成员 i 的赢利由下式给出：

$$\pi_i = q(1 - \bar{\sigma}) - (1 - \sigma_i)^2 / 2 \qquad (10.9)$$

由于某个成员偷懒而导致群体每个成员的赢利损失为 $\beta = q/n$。我们假定 $1/n < \beta < 1$。

我们假定，成员 i 可以在 $j \neq i$ 头上强加一项货币价值为 s_{ij} 的成本，为此他自己要承担代价 $c_i(s_{ij})$。成本 s_{ij} 可以来自公开批评、故意回避、排挤、施暴、被意愿的交易方拒绝，或者其他的伤害形式。我们假定 $c_i(0) = c_i'(0) = c_i''(0) = 0$，且 $s_{ij} > 0$ 时有 $c_i(s_{ij})$ 对所有 i，j 递增并严格凸。

成员 j 的合作行为 b_j 取决于 j 的偷懒水平及其对小组的伤害，假定这是公共知识。具体地，假定：

$$b_j = \beta(1 - 2\sigma_j) \qquad (10.10)$$

从而，$\sigma_j = 1/2$ 是一个临界点，在这一点上 i 认为 j 的合作行为既不好也不坏。

为了对具有社会偏好的合作行为进行建模，我们说，个体 i 的效用将取决于其

自己的物质赢利 π_i 以及其他个体 $j \neq i$ 的赢利 π_j，即根据下式：

$$u_i = \pi_i + \sum_{j \neq i} \big[(a_i + \lambda_i b_j)(\pi_j - s_{ij}) - c_i(s_{ij}) \big] - s_i(\sigma_i) \qquad (10.11)$$

这里 $s_i(\sigma_i) = \sum_{j \neq i} s_{ji}(\sigma_i)$ 是其他成员给予 i 的惩罚，且 $\lambda_i \geq 0$。若参数 $a_i > 0$，则 a_i 是 i 无条件利他的水平，若 $a_i < 0$，则 a_i 就是无条件伤害的水平；而 λ_i 是 i 的对等性动机之强度，它将使得，若 j 符合 i 所认为的好行为，j 的赢利就会更受 i 的看重，反之则相反（Rabin，1993；Levine，1998）。若 λ_i 和 a_i 均为正，个人就被称为强对等者，他有动机去减少偷懒者的赢利，甚至不惜自己为此付出代价。

参与人最大化式（10.11）。由于 b_j 可以为负，这可能导致 i 增加其偷懒水平 σ_i 并/或通过增加 s_{ij} 惩罚 j，来回应 j 的更高水平的偷懒。这种惩罚偷懒者的动机所看重的，是惩罚本身，而不是惩罚者在偷懒者正面回应惩罚时可能得到的好处。而且，成员们可从惩罚偷懒者中获得效用，而不只是从见到偷懒者遭惩罚中获得效用。这意味着，惩罚提供了一种快感，而不是提供了影响 j 的行为的一个工具（Andreoni，1995；Casari and Luini，2007）。

该模型只需要一部分群体成员是对等者。这与第 3 章提到的行为博弈论证据是一致的；那些证据表明，每种实验场景中，确实有部分成员并不对等地采取行动，因为他们是自虑的或者是纯粹利他的。也请注意，惩罚体制可以诱发高水平合作，但净物质赢利水平却比较低。这是因为，该模型中惩罚并非策略性的。在现实社会中，偷懒者所受惩罚的数额一般会受到社会限制，惩罚若超过确保守规所需的水平也会受到制裁（Wiessner，2005）。

在该模型中，i 将选择 $s_{ij}^*(\sigma_j)$ 最大化式（10.11）的效用，由此有一阶条件（假设存在内点解）：

$$c'_i(s_{ij}^*) = \lambda_i \beta(2\sigma_j - 1) - a_i \qquad (10.12)$$

若 $\lambda_i > 0$ 且

$$\sigma_j \leq \sigma_i^0 = \frac{1}{2}\left[\frac{a_i}{\lambda_i \beta} + 1 \right] \qquad (10.13)$$

则最大化问题将有角点解，其中 i 不惩罚。对 $\lambda_i > 0$ 和 $\sigma_j > \sigma_i^0$，以 ϕ 表示式（10.12）右侧，并就式（10.12）整个式子对任一参数 x 微分，得到：

$$\frac{\mathrm{d}s_{ij}^*}{\mathrm{d}x} = \frac{\partial \phi}{\partial x} \frac{1}{c''_i(s_{ij}^*)} \qquad (10.14)$$

特别地，在式（10.14）中依次令 $x = a_i$，$x = \lambda_i$，$x = \sigma_j$，$x = \beta$ 以及 $x = n$，我们可得到如下定理。

定理 10.3 对于 $\lambda_i > 0$ 和 $\sigma_j > \sigma_i^0$，i 强加于 j 头上的惩罚水平 s_{ij}^*，将(a)随 i 的无条件利他 a_i 递减；(b)随 i 的对等性动机 λ_i 递增；(c)随 j 的偷懒水平 σ_j 递增；(d)随 j 偷懒给 i 造成的损害 β 递增；以及(e)随群体规模递减。

群体给予 j 的惩罚 $s_j(\sigma_j)$ 由下式给出：

$$s_j(\sigma_j) = \sum_{i \neq j} s_{ij}^*(\sigma_j) \qquad (10.15)$$

上式是可微的，且在给定至少有一个对等者 i ($\lambda_i > 0$) 时，在一定范围内随 σ_j 严格递增。

从 (10.11) 中得到关于 σ_i 的一阶条件，由下式给出：

$$1 - \sigma_i - \beta = \beta \sum_{j \neq i}(a_i + \lambda_i b_j) + s_i'(\sigma_i) \qquad (10.16)$$

故 i 的偷懒将达到这样一个水平：偷懒的净收益（左边）等于 i 因其偷懒而遭他人所强加成本的价值（右边第一项）加上 i 预期的惩罚水平增加导致的边际偷懒成本。假设二阶条件 $s_i''(\sigma_i) > -1$，上式就定义了所有 i 的最佳偷懒水平，而模型也就到此结束。模型是否有内点解，取决于问题之参数的排列组合。例如，若对等性动机非常弱，则可能每个参与人都彻底偷懒；或者，若很强，就没有人偷懒。我们假定有内点解，以便考察问题的比较静态结果。

i 的对手之平均偷懒比率为：

$$\bar{\sigma}_{-i} = \frac{1}{n-1} \sum_{j \neq i} \sigma_j$$

若 $\bar{\sigma}_{-i} > 1/2$，则我们说称 i 的对手总的来说在偷懒，若反向的不等式成立，则我们说总的来说在努力。于是，我们有如下定理，它由 Carpenter 等 (2009) 证明：

定理 10.4 在最优反应动态下，假若存在稳定的内点解，则 (a) i 的无条件利他 a_i 增加将导致偷懒减少；(b) i 对等性动机 λ_i 增加，当 i 的对手总的来说在偷懒时，会导致偷懒更多，而当 i 对手总的来说在努力时，会导致偷懒更少。

尽管这只是一个简单的单次模型，但它很容易发展为重复博弈模型，其中的一些参数内生演化，声誉效应会加固前述模型所依赖的他虑动机。

10.8　利己主义合作模型的失败

要想为自虑主体之间的合作提供一个合理的博弈论模型，就要为方法论个人主义辩护（§8.8），并使经济理论在根本上独立于其他行为科学，且作为其他行为科学的基础。事实上，这一方案并不成功。一条完全成功的途径很可能需要社会偏好和社会认知的心理学模型，也需要对社会规范的分析。社会规范作为相关机制，将从多重纳什均衡中进行拣选，并指引异质行为主体的行动通往一个和谐运行的体制。

▶ 11

产权的演化

> 凡人皆有其财产。除自己以外,无人有处置之权利。我们可以说,
> 其身之力,其手之产,完全属于他自己。
>
> John Locke

　　本章阐述理性行动者模型、博弈论、规范的社会心理论以及基因—文化共同演进论(§7.10)之间的协同效应,注意力集中在一旦打破僵化的学科界限而可能取得的成果。只有当我们的理论挣脱方法论个人主义结构的束缚时(§8.8),博弈论分析的真正威力才能体现出来。本章的基本模型取自 Gintis(2007b),所遵循之方法论分析的一般例子可见于第 12 章。

　　追溯政治自由之起源的学者们,认为产权是社会规范,其价值在于减少占有权之间的冲突(Schlatter,1973)。我们把自由民策略当做促进有效相关均衡的社会规范,本章的分析使上述观念得以具体化(§7.3)。不过,我们在第 7 章论证过,社会规范很可能是易碎且不稳定的,除非个体常常有规范倾向去遵循它。本章我们将把著名的损失厌恶和禀赋效应(§1.9)解释为规范倾向的高度理性的形式。就此种情形而言,许多动物物种也以地盘权的形式共享行为规范。

11.1　禀赋效应

　　禀赋效应是这样一种观念:人们对拥有之物的评价,远远高于对它们不曾拥有之物的评价(§1.9)。实验研究(§11.2)表明,受试者会表现出彻底的禀赋效应。禀赋效应曾被广泛地认为是人类非理性的例子。我们则在此表明,禀赋效应不仅是理性的,而且是人类社会关键构造之基础,包括对产权的尊重。

　　由于禀赋效应是展望理论的一部分(§1.9),故通过改善标准的理性行为人模型,将主体当前所持财物作为一个参数予以纳入,就可以对禀赋效应进行建模。由于主体对损失比对得益更为敏感(§1.7),禀赋效应就导致了损失厌恶。我们将在此证明,在缺乏法律制度来保障第三方合约实施时,可以将禀赋效应视为对产权的尊重予以建模(Jones,2001;Stake,2004)。在这个意义上,人们已在诸多物种中

发现了"承认地盘占有"这种形式的先于制度的"自然"产权。我们提出了一个模型来解释产权的自然演化，该模型松散地建立在鹰鸽博弈（§2.9）和消耗战博弈（Maynard Smith and Price，1973）的基础上。

我们将证明，若群体中的个体对某一不可分割的资源表现出禀赋效应，假如先占者和挑战先占者的其他个体具有同等感知的战斗力[①]，则该资源的产权就可以基于先占行为得以建立，那么对这种资源的财产权利可以在占有（incumbency）的基础上建立起来。上述产权的实施，是由行为主体自己来执行的，因而无需第三方实施。原因在于，比之入侵者为掠夺先占者所愿意付出的，禀赋效应使先占者愿意花更多的资源去保卫其所占物。简单起见，我们只考虑多出一单位资源的边际收益为零的情况（如：定居宅地，蜘蛛的网，或者鸟儿的巢）。

模型假定，主体知道占有状态的现值 π_g，也知道非占有状态的现值 π_b，均以生物的适存性单位来衡量。我们假定，效用和适存性是完全一致的，仅有一种情形例外，即：该情形涉及损失厌恶，其中负效用损失超过了适存性代价损失。当先占者遇到入侵者，入侵者要算计试图抢夺的资源的预期价值，而先占者面临挑战时要算计保卫或放弃占有物的预期价值。上述两条件并不相同，合理的情形是存在某个范围内的 π_g/π_b 值，对此入侵者不挑起战斗而先占者决定在受到挑战时选择战斗。我们称此为（自然的）所有权均衡。在一个所有权均衡中，由于潜在的竞争能力相等，则必然只有在个体损失厌恶的情况下，比之入侵者掠夺所花的资源，先占者才会花费更多的资源来保卫其资源。

当然，π_g 和 π_b 在一个完善设定的模型中通常是内生的。它们的值取决于相对于个体数量的资源供给、资源的内在价值、找到一笔无主资源的难易度等等。

在我们这个分散化的产权模型中，行为主体为了一单位不可分割的资源而竞争，竞争的代价可能很高，在均衡中，"先占"决定了谁能够不费代价就拥有资源。不过，我们的模型弥补了鹰鸽博弈的一个重大缺陷。鹰鸽博弈最含混的地方是，它将竞争的代价视为外生给定，并且代价只取两个值，对鹰高而对鸽低。然而，很显然，这些代价大部分可由主体自己控制，因而应视为内生的。在我们的模型中，投入到竞争的资源水平是内生决定的，竞争本身被明确地模型化为消耗战，获胜的概率是投入到争斗中的资源水平之函数。消耗战的一个关键特征是，投入到竞争中的资源水平之初始承诺，必须是主体可从行为上予以保证的，故此，即便为竞争付出的代价超过了适存性收益，主体也会继续竞争。若没有这种事先承诺，先占者"誓死保卫"的威胁就是不可置信的（即，主体在应该执行最优反应的时刻将会放弃选择最优反应）。从行为视角来看，这种事先承诺可以总结为在位者有一定程度的损失厌恶，导致其效用不同于其适存性。

我们对鹰鸽博弈之行为基础的更丰满的设定，使得我们可以明确，在什么条件

[①] 不可分割的假设并非特别受限。在某些情况下，比如物品为鸟巢、蛛网、堤坝或者配偶的情形，它将自然而然得到满足。其他的情形，比如猎物、果树、食腐鸟类的沙滩，在一个很小的范围内值得保卫而不是分割或分享，这是很简单的道理。

下所有权均衡将会存在,而对应的反所有权均衡(其中后到者而不是先来者被认定有占有权)将不会存在。我们模型的这一部分有一定程度的重要性,因为鹰鸽博弈并不能支持所有权甚于反所有权,这是一个严重的但又很少被提及的模型缺陷(见Mesterton-Gibbons,1992)。

11.2　地盘权

禀赋效应最早由心理学家 Daniel Kahneman 及其合作者所证明(Tversky and Kahneman,1991;Kahneman et al.,1991;Thaler,1992)。根据禀赋效应,拥有某物的人比不拥有此物的人对该物将有高得多的评价。Thaler 用如下的典型实验去验证了这一现象。西蒙菲莎大学 77 名学生被随机指派担当三种角色:买家、卖家和选择者。给予卖家一个印有校徽的杯子(在本地商店中售价为 6 美元),并在从 0.25 美元到 9.25 美元的一系列价格中询问他们是否愿意卖掉杯子。在一系列价格中,买家则被询问是否愿意买下一个杯子。对于每个价格,选择者则被问及是愿意接受一个杯子还是接受同样金额的钱。学生们被告知,他们的选择将有部分被实验者随机挑选出来予以执行,故而这给予了学生物质激励以显示他们的真实偏好。结果,平均的买家出价为 2.78 美元,而平均的卖家要价为 7.12 美元。选择者行为与买家类似,平均上认为一只杯子与 3.12 美元钱没有差异。结论是:杯子的拥有者对杯子的估价两倍于杯子的非拥有者。

禀赋效应促成自然所有权的方面,乃是我们熟知的损失厌恶:放弃拥有之物的负效用超过得到该物的正效用。的确,所失的估价一般为所得的估价之两倍,故此,为了诱使个体接受失败代价为 10 美元的赌局(赢的概率是 1/2),就必须在他赢的时候支付他 20 美元(Camerer,2003)。假定主体为拥有某物而战的意愿随其对该物的主观评价递增,那么拥有者为保护拥有物就会比非拥有者夺取该物更加努力备战。于是就会存在一种有利于以先来后到划定所有权的倾向,甚至在不存在第三方实施的制度时也是如此。

如果主体可排他使用某物并排他获取由这种使用特权产生的利益,我们就说主体拥有或占有某物。如果所有权(占有权)很少受到质疑,或者在受到质疑时结局通常是所有权仍属于先占者,我们就说所有权(占有权)得到了尊重。从Hobbes、Locke、Rousseau 和 Marx 到现在,西方思想的主导观点是,产权是随着现代文明的兴起而出现的一种人类社会建构(Schlatter,1973)。然而,主要集中在过去四分之一世纪的动物行为研究证据表明,上述观点是不正确的。人们认识到,各种各样的地盘权广泛存在于非人类物种中,包括蝴蝶(Davies,1978)、蜘蛛(Riechert,1978)、野马(Stevens,1988)、雀科鸣禽(Senar et al.,1989)、黄蜂(Eason et al.,1985)、非人类灵长类动物(Ellis,1985)、蜥蜴(Rand,1967)以及很多其他动物(Mesterton-Gibbons and Adams,2003)。当然,存在某些形式的明显的在位优势,可以部分地解释上述现象:先占者对地盘的投资可能是特质性的,对先占者比对争夺者更有利,或者先占者对地盘更为熟悉因而加强了其战斗能力。不过,在上述引用的例子中,这些形式的在位优势似乎并不太重要。因此,仍需要对地盘权现象做出更一般的解释。

在非人类物种中,动物对一块地盘的拥有通常建立在这样的事实之上:动物占领并(通过建穴、挖洞、贮备、设障、织网或通过尿液和粪便做出标记)改变了这块地盘。在人类中间存在着其他的所有权标准,但物理占有和率先占有仍然十分重要,正如本章题记中 John Locke 所表述的。

由于人类社会的财产权利通常由法律加以保护,且产权由复杂的(司法与执法)机构予以实施,人们把动物中的产权视为异类现象就是很自然的事了。但是事实上,以类似于非人类物种中发现的行为倾向(如禀赋效应)为基础的、分散化的、自我实施的产权类型,对于人类社会来说也非常重要,且可以说是为更制度化的产权奠定了基础。比如,很多的成长研究表明,幼儿和小孩在认可和保护产权方面采用了与某些动物类似的行为规则(Furby, 1980)。

对产权的尊重曾如何演化,在演化背景中它为何仍能维持?这是一个极具有挑战性的谜团。损失厌恶和禀赋效应为何会存在?为什么人们常常违背了绝大多数理性行动者模型中所假设的光滑可微的效用函数?上述问题对非人类物种亦同样构成挑战,尽管我们对这些现象已经习以为常而不假思索。

比如,考虑麻雀们在我家花园的蔓藤上筑巢。选定位置后,一对麻雀花了几天时间来建巢。这个巢对另一对麻雀也是相当有价值的。为什么另一对麻雀不曾试图驱走先前的那对呢?如果它们一样强壮,对这块地盘估价相当,那么在地盘争斗中将各有 50% 的机会胜出。在巧取豪夺如此容易的情况下,何必还要劳心费神去筑巢呢(Hirshleifer, 1988)?当然,如果巧取豪夺是有利可图的,那就不会有筑巢的行为,因此也就没有麻雀的存在,但此种解释只是加深了而非解开了这个谜团。

源自 Trivers(1972)的一种普遍观点认为,由于先前的那对麻雀已经在改善财产上投入了大量努力,所以它们会面临更大的损失。但是,这里存在一个逻辑错误,即已为我们熟知的协和谬误或沉没成本谬误(Dawkins and Brockmann, 1980; Arkes and Ayton, 1999):为使未来收益最大化,主体应该只考虑实物的未来赢利,而不是个体在该实物上已经花费了多少成本。

作为对沉没成本论的一种逻辑上可行的替代,Maynard Smith 和 Parker(1975)提出了鹰鸽博弈。在该博弈中,鹰和鸽是同一物种中无法显性区分的个体,但它们会在地盘所有权争夺中表现出不同的行为。当两鸽相斗,它们先虚晃几招,然后彼此认定以同等概率获得地盘。然而,当鹰鸽相斗,鹰将占领整个地盘。最后,当两鹰相斗,必有惨烈战斗,对争斗双方来说地盘的价值远低于为战斗付出的代价。Maynard Smith 证明,假若有一种明晰的方式来确定谁先发现地盘,那么就会存在一种演化稳定策略,其中所有的主体都如此行为:当它们是先发现者时就像鹰那样行动,否则就像鸽那样行动。

对于解释禀赋效应,鹰鸽博弈是一个简洁优美的理论贡献。但是,鹰残酷战斗的代价和鸽装腔作势的代价,难以被合理地视为固定且外生决定的。确实,鸽采取了与鹰同样的方式在竞争,只不过它们投入争夺的资源更少。同样,所有权的价值被视为外生的,而实际上它常常取决于所有权被争夺的频率,也取决于其他因素。如 Grafen(1987)所强调,拥有地盘的代价和收益,取决于高质量地盘的密度、搜寻成本,以及可能取决于种群中策略分布的其他变量。

不过,如 Locke 在其产权理论中所表明的,先考虑小孩和非人类物种中所有权和先占(物理接近或控制)之间紧密关系之证据,将是很有好处的。

11.3　小孩的产权

在还不懂得金钱、市场、议价和交易的漫长岁月里,小孩们会表现出占有行为并在先占的基础上承认他人的产权[1]。在一项研究中(Bakeman and Brownlee, 1982),亲眼观察者在一家日托中心研究了一个 11 个幼儿(12 到 24 个月大)的群体和一个 13 个学龄前儿童(40 到 48 个月大)的群体。观察者发现,每个群体都形成了相当稳定的自主支配权级系。然后他们记录了占有情节,占有情节被定义为如下情形:占有者接触或持有该物品,而取走者接触物品或试图将其从持有人的占有状态中拿走。在幼儿组占有情节平均为每小时 11.7 次,在学前儿童组则为平均每小时 5.4 次。

在每一个占有情节,观察者记下了:(a)取走者在先前 60 秒以内是否玩耍该物品(先前占有),(b)持有者是否抵制取走意图(反抗),以及(c)取走者是否得逞(成功)。他们发现,成功强烈地且几乎是等同地与支配权和先前占有联系在一起。他们也发现,反抗与支配权的联系,在幼儿组是正向的,而在学龄前儿童组却是负向的。他们认为,幼儿承认占有是主张控制权的基础,但对他人却并不尊重这种权利。年龄上比幼儿大一倍的学龄前儿童,则运用物理最近来证明其占有权的合法性并且尊重他人的这种权利。该项研究后来由 Weigel(1984)进行了重复和扩展。

11.4　非人类动物中对占有的尊重

Maynard Smith 和 Parker 在一篇著名的论文中写道,竞争同一资源(如地盘)的两个动物,若存在可辨的非对称性(比如,先来的所有者和后到的动物),那么,演化稳定的结果将是以非对称性为惯例解决争端而不是诉诸武力。诸多动物行为学家对这一理论进行了检验,诸多的成果之中,恐怕 Davies(1978)的是最为简洁优美的了。Davies 研究了斑木蝶(Pararge aegeria),这是在英国靠近牛津地区的威萨姆森林中发现的一种蝴蝶。这种蝴蝶的地盘是透过树阴照下来的一束束阳光。占据这些阳光地带的雄蝶会享有较高的交配成功的概率,而任一时刻平均来看只有

---

[1]　这一领域的回顾和大量研究文献可参阅 Ellis(1985)。

60％的雄蝶能占据这些阳光地带。一个空闲的光斑常常在几秒内便被占据,但是侵占有主光斑的入侵者总是会被赶走,即使先占者仅仅占据该位置才几秒钟。当Davies"捉弄"两只蝴蝶,使它们皆认为是自己先占据了某光斑,平均起来两者争斗的时间十倍于先占者驱逐入侵者的时间。

在北加州波福特地区附近的雷切尔·卡尔森河口保护区,Stevens(1988)在占据沙岛的野马之间发现了类似的行为模式。在这里,新鲜淡水是稀缺的。暴雨过后,新鲜淡水积聚在低洼树丛中的小池塘里,成群的野马常常停下来饮水。Stevens发现,常常有野马群为了这种临时池塘而争斗。如果一群野马来到一个已被其他野马群占据的水塘,则必有一场冲突。76个小时的观察中,Stevens见到了233场冲突,先占者赢得了其中的178场(80％)。几乎在所有的争夺情形中,入侵的马群都比先占的马群更大。上述例子以及与此类似的例子,支持了禀赋效应的存在,并且表明,比之入侵者从占有者手中夺取,先占者将愿意为了保护其地位而更为拼命地战斗。

来自非人类灵长类动物的例子显示,它们在尊重产权的行为模式方面与人类更为接近。一般来说,夺走其他个体已持有的物品,这样的事件在灵长类动物社会中较为少见(Torii,1974)。对于具有高度支配权级系的灵长类动物,其尊重产权的一个合理标准是:当低级别的个体持有诱人物品时,优势个体有克制自己不去抢夺的可能性。在一项对阿拉伯狒狒(Papio hamadryas)的研究中,Sigg和Falett(1985)丢给一只下级狒狒一个食品罐头,允许它把玩或者吃上五分钟,之后,相邻笼子里一直看着这一幕的优势个体将被允许进入到下级的笼子里。定义"接管"为30分钟内强夺占有罐头。他们发现(a)雄性从来不从其他雄性手中夺取罐头;(b)优势的雄性在2/3的时间内夺走下级雌性的罐头;(c)优势雌性在1/2的时间里从下级雌性手中夺取罐头。对于雌性,进一步观察发现,当级别只差一两级时,雌性对其他雌性的产权将表现出尊重,而当级别相差三个或更多等级时,接管往往会发生。

Kummer和Cords(1991)研究了接近性在长尾猿(Macaca fascicularis)对产权尊重中的角色。与Sigg和Falett的研究一样,他们将所有权指派给下级个体,然后记录优势个体的行为。在所有的情形中,有价值的物品都是装满葡萄干的塑料罐。在实验一,一半的试验中罐子固定在某个物体上,另一半的试验中罐子则可完全移动。他们发现,在固定的情况下,优势个体总是夺走占有物,且十分迅速(中值是1分钟),而在移动的情况下,优势个体仅仅在10％的情形中夺走占有物,而且是在中值为18分钟的时间之后。该实验是在封闭区域中进行的,故先占者的相对成功不大可能是由于逃窜或闪躲的能力。在实验二,罐子是可移动的,或者被一根2米或4米的绳子拴在一个固定物体上。结果与先前的实验类似。第三种情形中,罐子不可移动,但系上了一根长长的拉索允许所有者自由移动,产生如下结果:在两种情况下研究了很多成对的被试,一种情况下拉索绳长2米而另一种情况下绳长4米。40次试验中有23次,在两种绳长情况下,下级个体都保守住了自己的所有权;有 6 次,优势个体在两种绳长下都夺走了占有物;余下的 11 次中,优势个体在短绳的情形尊重下级个体的财产,但在长绳的情形下则夺走占有物。实验者观察到,当一个优势个体试图夺取下级个体的所有权时,若周围有其他成员,下级成员将会尖叫以引起第三方的注意,第三方常常迫使优势个体打消抢夺念头。

在《野性心灵》(2000)中,Marc Hauser 记叙了 Kummer 及其同事进行的一个有关交配产权的实验,实验对象是四只阿拉伯狒狒,分别叫 Joe、Betty、Sam 和 Sue。Sam 被放进 Betty 的笼子里,而 Joe 在相邻的笼子里看着这一切。Sam 进去后立即在 Betty 身边转来转去并给她梳理毛发。当让 Joe 进入笼子时,他保持着自己的距离,以使 Sam 平心静气。同样的实验进行了重复,让 Joe 进入 Sue 的笼子里,他对 sue 表现得像之前 Sam 对 Betty 的一样,当 Sam 被领进笼子时,他也对 Sue 敬而远之而不曾挑战 Joe 的所有权。

据我所知,尚没有灵长类动物实验打算确定如下的概率,即占有权遭到很靠近或很容易靠近中意物品的对手之所有权争夺的概率。在绝大多数自然情景中,这个概率可能非常低,所以本节所引论文中描述的争夺在现实中可能会相当罕见。至少,下一节提出的产权尊重模型中,我们将做出明白的假设使得均衡中争夺的概率为零。

11.5　私人产权均衡的条件

假设两个主体,在武力解决占有权之前,同时承诺为争斗投入一定水平的资源。与消耗战(Bishop and Cannings,1978)一样,较高的资源承诺水平将导致更高的适存性代价,但却提升了获胜概率。在本章我们始终假设有两个争斗者,即先占者和入侵者,他们是能力相同的争斗者,资源承诺的代价和收益是对称的,先占者和入侵者的资源承诺水平分别为 s_o(所有者)和 s_u(入侵者),且 s_o, $s_u \in [0, 1]$。为满足上述条件,我们令 $p_u = s_u^n / (s_u^n + s_o^n)$ 为入侵者获胜概率,其中 $n > 1$。请注意,更大的 n 意味着资源承诺在决定胜负上更具有决定性。我们假定争斗以概率 $p_d = (s_o + s_u)/2$ 对失败者造成损害 $\beta \in (0, 1]$,故 $s = \beta p_d$ 就是双方争斗的预期代价。

我们始终使用地盘来类比,某些主体是先占者,另一些则是流民,流民正在寻找无主地盘或者那些虽然已经有主但他们可以取而代之的地盘。令 π_g 是成为当前未遭遇争夺的先占者的现值,令 π_b 是成为寻找地盘的流民的现值。我们始终假定 $\pi_g > \pi_b > 0$。假定来到一块有主地盘,流民想要争夺,则先占者反击获得好处的条件将由下式给出:

$$\pi_c \equiv p_d(1 - p_u)\pi_g + p_d p_u(1 - \beta)(1 - c)\pi_b$$
$$+ (1 - p_d)(1 - p_u)\pi_g + (1 - p_d)p_u\pi_b(1 - c) > \pi_b(1 - c)$$

π_c 的第一项是入侵者失败概率 $(1 - p_u)$ 和受伤概率 (p_d) 之积再乘上占有状态的价值 π_g,此时占有物仍在先占者手中。第二项是先占者失败概率 (p_u)、受伤概率 (p_d)、受伤存活概率 $(1 - \beta)$ 以及沦落为流民地位后存活概率 $(1 - c)$ 之积,再乘以

成为流民的现值 π_b。第三和第四项是没有受伤时同样的计算。化简上述不等式,有:

$$\frac{\pi_g}{\pi_b(1-c)} - 1 > \frac{s_u^n}{s_o^n}s \tag{11.1}$$

假定先占者面对流民挑衅决定应战,则流民放弃地盘争夺的条件是:

$$\pi_u \equiv p_d(p_u\pi_g + (1-p_u)(1-\beta)(1-c)\pi_b) \tag{11.2}$$

$$+ (1-p_d)(p_u\pi_g + (1-p_u)\pi_b(1-c)) < \pi_b(1-c) \tag{11.3}$$

化简不等式得:

$$\frac{s_o^n}{s_u^n}s > \frac{\pi_g}{\pi_b(1-c)} - 1 \tag{11.4}$$

所有权均衡出现在两个不等式都成立的时候,即

$$\frac{s_o^n}{s_u^n}s > \frac{\pi_g}{\pi_b(1-c)} - 1 > \frac{s_u^n}{s_o^n}s \tag{11.5}$$

面临挑衅的先占者将选择 s_o 以最大化 π_c,然后当且仅当 $\pi_c^* > \pi_b(1-c)$ 时进行反击,因为后者是让出地盘的价值。容易验证 $\partial\pi_c/\partial s_o$ 与下式有相同的符号:

$$\frac{\pi_g}{\pi_b(1-c)} - \left(\frac{s_o\beta}{2n(1-p_u)} + 1 - s\right)$$

上式关于 s_o 的导数与 $(n-1)\beta\pi_b/(1-p_u)$ 有相同的符号,为正。而且,当 $s_o = 0$ 时,$\partial\pi_c/\partial s_o$ 与下式具有同样的符号,为正:

$$\frac{\pi_g}{\pi_b(1-c)} - 1 + \frac{s_u\beta(1-c)}{2}$$

因此,$\partial\pi_c/\partial s_o$ 总是严格为正,故 $s_o = 1$ 时 π_c 取最大值。

在决定是否争夺时,流民选择 s_u 最大化 π_u,然后在 π_u 超过 $\pi_b(1-c)$ 时进行争夺。但 $\partial\pi_c/\partial s_u$ 与下式同号:

$$\frac{\pi_g}{\pi_b(1-c)} - \left(s - 1 + \frac{s_u\beta}{2np_u}\right)$$

该式随 s_u 递增并且在 $s_u = 0$ 时为正,故最优的 $s_u = 1$。于是,不挑衅先占者的条件就是:

$$\frac{\pi_g}{\pi_b(1-c)} - 1 < \beta \tag{11.6}$$

此时,先占者反击的条件(11.4)与(11.6)相同,只不过不等号相反。

我们用反所有权均衡来表达这样一种情形,其中入侵者总是挑衅而先占者总是不战而逃。

定理 11.1 若 $\pi_g > (1+\beta)\pi_b(1-c)$，则存在唯一的均衡，其中流民总是为占有物而挑战，而先占者总是应战。当相反的不等式成立时，则所有权均衡与反所有权均衡都会存在。

定理 11.1 意味着，当争斗者能够给彼此造成严重伤害时（故 β 接近于其最大值 1），或者当流民的代价非常高时（故 c 接近于 1），产权便更可能得到承认。

定理 11.1 可用于狩猎—采集社会研究中的一个经典问题。狩猎—采集社会之所以重要，不仅因为其本身的条件，也因为我们的祖先一直生活在这样的社会中，直到 10 000 年前，故而他们的社会实践毫无疑问已经成为人类基因组已适应的主要环境条件（Cosmides and Tooby，1992）。纵贯当代和狩猎—采集社会的一个高度一致性在于，低价值的食物（如水果和小猎物）由家庭自给自足，而高价值的食物（如大型猎物和蜂蜜）则很讲究地在所有群体成员之间分享。标准的理论解释是，高价值食物显示出易变性，而分享则是一种降低个体易变性的一种手段。但有更多经验证据支持的另一种观点是容忍盗窃理论，该理论认为：高价值食物值得为之而战（即定理 11.1 的不等式得到满足），而分享规则乃是减少蓄意伤害的一种手段；在缺乏高价值食物产权保护时蓄意伤害几乎是不可避免的结果（Hawkes，1993；Blurton Jones，1987；Betzig，1997，Bliege Bird and Bird，1997；Wilson，1998a）。[①]

定理 11.1 仍需证明的唯一部分是，反所有权均衡的存在性。要明白这一点，请注意，此类均衡存在于 $\pi_c < \pi_b(1-c)$ 和 $\pi_u > \pi_b(1-c)$ 时，根据与前面相同的推理，该条件在下面不等式得到满足时便可成立：

$$\frac{s_u^n}{s_o^n} > \frac{\pi_g}{\pi_b(1-c)} - 1 > \frac{s_o^n}{s_u^n}s \tag{11.7}$$

容易证明，若先占者反击，则双方将使得 $s_u = s_o = 1$，在这种情况下，先占者不反击可以有更大好处的条件，恰好就是所有权均衡中的条件。

存在所有权均衡的时候刚好就存在反所有权均衡，这一结论是很不现实的，因为人们很少（如果还有的话）观察到反所有权均衡。当然，我们的模型与鹰鸽博弈都有这个反常的结论。鹰鸽博弈中这一缺陷从未予以分析解决。但在我们这里，若扩展模型以决定 π_g 和 π_b 时，反所有权均衡一般都会消失。上述论证的问题在于，我们不能指望在所有权均衡和反所有权均衡中 π_g 和 π_b 具有同样的值。

11.6 产权和反产权均衡

为了决定 π_g 和 π_b，我们须将上述先占者与流民模型具体化。考虑有很多小地块的一片土地，每一个地块都不可分割，因而只能容许一个拥有者。在每个时期，

---

① 对于定理 11.1 的应用，受到质疑的资源必须是不可分割的。现在这个例子中，"地盘"是餐餐提供好处的食物，而个体分享它则是临时占有地盘。

肥沃的地块给拥有者带来 $b>0$ 的收益,并以概率 $p>0$ 转为贫瘠,这将迫使其拥有者(应该只有一个)不得不搜寻另一个肥沃地块。贫瘠地块在一段时间后会重焕生机,使得地块群中每期都有固定数量的地块是肥沃的。找到无主的肥沃地块的个体,将投资付出数量 $v\in(0,1/2)$ 的适存性去修整地块,以便使用和占领这一地块。在每一期,若主体处于搜寻肥沃地块的状态,则他将付出适存性代价 $c>0$。找到有主地块的个体,有可能按照前一节分析过的消耗战结构去争夺地块的所有权。

假设有 n_p 个地块和 n_a 个主体。令 r 为找到肥沃地块的概率,并令 w 表示找到肥沃的无主地块的概率。若贫瘠地块恢复生机的比例为 q,为简单起见,我们假设这并不取决于该地块已经转为贫瘠多长时间,则均衡的肥沃地块比例 f 必满足 $n_p f p=n_p(1-f)q$,故 $f=q/(p+q)$。假设流民将以概率 ρ 找到新的地块,于是我们有 $r=f\rho$。若 ϕ 是成为先占者的主体之比例,记 $\alpha=n_a/n_p$,则我们有:

$$w=r(1-\alpha\phi) \tag{11.8}$$

假设系统处于均衡中,则其土地转为贫瘠的先占者之数量,一定与找到无主地块的流民之数量相等,或者 $n_a\phi(1-p)=n_a(1-\phi)w$。求解该方程可得到 ϕ,这由下式给出:

$$\alpha r\phi^2-(1-p+r(1+\alpha))\phi+r=0 \tag{11.9}$$

容易证明,该方程有两个正根,其中一个正好位于区间 $(0,1)$。

在所有权均衡中,我们有:

$$\pi_g=b+(1-p)\pi_g+p\pi_b(1-c) \tag{11.10}$$

以及

$$\pi_b=w\pi_g(1-v)+(1-w)\pi_b(1-c) \tag{11.11}$$

请注意,投资的代价 v 和迁移的代价 c 均被解释为适存性代价,因而可作为死亡的概率。故此,一个流民在下一期成为先占者的概率为 $w(1-v)$,仍然保持为流民的概率为 $(1-w)$。这解释了式(11.11)。联立上述两个方程求解,可得出占有状态和非占有状态的均衡价值:

$$\pi_g^*=\frac{b(c(1-w)+w)}{p(c(1-vw)+vw)} \tag{11.12}$$

$$\pi_b^*=\frac{b(1-v)w}{p(c(1-vw)+vw)} \tag{11.13}$$

请注意,π_b,$\pi_g>0$,且

$$\frac{\pi_g^*}{\pi_b^*}-1=\frac{c(1-w)+wv}{w(1-v)} \tag{11.14}$$

由定理 11.1,上述结果成为所有权均衡这一假设,其成立的条件是,当且仅当上述表达式小于 β,或者

$$\frac{c(1-w)+wv}{w(1-v)} < \beta \tag{11.15}$$

于是我们有如下定理。

定理 11.2 对于所有的 $c < c^*$，存在严格为正的流民代价 c^* 和受伤代价 $\beta^*(c)$，使得对于所有的 $c < c^*$ 和 $\beta > \beta^*(c)$ 所有权均衡将会成立。

要明白这一点，请注意式(11.15)左边在 $c < c^* =_{hboxdef} w(1-2v)/(1-w)$ 时精确地小于 1。于是我们令 $\beta^*(c)$ 等于式(11.15)左边便可确保 $\beta^*(c) < 1$。

上述定理表明，作为对我们先前结论的补充，低战斗代价和高流民代价将破坏所有权均衡，较高的流民与先占者相遇的概率将破坏所有权均衡，高投资代价 v 也有同样的效应。

不过，假若系统处于反所有权均衡中，此时，可令 q_u 表示先占者遭遇入侵者挑衅的概率，则我们有：

$$\pi_g = b + (1-p)(1-q_u)\pi_g + (p(1-q_u)+q_u)\pi_b(1-c) \tag{11.16}$$

以及

$$\pi_b = w\pi_g(1-v) + (r-w)\pi_g + (1-r)\pi_b(1-c) \tag{11.17}$$

联立上述方程求解，可得到：

$$\pi_g^* = \frac{b(c(1-r)+r)}{((p(1-q_u)+q_u)(vw+c(1-vw))} \tag{11.18}$$

$$\pi_b^* = \frac{b(r-vw)}{(((p(1-q_u)+q_u)(vw+c(1-vw)))} \tag{11.19}$$

另外，π_g，$\pi_b > 0$，且

$$\frac{\pi_g^*}{\pi_b^*} - 1 = \frac{c(1-w)+vw}{r-vw} \tag{11.20}$$

请注意 $r - vw = r(1-v(1-\alpha\phi)) > 0$。我们必须检查是否有非占有者的突变，使得他们因而从不投资，只需趴在无主的肥沃地块上处境就会更好。此时，突变者的现值 π_m 满足：

$$\pi_m - \pi_b^* = (r-w)\pi_g^* + (1-r+w)\pi_b^*(1-c) - \pi_b^*$$
$$= \frac{bw(v(r-w)-c(1-v(1-r+2)))}{(p(1-q_u)+q_u)(vw+c(1-vw))}$$

可以推断，如果

$$v \leq \frac{c}{(r-w)(1-c)+c} \tag{11.21}$$

则突变行为(不投资)将无法入侵，而我们将确实得到一个反均衡。请注意式(11.21)有一个简单的解释。该分式的分母是以死亡或者找到无主地块而结束搜

寻的概率。因而右边就是找寻有主地盘的期望代价。如果投资于无主地块的代价 v 大于伺机夺取已建成（已恢复生机且已投资）地块的预期代价，就没有主体愿意投资。于是我们有如下定理。

定理 11.3 当且仅当 $v \leq v^*$，将有一个投资代价 $v^* \in (0, 1)$，使得一个反所有权均衡得以存在。v^* 是流民成本的增函数。

要明白这一点，请注意式(11.21)右边严格位于 0 到 1 之间，且随 c 严格递增。

如果式(11.21)不成立，流民就会拒绝投资无主地块。那么，隐含假设有流民总会占据无主肥沃地块的式(11.9)就不会成立。我们论证如下。假定系统处于上述反产权均衡中，并注意到式(11.21)失效，流民开始拒绝占据无主肥沃地块。那么，随着先占者从贫瘠地块迁出，ϕ 将下降，w 因而上升。这一过程将会持续到式(11.21)中等号得到满足的时候。因此，当式(11.21)得到满足时，我们须再定义一个反所有权均衡，同时式(11.9)的反所有权均衡也得到满足；不然，式(11.21)得到满足，而式(11.9)却不再得到满足。请注意，后一种情形中 ϕ 的均衡值将严格小于在所有权均衡中的值。

定理 11.4 当 ϕ 由式(11.9)决定时，假设式(11.21)不成立，则反所有权均衡将表现出比所有权均衡更低的平均赢利。

原因很简单：ϕ 的均衡值在反所有权均衡中比在所有权均衡中要低，故在反所有权均衡中平均来说流民将会更多而先占者将会更少。但先占者每期获得正的收益 b，而流民却每期付出正的代价 c。

定理 11.4 有助于解释在真实世界里我们为何很少见到反所有权均衡，如果两个群体的差异仅仅在于一个选择了所有权均衡而另一个选择了反所有权均衡，给定存在某种资源稀缺性导致两个群体的组合规模受到限制，则前者将会成长更快并因而取代后者。

上述论点的确没有考虑实质上没有先占者投资的所有权均衡。这包括蝴蝶(Davies)和野马(Stevens)，以及其他一些例子。在这些情形中，所有权均衡与反所有权均衡的差异仅体现为：地块拥有者的身份在后者中比在前者中变化得更为频繁。在模型中加入一个微小的所有权变更成本 δ 将是非常合理的，因为入侵者必须从物理上靠近地块，并需要在变更占有权生效前做出某种行为展示。在这一假设之下，反所有权均衡的平均赢利再次低于所有权均衡的平均赢利，因此反所有权均衡在生存竞赛的斗争中将处于劣势。

下一节将证明，如果我们适当地重新设定模型的生态学条件，则唯一的均衡刚好是反所有权均衡。

11.7 一个反所有权均衡

考虑这样一种情形，行为主体每 n 天内至少获得一个肥沃地块，否则将会死亡。每一期，一旦得到地块，他们便以 b 的速率繁衍。一个来到有主地块的主体有可能比当前的主人更珍视该地块，因为，平均来说，入侵者相对于先占者能用于寻找新地块的时间更少，先占者毕竟有整整 n 天。此时，当前的主人可能没有动机坚持为地块而战，而入侵者却有。新来者将有可能兵不血刃便拿下地块。故而，存在合理的反所有权均衡。

要评估这种情形的合理性，请注意，如果 π_g 是肥沃地块所有者的适存性，$\pi_b(k)$ 是一个非所有者的适存性，非所有者在死亡之前有 k 期时间去寻找和开发肥沃地块，那么我们将有递归方程：

$$\pi_b(0) = 0 \tag{11.22}$$

$$\pi_b(k) = w\pi_g + (1-w)\pi_b(k-1) \quad \text{对于 } k = 1, \cdots, n \tag{11.23}$$

这里 r 是非拥有者成为肥沃地块拥有者的概率，既包括该地块无主也包括入侵者不费吹灰之力驱逐原主人的情况。我们可以求解它，得到：

$$\pi_b(k) = \pi_g(1-(1-r)^k) \quad \text{对于 } k = 1, \cdots, n \tag{11.24}$$

请注意，k 越大和 r 越大，则入侵者的适存性越高。我们还有如下方程：

$$\pi_g = b + (1-p)\pi_g + p\pi_g(n) \tag{11.25}$$

其中 p 是地块转为贫瘠或原主人被入侵者轻松驱逐的概率。求解该方程，可得到：

$$\pi_g = \frac{b}{p(1-r)^n} \tag{11.26}$$

请注意，若 b 越大、p 越小、r 越大以及 n 越大，则所有者的适存性越高。

同先前的模型一样，假设入侵者投入资源 $s_u \in [0, 1]$ 到争斗中，先占者则投入资源 $s_o \in [0, 1]$ 到争斗中。运用与前面模型相同的符号，假定比例为 f_o 的先占者为还击者，我们推导出符合反所有权均衡的先占者和发现了先占者肥沃地块的入侵者。当这些条件得到满足时，我们有 $f_o = 0$。

令 π_c 是实施反击而不是简单地放弃地块所具有的适存性价值，则我们有：

$$\pi_c = s(1-p_u)\pi_g + (1-s)((1-p_u)\pi_g + p_u\pi_b(n)) - \pi_b(n)$$

化简有：

$$\pi_c = \frac{\pi_g}{2}\left[\frac{s_u^2 + s_o(2+s_u)}{s_o + s_u}(1-r)^n - s_u\right] \tag{11.27}$$

而且，π_c 随 s_o 递增，因此，倘若所有者反击，他将令 $\sigma_o = 1$，此时对所有者来说，反击可以强化适存性的条件就变化为：

$$\frac{s_u + 2/s_u + 1}{1 + s_u}(1-r)^n > 1 \tag{11.28}$$

现在，令 $\pi_u(k)$ 为某个非所有者的适存性，该非所有者必须在 k 期结束前占有一个肥沃地块而且他现在已经来到一个有主的肥沃地块。该主体发起争夺的适存性价值是：

$$\pi_u(k) = (1-f)\pi_g + f(sp_u\pi_g$$
$$+ (1-s)(p_u\pi_g + (1-p_u)\pi_b(k-1))) - \pi_b(k-1)$$

上式右边第一项是,所有者不反击的概率乘以该事件发生后入侵者的得益。第二项是,所有者确实要反击的概率乘以所有者进行反击下的得益。最后一项是不发起争夺的适存性价值。我们将该方程简化为：

$$\pi_u(k) = \pi_g \frac{s_o(1-f) + s_u}{s_o + s_u} \tag{11.29}$$

给定 $f_o > 0$,上式总是为正,随 s_u 递增,随 s_o 递减。故此,入侵者总是令 $s_u = 1$。同样,如人们所料,若 $f_o = 0$,流民将以概率 1 发起争夺,于是有 $\pi_u(k) = \pi_g$。无论如何,流民总会挑起争斗,不管 f_o 的值是多少。因此,不会出现争斗的条件式 (11.28)将成为全局稳定的反所有权均衡,变化为：

$$2(1-r)^n < 1 \tag{11.30}$$

当 r 或者 n 足够大,就会出现这种情况。当式(11.30)不成立时,就会存在反所有权均衡。

虽然 Maynard Smith(1982)描述过 Oecibus civitas 蜘蛛的例子,其中入侵者总是无需斗争便取代了先占者,但反所有权均衡在文献中确实不易见到。我曾不那么刻意地在每个夏日观察我的小鸟喂食器和洗澡器上的行为模式。一只小鸟到来,吃一会儿或洗一会儿,如果喂食器或洗澡器很拥挤,它就会被另一只小鸟取代而毫无抗议,如此等等。似乎是,在吃了一会儿或洗了一会儿之后,再费心保护这块地盘是不值得的。

11.8 结论

在承认产权这一方面,人类和很多其他物种有共同的倾向。这种倾向的形式是损失厌恶:若其他条件不变,则先占者愿意为捍卫其财产承诺投入更为关键的资源,比入侵者愿意为夺取财产而承诺投入的资源要多。主要的限制是,若财产有充分的价值,所有权均衡将不会存在(定理 11.1)。

历史的记载中产权仿佛是现代文明的产物,它是一种社会建构,仅仅存在于由司法机构根据所有权的法律观念来予以定义和保护的范围。然而,个人劳动成果的产权很可能在人们生活的小规模狩猎—采集社会中就已经存在,除非定理 11.1 的不等式成立,对于大型猎物的情况该不等式成立有可能是合乎情理的。如果本章的论点是正确的,则现代产权的真正价值就在于促进财富的积累,即使当 $\pi_g > (1+\beta)\pi_b(1-c)$ 时。只有在这个意义上,Thomas Hobbes 断言自然的无序状态中的生活是"孤独、困苦、卑鄙、野蛮和短暂的"才是正确的。但即便如此,仍必须承认,现代产权观念是建立在人类行为倾向上的,而这种倾向是我们与诸多非人类物种所共有的。毫无疑问,一个与蚂蚁或者白蚁有着类似遗传组织的外星物种,对于我们的个人或者私人概念最多感到比较好奇,而且可能觉得莫名其妙。

▶ **12**

行为科学的统一

社会科学的各个学科在其自身选定的领域都运行良好……只要它继续广泛忽视其他学科。

Edward O. Wilson

最大化行为、市场均衡和稳定偏好的综合假设及其无情无畏的应用，构成了经济分析的核心。

Gary Becker

尽管人类学、社会学和政治科学的科学论著将日益与经济学难以区分，但相反地，经济学家却必须意识到，他们关于人性和社会互动的井蛙之见如何成为了一种束缚。

Jack Hirshleifer

行为科学包括经济学、人类学、社会学、心理学和政治学，以及研究动物和人类行为的生物学。这些学科有不同的研究焦点，涵盖了四个相互冲突的与决策制定和策略互动有关的模式，这些模式取决于研究生课程中教什么，以及期刊审稿人接受什么。此四者是心理学、社会学、生物学和经济学。

此四大模式被赋予不同的解释目的，它们不仅各不相同，而且互不相容。即，每个模式关于选择行为的断言，都遭到其他模式的否认。当然，这意味着，这四者当中至少有三者肯定是不正确的。不过我却认为，事实上四者都有缺陷，但可以修正完善，形成一个统一的框架，为所有的行为科学提供选择和策略互动的建模分析。并且，这一框架可以用不同的方式加以充实，以满足每个学科的特殊要求。

过去，人们尚能容忍跨学科的杂乱无章，因为不同学科主要研究不同现象。经济学研究市场交换，社会学研究社会分层和社会反常行为。心理学研究大脑机能。生物学未能追随 Darwin(1998)对人类情感的富有洞见的专题研究，完全绕开了人类行为研究。然而，近年来，跨学科研究在探讨社会理论问题中的价值已经凸显，社会生物学已经成为科学研究的一个主要领域。而且，当代社会政策所涉及的问题集中在行为学科交叉地带，包括药物滥用、犯罪、腐败、依法纳税、社会不平等、贫困、歧视以及市场经济的文化基础等。学科的散乱已经成为前行的障碍。

我的统一框架包括五大概念单元：(1)基因—文化共同演化；(2)规范的社会心理学理论；(3)博弈论；(4)理性行动者模型；以及(5)复杂性理论。基因—文化共同演化源自社会组织的生物学理论(社会生物学)，并且是基础性的，因为智人是一种进化而来的高度社会化的生物物种。规范的社会心理学理论包括来自社会学和社会心理学的基本见解，这些见解适用于从狩猎—采集社会到发达科技社会所有的人类社会组织形式。这些社会都是基因—文化共同演化的产物，但是具有涌现性(§8.8)，包括社会规范及其心理关联或先决条件，无法从系统(这里是互动的行为主体)的构成部分解析推导出来(Morowitz, 2002)。

博弈论包括四个相关学科：经典博弈论、行为博弈论、认知博弈论和演化博弈论。前三者已在本书提及。第四个，即演化博弈论，是一个宏观层面的分析工具，可以使生物演化和文化演化得以数学化建模。

在个体层面运行的行为科学中，理性行动者模型(§1.1, 1.15)是最重要的分析建构。虽然基因—文化共同演化理论是一种最终解释形式，并不提供任何预测，但理性行动者模型却可提供行为的近似描述(这些行为可由实验室或现实生活加以检验)，并且是经济理论成功解释的基础。没有理性行动者，经典博弈论、认知博弈论和行为博弈论都是无法成立的；而诸如人类学和社会学，也包括社会心理学和认知心理学等抛弃了理性行动者模型的学科，已经陷入理论的混乱。

行为经济学家和心理学家瞄准了理性行动者模型，是因为他们坚信实验结果否认了理性。证明上述观点是错误的，已是本书中老生常谈的话题。行为学家的错误，部分缘于他们从经典博弈论中借用了一个残缺的理性概念，部分缘于他们太狭隘地理解了理性行动者模型，部分缘于他们对公认至理的一种无理不敬。

复杂性理论是必要的，因为人类社会是一个具有涌现性质的复杂适应性系统，从更基础的分析单元出发在目前尚不能，恐怕永远都不能，彻底地解释这种涌现性。因此，博弈论和理性行动者模型乃至基因—文化共同演化的假设—演绎模式，必须由行为科学家的研究来加以补充；行为科学家在更宏观的层面、以更明确的术语研究社会，提出了颇有洞见的模型，阐明了那些分析性模型无法看透之处。人类学和历史学，以及宏观经济政策和比较经济体制，都归入此类。复杂动态系统的基于主体的建模，对于研究复杂适应性系统的涌现性也非常有用。

上述原则对任一学科都谈不上革命性的研究。事实上，它们只是建立在已有的优势上，仅仅意味着学科之间重叠领域上的变迁。例如，研究视觉处理的心理学家，或者分析期货市场的经济学家，或者记录食物分享行为的人类学家，或者测量双亲对孩子教育程度影响的社会学家，若懂得潜伏于所有行为科学之下的统一的决策制定模式，可能也获益不多。但在另一方面，人类选择和策略互动的统一模式，却可能促进影响整个学科的创新，甚至影响到那些相对严密封闭的领域。

12.1　基因—文化共同演化：生物模式

文化和复杂社会组织对于智人成功进化的重要性，意味着人类个体的适存性有赖于社会生活的结构。由于文化受到人类遗传倾向的限制和促进,顺理成章地,人类的认知、情感和道德本领都是演化动力的产物,这种演化动力牵涉到基因和文化的相互作用,即我们所知的基因—文化共同演化(Cavalli-Sforza and Feldman,1982;Boyd and Richerson,1985;Dunbar,1993;Richerson and Boyd,2004)。这种共同演化过程赋予我们某些偏好,这些偏好超越了传统经济学和生物学理论所强调的自虑,包含了促进心灵意图共享的社会认识论,也包含了诸多超越自虑的价值观,比如:合作嗜好、公正、报恩、移情能力,以及重视诚实、勤奋、虔敬、包容多元化和忠诚于相关群体的能力。

基因—文化共同演化是社会生物学的应用,社会生物学是生物物种社会组织的一般理论,适用于那些可以跨代传递文化却不会有信息损失的物种。一个中间类别是生态位建构,它适用于那些将自然环境转变为促进社会互动和集体行为的物种(Odling-Smee, Laland and Feldman, 2003)。

基因组编码信息,既用于构建一个新的有机体,又赐给新的有机体某些将感知输入转化为决策输出的指令。因为学习既有代价也易出错,所以有效的信息传输保证了基因组将有机体环境的方方面面进行编码,这些环境在时空上恒常不变或者变化非常缓慢。相反,对于瞬息万变的环境条件,则可通过向有机体提供学习能力来予以应对。

不过,存在一种中间状况,该状况的有效处理既不需遗传编码也不需学习。当环境条件在跨代之间是正相关的但非完美相关时,每一代都通过学习而获得有价值的信息,这种学习无法遗传给下一代,因为此类信息未能编译入基因链。在此类环境背景下,有关当前环境状态的表观遗传①信息之传递,将具有适存性收益。此类表观遗传信息甚为常见(Jablonka and Lamb,1995),只是在人类文化传播中达到了最高级且最灵活的形式,在其他灵长类动物中达到的程度就低很多了(Bonner,1984;Richerson and Boyd,1998)。文化传播的形式很多,如 Cavalli-Sforza 和 Feld-man(1981)的纵向传播(父母对子女)、横向传播(同龄人对同龄人)和斜向传播(长者对幼者);如 Henrich 和 Gil-White(2001)的威望(地位高者影响地位低者);如 Newman、Barabasi 和 Watts(2006)的相对知名度,甚至如 Shennan(1997)、Skibo 和 Bentley(2003)的随机的种群动态传播。

文化和生物进化的对比可追溯到 Huxley(1955)、Popper(1979)和 James(1880)——更多细节请参阅 Mesoudi、Whiten 和 Laland(2006)。把文化视为表观遗传传递形式的思想,是由 Richard Dawkins 提出的,他在《自私的基因》(1976)一书中创造了"meme"这个术语,来表示可显性传递之信息的一个整体单元。随后很快出现了几项对文化进行生物学分析的重要贡献,它们都是基于这样的理念,即文化像基因一样,可以通过复制(代代相传)、突变和筛选而演化。

文化元素穿越时间在大脑之间复制、突变,并根据它们对载体之适应性的影响

---

① 表观遗传机制即任意非遗传的代际信息传递机制,如人类的文化传播。

而受到筛选(Parsons，1964；Cavalli-Sforza and Feldman，1982)。而且，在人类进化中，遗传元素和表观遗传元素存在强烈的相互作用，范围可从基本的生理学(例如，发声器官随着语言的演化而转变)一直到复杂的社会情感，包括同情、羞耻、内疚和报复心(Zajonc，1980，1984)。

由于共同的信息特性和演化特性，遗传建模和文化建模有很强的相似性(Mesoudi et al.，2006)。像生物学传递一样，文化从父母向子女传播；文化也会横向传播给没有血缘关系的个体；如文化传播一样，在微生物和许多植物物种中，基因常常会跨界传递(Jablonka and Lamb，1995；Rivera and Lake，2004；Abbott et al.，2003)。而且，通过分析同源的和类似的文化特质，人类学家重建了社会群体的历史，这非常像生物学家通过分析共有特性和同源 DNA 重建物种的进化一样。事实上，由生物学系统分析师开发的计算机程序，同样被文化人类学家所采用(Holden，2002；Holden and Mace，2003)。此外，研究文化演化的考古学家与研究基因进化的古生物学家的做法是类似的(Mesoudi et al.，2006)。他们都试图重建构件及其载体的谱系。同古生物学家一样，考古学家认为，若排除类似之处，相像则意味着由沿袭带来的因果联系(O'Brian and Lyman，2000)。同生物地理学研究有机体的空间分布(Brown and Lomolino，1998)一样，行为生态学研究生态因素、历史因素和地理因素的相互作用，这些因素决定了跨时空分布的文化形式(Smith and Winterhalder，1992)。

对基因进化和文化演化之间的类比，最常见的批评可能是，基因是定义清晰的、单个的、独立复制和突变的实体，而文化单元的边界却是定义不明和相互重叠的。然而，对基因的这种见解已完全落伍了。过去 35 年发现的重叠基因、嵌套基因和移动基因，具有文化单元的流变性，而很多时候文化单元(一个信念、图标、文字、工艺、文风习惯)的边界是相当确定和具体的。同样，选择性剪接、核 RNA 和信使 RNA 编辑、细胞蛋白饰变，以及基因铭记，这些相当普遍，动摇了单个基因制造单个蛋白的标准观点，却支持了基因具有多变边界且具有强烈的情景依存效应这一思想。

Dawkins 在《扩展的表型》(1982)中增加了表观遗传信息传递的第二个根本机制，指出通过诸如海狸坝、蜂巢乃至社会结构(结婚和狩猎实践)之类的形式，生物可以将环境构件直接传递给下一代。一个物种塑造其环境的重要方面并稳定地跨代传递这一环境，该现象即我们所知的生态位构建，它是表观遗传传递的一种广泛形式(Odling-Smee et al.，2003)。此外，生态位构建导致了所谓的基因—环境共同演化过程，因为基因方面引起的环境规律变成了遗传选择的基础，导致突变生态位的遗传变异对其构建者若是适存性强化的，则遗传变异就能够保留下来。

基因—环境共同演化最棒的例子可见于蜜蜂，它们在蜂巢中发展出了复杂的劳动分工，包括完全社会性的分工，其中仅少数个体可以为了整个社会共同体的利益而繁殖，尽管事实上蜂群内的亲缘关系程度非常低——原因在于许多次蜂后交配，许多个蜂后、蜂后死亡。蜂巢的社会结构在跨代之间被表观遗传传递，蜜蜂的基因组是形成于远古时期的社会结构的适应器(Gadagkar，1991；Seeley，1997；Wilson and Holldobler，2005)。[①]

人类的基因—文化共同演化是基因—环境共同演化的一种特殊情况，其中环境从文化角度予以构建和传递(Feldman and Zhivotovsky，1992)。我们是在狩猎—采集社会中进化的，在狩猎—采集社会结构的架构中，我们人类成功的关键是，无亲或远亲的个体在相对大型的平等群体中合作狩猎、占地和防御的能力(Boehm，2000；Richerson and Boyd，2004)。尽管现代生物学和经济学理论曾试图证明，这样的合作将受到自虑个体的影响(Trivers，1971；Alexander，1987；Fudenberg et al.，1994)，但这种情况下的条件即使对小群体来说都是很不合情理的。相反，早期的人类社会环境是相当有利于亲社会品格之发展的，例如同情、羞愧、自豪、尴尬和对等性，若没有这些，社会合作是不可能的。

神经科学研究清楚地展现了道德行为的遗传基础。涉及道德判断和行为的大脑分区包括前额叶、眶额叶和颞叶上沟(Moll et al.，2005)。大脑的这些结构是非常独特的，只有人类发展的程度最高，且毫无疑问是进化适应器(Schulkin，2000)。人类前额叶的进化与人类道德的出现关系紧密(Allman，Hakeem and Watson，2002)。上述区域中一个或多个区域出现局部病灶损伤的病人，将表现出不同的与社会不合的行为，包括丧失窘迫感、自豪感和愧疚感(Beer et al.，2003；Camille，2004)，以及反社会行为(Miller et al.，1997)。反社会人格很可能存在遗传倾向。在美国，男性人口中有 3%到 4%是反社会者，但刑案惯犯中估计有 33%到 80%的人是反社会者(Mednick et al.，1977)。

根据这一部分的经验研究信息显然可知，文化可直接编译进人类大脑，当然，这正是基因—文化共同演化理论的核心主张。

12.2　人类交流的文化和生理学

比如，考虑通过语言和复杂面部表情进行的交流，仅仅在人类中，它才以远远超越初级的形式存在。人类交流的基因—文化共同演化发展，是特别清楚的，因为它留下了强有力的化石证据。在演化时标上，当人类交流的某种形式在狩猎—采集的人们之间日益广泛的时候，这种新的文化形式就会变成新的环境，新的遗传变异之适存性后果将在这个新环境中得到检验。人类因而经历大量的心理变革去促进语言表达、理解话语，以及进行表情交流。

结果，在智人的进化中，人脑运动皮质中的分区得到扩展，实现了语言的生成。嘴、喉及舌的神经和肌肉变得更为灵活地处理语言的复杂性(Jurmain et al.，1997)。在其他灵长类动物中并不存在的或者很小的大脑皮质构件、布洛卡和韦尼克区，得到了进化，使得符合文法的讲话和理解得以可能(Campell，Loy and Cruz-

---

[①] 社会物种即具有劳动分工和合作行为的物种。完全社会化的物种即存在繁殖劳动分工的社会物种；例如，某些雌性(如蜂后)繁殖后代，而其他雌性(如工蜂)抚养蜂后的后代。

Uribe，2005)。

人类心理最显著的变革,与语言的生成有关。成年的现代人在喉咙底部有一个声喉,"这个位置就像共鸣器一样使得喉咙可以发出各式各样的声音"(Releth-ford,2007)。骨骸结构支持这一发声部位的最早的原始人,是生活在距今 800 000到 100 000 年前的海德堡人。此外,辅音的生成需要短浅的口腔,然而跟我们距离最近的灵长类动物亲戚们却因为口腔深长而无法发出绝大多数辅音。舌骨是舌肌的结合点,在智人中,这一部位的发展方式使得高度精准灵活的舌头运动成为可能。原始人舌头得以进化而有助于讲话的另一个迹象,表现为舌下神经管的规格,它是一个使得舌下神经可以到达舌肌的孔道。在尼安德特人以及早期原始人和非人类灵长类动物中,该孔道要宽阔得多(Campell,Loy,and Cruz-Uribe,2005)。

人类面部神经和肌肉组织也得以进化而有助于交流。该肌肉组织存在于所有脊椎动物,但除哺乳动物外,它仅有进食和呼吸的功能(Burrows,2008)。在哺乳动物中,拟态肌肉组织附着在面部皮肤,因而使得细腻精确的面部交流成为可能,诸如恐惧、惊喜、厌恶和愤怒等表情。然而,在绝大多数动物中,表情仅涉及小范围的片状肌肉,使得细小的信息差异之表达是不可能的。相反,在灵长类动物中,肌肉组织被分为许多块独立的肌肉,具有不同的表皮附着点和不同的神经刺激点,因而使得更为灵活的面部交流成为可能。到目前为止,在脊椎动物中,人类具有最为高度发达的面部肌肉组织,并使得嘴唇和眼睛投入到其中,而这是其他任何物种都不具备的。

诸如同情、羞愧、自豪、窘迫、对等性、报复心之类事关社会合作之可能性的人类品性,是基因—文化共同演化的产物,这几乎是无疑的。遗憾的是,这些品性不可能在化石中留下清晰的脉络。

12.3 生物和文化动态学

生命系统的分析包含有一个不曾被自然科学解析表达的概念,即策略互动。在策略互动中,主体的行为,是在每个主体都针对其他主体行动选择一个最优反应这个假定下推导出来的。研究系统中主体进行最优反应以及这种最优反应之动态演化的学问,称为演化博弈论。

复制器是一个物理系统,可以携带能量和化学键进行自我复制。化学晶体,比如盐,就有这种属性,但生物复制器还有额外的能力去承载大量的以化学键高度可变排序为基础的物理形式。生物学运用复制、变异、突变和筛选等进化概念,来研究此类复杂复制器的动态变化(Lewontin,1974)。

生物学在行为科学中的作用,如同物理学在自然科学中的作用一样。正如物理学研究构成所有自然系统的基本过程,生物学则研究自然选择过程中幸存者的一般特征。特别是,遗传复制器,及其导致的表观遗传环境,以及这些环境对影响物种特性的基因频率的后果,包括个体品性的发展和种内的相互作用。当然,这并不意味着,在某些意义上行为科学可以约简为生物学法则。正如人们无法从物理学的基本定律演绎出自然系统的特征(例如,无机和有机化学原理、宇宙的结构和历史、遥控技术、板块构造学说),同样,人们也无法从生物学的基本原理演绎出复杂生命形式的结构和动态变化。但是,正如物理学原理成就了自然科学的模型创造一样,生物学原理必然成就所有的行为科学。

在种群生物学中,演化博弈论已经成为一个基本工具。事实上,演化博弈论根本上就是具有频率依赖适存性的种群生物学。在整个 20 世纪的大部分时间,经典的种群生物学并未运用博弈论框架(Fisher,1930;Haldane,1932;Wright,1931)。Fisher 定理认为,只要种群存在正的遗传变异,适存性就会随时间增加;但Moran(1964)证明,当牵涉的基因座超过一个时,Fisher 基本定理就是错的。Eshel和 Feldman(1984)运用从突变中抽象出的种群遗传模型鉴别了这一问题。但是,我们如何将适存性值与突变绑定起来? Eshel 和 Feldman(1984)的建议是,在表型层面以博弈论方式构造赢利,并把突变基因与所构造的博弈之策略联系起来。通过这些假设,他们证明,在某些限制性条件下,Fisher 的基本原理可以得到重生。他们的研究结论后来被 Liberman(1988)、Hammerstein 和 Selten(1994)、Hammerstein(1996)、Eshel、Feldman 和 Bergman(1998)以及其他人进行推广。

遗传和文化动态学最为自然的场景就是博弈论。复制器(遗传的和/或文化的)生成自身的复本,复本拥有对环境条件进行最优反应的指令表,包括有关于环境的信息,在这些信息下每个复本都被调动起来对其他的竞争复制器的密度和特性做出反应。从 20 世纪早期 Mendel 定律发现以来,遗传复制器已广为人知。文化传播显然也发生在大脑的神经元层面,部分的是通过镜像神经元活动(Williams et al.,2001;Rizzolatti et al.,2002;Meltzhoff and Decety,2003)。突变包括变异策略对原策略的取代,而"适者生存"动态(正规称呼为复制器动态)保证了策略更成功的复制器将取代策略不那么成功的复制器(Taylor and Jonker,1978)。

不过,文化动态不可能简化为复制器动态。一方面,从低赢利文化规范转向高赢利文化规范的过程,容易出错;而且,低赢利形式有正的频率取代高赢利形式(Edgerton,1992)。此外,文化演化可能涉及盲从倾向(Henrich and Boyd,1998;Henrich and Boyd,2001;Guzman,Sickrt and Rowthorn,2007),也涉及斜向传播和横向传播(Cavalli-Sforza and Feldman,1981;Gintis 2003b)。

12.4 规范理论:社会学模式

复杂社会系统一般都有劳动分工,训练有素的个体各司其职。例如,蜂群中有工蜂、雄蜂、蜂后,而工蜂又可以是保育蜂、觅食蜂和巡逻蜂。角色的准备是由性别和幼虫营养状况来决定的。现代人类社会也有由许多特定角色划分的劳动分工,社会规范给每种角色赋予恰当的行为,个人即有动力履行其职责的行动者,这种动力来自物质利益和规范倾向相结合。

Emile Durkheim(1933[1902])曾清晰论述过文化在社会劳动分工中的核心作用,他强调,多个角色(他称之为有机团结)需要共同的信仰(他称之为集体意识),因为共同信仰使得不同个体的行动之顺利协调成为可能。Talcott Parsons(1937)发展了上述思想,他运用自己的经济学知识精心设计了一个深奥的情景(角色)与参与人(行动者)互动的模型。Erving Goffman(1959)和其他人则充实了社会规范的行动者/角色分析方法。

社会角色有规范性和积极性两方面。在积极性方面,与社会角色相关的赢利(奖励和惩罚)必须对行为人履行其角色职责提供恰当的激励。当这些赢利与占据其他角色的参与人之行为无关时,上述要求很容易得到满足。然而,这种情况很罕见。如第7章所述,一般情况下,社会角色高度地相辅相成,且可模型化为认知博弈中参与人的策略集,该认知博弈的赢利就是上述奖励和惩罚,而行动者的选择构成一个相关均衡,均衡中所要求的信念之共同性则由共同的文化来提供。上述观点提供了一个解析环节,使得社会学理论中的行动者/角色分析框架与经济学理论中合作的博弈论模型两者达到了统一。

社会规范具体规定了角色的职责、权利以及与角色相关的正常表现,从而给定了社会角色中的恰当行为。首先,社会规范有缺乏规范内容的工具性特点,仅仅作为协调理性主体之行为的信息机制(Lewis,1969;Gauthier,1986;Binmore,2005;Bicchieri,2006)。不过,在绝大多数情形下,社会角色中的优秀表现要求行动者对角色表现出个人承诺,这种个人承诺无法通过与角色相关的自虑的"公共"赢利来获取(参见第7章以及Conte and Casterfranchi,1999)。

这是因为:(1)行动者可能具有与角色的公共赢利相冲突的私人赢利,诱使他们采取与恰当角色表现相反的行为(如腐败、偏爱、厌恶具体任务);(2)用于确定公共赢利的信号有可能不准确或不可靠(如教师、医师、科学家或企业主管的表现难以在合理的成本上予以完全客观的评估);(3)获得自虑行动者之遵从所必需的公共赢利,可能比至少部分依赖于角色担当之个人承诺时所需要的公共赢利来得更高;即,当表现难以考核时,比之纯粹用物质来激励行为主体,运用个人承诺来激励所付出的代价可能会更低(Bowles,2008)。这些情况下,把社会规范纯粹视为工具的自虑行动者将表现出社会无效率的行为方式(§6.3,6.4)。

社会角色的规范性方面源于如下几个考虑。首先,角色担当者认为社会角色是合法的,在这个意义上,他们对角色表现赋予了内在的伦理价值。我们称之为与角色担当有关的规范性倾向(参阅第7章)。其次,包括诸如诚实、可信、守诺和服从等人格美德在内的人类伦理倾向,可以增进恪守角色职责的价值(§3.12)。再次,人类也倾向于尊重其他人,即便在未来的名誉不大会受影响时也是如此(Masclet et al.,2003),而且乐于惩罚那些违反社会规范的人(Fehr and Fischbache,2004)。这些伦理品格绝不违背理性(§12.6),因为个人将会在上述价值观和物质回报以及其他利益之间进行权衡取舍,一如理性行动者经济理论所揭示的那样(Andreoni and Miller,2002;Gneezy and Rustichini,2000)。

因此,规范的社会心理学理论可以化解社会合作的社会学模式和经济学模式之间的矛盾,保留博弈论和理性行动者模型分析上的清晰性,同时又融会规范遵循的心理学模式所强调的集体性、规范性和文化性等特性。

12.5 规范的社会化和内化

社会是由道德价值观组织在一起的,这些道德价值观由社会化过程代代相传。这些价值观通过规范的内化来具体实现(Parsons,1967;Grusec and Kuczynski,1997;Nisbett and Cohen,1996;Rozin et al.,1999)。规范内化的过程,依赖于威信和影响的复杂的相互作用,在这一过程中,已规范化的人会对未规范化的人(通常是更年轻的一代)潜移默化。通过规范的内化,新人被教之以道德价值观要求他们恪守其意愿担当职位之职责。当然,规范的内化也预设了道德认知的遗传倾向,而道德认知却只能由基因—文化共同演化予以解释。

内化的规范不只是作为达到其他目的的工具而被接受,它更是作为个人试图最大化的偏好函数的自变量而被接受。例如,一个拥有"说实话"内化规范价值的个人,即使在说实话的净赢利为负时也会说实话。当个人受到严重罪过(诸如愤怒、贪婪、暴食和淫欲之类)的短暂快感所诱惑时,完全社会化的个人就会调动诸如羞耻、内疚、自豪和同情之类的基本的人类情感来强化亲社会的价值观。将规范视为约束而不是目的,这一看法似乎不错,问题是,所有的规范都确实可能会被个人在某些条件下违背,这表明存在着权衡取舍,正如§3.12和§3.4所探讨的,仅仅约束行为的规范并不存在。

人类对社会化的开放性,也许是见于自然界的最强大的表观遗传传递形式。这种表观遗传的灵活性很大程度上解释了智人物种进化的巨大成功,因为当个人内化规范时,意愿行为的频率将高于人们仅仅工具性地遵守规范的时候,即人们由于其利益或其他理由而感觉到应该遵循规范的时候。正是日益增加的亲社会行为,使得人类在群体中的有效合作成为可能(Gintis et al.,2005)。

当然,社会化也存在局限(Tooby and Cosmides,1992;Pinker,2002),而且弄明白特定价值观生灭的动态变化是很有必要的。经济学和生物学理论认为,价值观生灭实际上取决于它们对于适存性和福祉的贡献(Gintis,2003b,2003a)。此外,经常有一些迅急的、全社会的价值观变迁,尚不能由社会化理论解释(Wrong,1961;Gintis,1975)。不过,社会化理论在文化、策略学习和道德发展的一般理论中占据着重要位置。

行为科学之混乱的一个更为惊人的表现是如下事实:规范的内化从未出现在人类行为的经济学和生物学模式中。

12.6 理性选择:经济学模式

广义进化原理认为,物种中成员的个体决策可以被模型化为最大化偏好函数。

自然选择引导偏好函数的内容反映生物的适存性。期望效用原理将此最优化扩展到了随机结果。所得到的模型在经济学中称为理性行动者模型，尽管称之为信念、偏好和约束（BPC）模型在某种程度上更有价值——这样可以避免附着在"理性的"这一术语上常见的误导涵义。

对每一个感知输入丛，有机体采取的每一个决定都会在结果上生成一个概率分布，结果的预期效用就是与该决定有关的适存性。由于适存性是一个标量，对于每一个感知输入丛，有机体的每个可能行动都可有一个具体的适存性值，若有机体的决策机制对环境来说是最优化的，则有机体就会选择最大化适存性值的行动。这一观点曾由达尔文（1872）口头提出，在"适者生存"的标准观念中它也是显然的，但正式的证明则是近年的事（Grafen，1999，2000，2002）。在频率依存（非加性遗传）的情形中，适存性尚待正式证明，但非正式的观点是令人信服的。

给定感知输入状态，具有最优化大脑的有机体若在 A 和 B 皆可行时选择了 A 而不是B，在 B 和 C 皆可行时选择了 B 而不是C，则在 A 和 C 都可行时它将选择 A 而不是 C。从而，选择的一致性可从基本的演化动态中推导出来。人们经常提到理性行动者模型，仿佛它只适用于行动者拥有极其强大的信息处理能力的时候。而实际上，如我们在第 1 章所见，基本的模型仅仅依赖于选择的一致性，期望效用定理的要求则苛刻得多。

注意如下四点提醒。第一，个体并非有意识地最大化所谓"效用"或其他什么东西。第二，个体的选择不一定会提高福祉，即便个体是自虑的（例如个人消费）也一样。第三，偏好必须有某种程度的跨时稳定性仅在理论上有用，不可避免的是，偏好乃个体现状的函数，且信念在对即刻感知和社会经验做出反应时可以有巨大的变化。最后，信念不必一定正确，也不必一定针对新证据作正确更新，尽管有关更新的贝叶斯假设能够以优雅而有说服力的方式成为一致性的组成部分（Jaynes，2003）。

理性行动者模型是当代经济理论的基石，并在过去数十年中成了动物行为生物建模的核心（Real，1991；Alcock，1993；Real and Caraco，1986）。经济学和生物学理论因此有了自然而然的密切关系：经济理论的理性行动者模型所依存的选择一致性，竟由演化理论使其合乎情理；开创于经济学的最优化技术，也被生物学家因袭或扩展应用于非人类的有机体行为建模。接下来我将指出，这是由于经济学和生物学采用例行选择范式，与此相对的是认知心理学采用审慎选择范式。

对 BPC 模型最流行的批评，也许是 Herbert Simon（1982）所提出的，他认为信息处理是代价不菲的，且人类只有有限的信息处理能力，个人追求满意而非最大化，因此只是有限理性的。上述观点有很多证据，包括选择行为建模中纳入信息处理成本和有限信息的重要性，以及承认收集多少信息一定程度上取决于未经分析的主观先验（Winter，1971；Heiner，1983）。事实上，从基本的信息论到量子力学，都可推论所有的理性皆有限。不过，从 Simon 的著作中摘取出的一个流行观点是，我们应抛弃 BPC 模型。例如，数学心理学家 D. H. Krantz（1991）断言："个人应该最大化某种数量的规范性假设可能是错的……人们的确且应该是问题解决者，而不是最大化者。"这不正确。事实上，只要个人涉及例行选择(12.14)并因而具有一致性偏好，其行为可以当作约束下的目标函数最大化予以建模。

这一点甚至被 Gigerenzer 和 Selten(2001)这样有才华的研究者所忽视，他们反对"约束最优化"方法，理由是个人确实不去求解最优化问题。然而，正如台球选手不会通过求解微分方程来选择击球，决策制定者的确不会去求解拉格朗日方程，但就算在这样的情况下，我们也可以用这种最优化方法来描述他们的行为。当然，正如 Gigerenzer 和 Selten(2001)所强调的，站在分析立场看，在某些特定领域，理性选择模型的推广并非捕捉决策制定直觉的最佳方式。

12.7　审慎选择：心理学模式

决策制定的心理学文献是丰富而多样的，近年来，来自脑功能神经科学数据的神经网络理论和证据扩展了传统分析方法(Kahneman et al.，1982；Baron，2007；Oaksford and Chater，2007；Hinton and Sejnowski，1999；Newell et al.，2007；Juslin and Montgomery，1999；Bush and Mosteller，1955；Gigerenzer and Todd，1999；Betch and Haberstroh，2005；Koehler and Harvey，2004)。在决策制定和判断的心理学理解方面，的确还没有统一的模式，其原因毫无疑问是有关的心理过程甚为复杂多变。

心理学所研究的决策制定种类包括长期目标的形成，它由目标达成时的价值、可能的成本区间和目标达成的概率来加以评估。目标形成的上述三个维度都有内在的不确定性，所以目标选择的策略是建立分目标以降低上述不确定性。人类决策的复杂性往往牵涉到人生过程中不常出现的目标，比如选择职业、是否结婚、跟谁结婚、养几个孩子、如何应对健康隐患，在这些方面，从错误中汲取教训的机会是很少的。心理学家也研究人们在试错学习条件下，如何根据有干扰的单维或多维数据制定决策。

如下事实加剧了审慎选择建模的困难：由于此类决策的复杂性，许多的人类决策皆有不同的群体动态，其中某些个体尝试而其他个体则模仿成功的尝试者(Bandura，1977)。在个体层面上，无法成功地对上述动态进行建模。

与此相反，理性行动者模型适用于不存在模糊性的选择情形，选择集是清晰描述的，赢利是直接的，所以在可行方案比较之外并不涉及什么审慎判断。从而，在这一领域从事研究的绝大多数心理学家，将理性行动者模型当作日常决策领域中选择行为的适当模型予以接受，也承认尚无明确的方法可以将此模型扩展运用于他们所研究的更为复杂的情形。例如，Newell、Lagnado 和 Shanks(2007，p.2)断言："我们认为，对这个世界而言，决策制定和判断是细致且微妙的，特别是在某些情形中，我们既有机会在类似的条件下重复反应，也有机会从反馈中学习。"

因此，决策制定的心理分析和经济分析并没有太深的概念分歧。尽管在某些重要场合,决策制定者似乎违背了理性选择的一致性条件,事实上所有这类情况,如同我们在§1.9中所阐述的,只要假定行为主体的现状是其偏好结构的一个自变量,一致性就可以重新成立。对偏好一致性的另一个可能的质疑是,彩票选择中的偏好逆转。Lichtenstein 和 Slovic(1971)最早发现在很多情形中,偏好彩票 A 甚于彩票 B 的个人始终乐意在 A 而不是 B 上花更少的钱。几年后,其报告在经济学界公开,Grether 和 Plott(1979,p. 628)断言:"大量数据和理论得到了发展,[那]只是与偏好理论不一致。"又几年后,Tversky、Slovic 和 Kahneman(1990)解释了这种偏好逆转,视之为彩票选择中胜率高估和货币价值中最大胜额高估所造成的偏差。然而,证据表明,只有当彩票 A 和彩票 B 的期望价值非常接近,而期望价值最大化者只需简算或略加思索就确定那张彩票更好的时候,上述现象才会存在。例如,在 Grether 和 Plott(1979)中,相互对照的彩票对的期望价值平均差异为 2.51%。Tversky、Slovic 和 Kahneman(1990)中相应的数据是 13.01%。当选择如此接近于无差异时,根据不当线索做出决定不足为奇,经济学家和心理学家所偏爱的直觉和偏误模型(Kahneman et al.,1982)就可以对此加以解释。

期望效用模型(§1.5)更接近于心理学家的想法,因为它以固有的方式处理不确定性,且贝叶斯法则的应用确有可能涉及复杂的审慎思虑。关于期望效用模型背后概率推理的失效,Ellsberg 悖论是一个特别清楚的例子。然而,该模型有众多的经验证据支持,所以在期望效用定理被违背的时候,基本的建模问题既可以表达清楚,也可以提供该范围之外的可供选择的模型(Newell et al.,2007;Oaksford and Chater,2007)。

我断定,研究例行选择的理性行动者模型,以及心理学家提出的旨在解释复杂的人类审慎思虑、目标形成以及学习的种种模型,这两者之间应该存在基本的协同作用。

12.8　应用:成瘾行为

药物滥用似乎是非理性的。滥用者具有时间不一致性,而且其行为是在降低其福祉。此外,对非法滥用药物之惩罚的严格增加,结果是监狱里人满为患,并未带来禁止行为的减少。由于理性行动者通常在所愿的目标之间权衡取舍,此怪现象导致一些研究者立马抛弃了 BPC 模型。

然而在社会层面,BPC 模型依然是分析药物滥用的最强大的工具。最为突出的批判目标是 Becker 和 Murphy(1988)的"理性成瘾"模型。尽管该模型确实有一些缺点,但理性行动者的应用却不是缺点。确实,有经验研究支持如下论点:非法药物常常对市场力量做出响应。例如,利用全国住户调查 49 802 个样本,Saffer 和 Chaloupka(1999)估计出海洛因和可卡因的价格弹性分别为 1.70 和 0.96。上述弹性值其实是相当高的。通过这些估计,作者判断,毒品合法化带来的较低的价格,将导致海洛因和可卡因的消费量分别增加 100% 和 50%。

这如何与严惩并未粉碎需求的现实观察相符？Gruber 和 Köszegi(2001)运用理性行动者模型，但并未假设时间一致性，对此做出了解释，证明了吸毒者会表现出承诺和自我控制行为，这是典型的时间不一致行为主体的问题，对他们来说，未来可能的惩罚严重削弱了现在就罢手的价值。这种行为降低了福祉，但理性行动者模型的确并没有预设偏好的结果一定会增进福祉。

12.9　博弈论：生存的万能宝典

博弈论是演化理论的一种逻辑延伸。要明白这一点，不妨假设只存在唯一的复制器，它从非生物来源获取营养和能量。复制器数量将以几何速率增长，直至对其环境投入物形成压力。这时，可以更加有效利用环境的突变体将会把效率更低的同种个体淘汰出局，而且，随着投入物的稀缺，突变体将表现出从资源丰盛个体那里"窃取"资源的行为。随着此类掠夺者的增长，被掠夺的突变体将发明出规避掠夺的手段，而掠夺者则会以新的掠夺能力予以反击。策略互动就以这种方式，产生于基本的演化动力之中。从这一点，到多细胞体的每个细胞之间、社会生产中合作的同种个体之间、有性物种的雄性和雌性之间、父母和子女之间、争夺地盘的群体之间的合作与竞争，只需迈出概念上的一小步。

历史上，博弈论并非源自生物学考虑，而是来自第二次世界大战中对策略的关注(Von Neumann and Morgenstern，1944；Poundstone 1992)。这就导致了广泛的讥讽，认为博弈论只适用于拥有强大推理和信息处理能力的理性自虑主体的静态对抗。然而，近年来博弈论的发展，已使得这种观点不再正确。

博弈论已成为动物行为建模的基本框架(Maynard Smith，1982；Alcock，1993；Krebs and Davies，1997)，并因而以演化博弈论的形式摆脱了静态和超理性化特点(Gintis，2009)。演化和行为博弈论确实不需要经典博弈论那种强大的信息处理能力，所以，认为认知是稀缺的且代价不菲的那些学科，可以采用博弈论的模式(Young，1998；Gintis，2009；Gigerenzer and Selten，2001)。于是，主体可以只考虑策略集的一个严格子集(Winter，1971；Simon，1972)，而且他们可以运用直觉经验法则而不是最大化方法(Gigerenzer and Selten，2001)。因此，博弈论是一个通用的框架，它使得精确架构有意义的经验论断成为可能，但又不会在所预测的行为上强加任何特殊结构。

12.10　认知博弈论与社会规范

经济学和社会学有着高度对立的人类互动模型。经济学在传统上认为个人是理性的、自虑的赢利最大化者，而社会学却认为个人是高度社会化的、他虑的、有道德的、努力担当社会角色且其自尊依赖于他人认可的行为主体。统一行为科学的大业，必须以兼蓄两者核心洞见的方式对上述矛盾对立提出一个解决方案。

行为博弈论有助于我们判别上述学科的差异，其提供的实验数据在道德价值观和他虑偏好方面支持了社会压力，也在理性的赢利最大化方面支持了经济压力。例如，大多数个人在意对等性和公平，也在意个人得益（Gintis et al.，2005），会为了自己而重视诚实之类的美德（Gneezy，2005），即使对将来的声誉没什么影响也会在意他人的尊严（Masclet et al.，2003），乐于惩罚那些伤害过他们的人（de-Quervain et al.，2004）。而且，正如社会化理论表明的，基于特定的社会文化情形，人们将有一致的价值观，甚至在实验室匿名条件下的单次博弈中，人们都会运用这些价值观（Henrich et al.，2004；Henrich et al.，2006）。这一系列证据表明，把理性行动者模型重新整合到社会理论中，对社会学家大有裨益，而经济学家则可拓宽其人类偏好的概念。

经济学和社会学之间的第二个矛盾涉及在解释社会合作中存在着相反的博弈论和社会心理学理论主张。我们在第7章对这一领域的论述，可以在更为广阔的行为科学统一背景下阐释如下。

经济理论中劳动分工的基本模型是瓦尔拉斯一般均衡模型，根据该模型，存在一个灵活的价格体制，诱导企业和个人的物品和服务之供求，达到所有市场在均衡中出清的数量（Arrow and Debreu，1954）。然而，这个模式假定，个人之间所有的合约都可由司法机关之类的第三方无成本实施。但事实上，许多重要的社会合作形式并非通过第三方实施合约，而是采取重复互动的形式，其中非正式的但又很现实的关系破裂之威胁将诱导彼此合作（Fudenberg et al.，1994；Ely and Vlimaki，2002）。例如，雇主雇用工人，工人努力工作是出于被解雇的威胁而不是雇主的诉讼威胁。

于是重复博弈理论开始出场，被经济学家用于解释面对面形式的合作，这种合作确未简化为简单的价格为中介的市场交易。重复博弈理论表明，在许多情况下，许多个体的行动可以得到协调，在这个意义上，即存在一个纳什均衡可以确保：给定其他人采取纳什均衡指派给他们的策略，则任何自虑的个体皆不能通过背叛由均衡指派给他的策略来获得好处（§10.4）。如果该理论已经很充分，大部分经济学家也认为如此，那么规范的社会心理学理论就没什么作用，而社会学理论将不再是由重复博弈论解析说明的社会机制的扎实描述。

然而，自虑行为主体的重复博弈论的确无法解决社会合作问题（§10.6）。当群体是由两个以上个体组成，且体现某个参与人表现有多么好的信号是不完美的且私有的（即，参与人不完美地接收到关于其他参与人行为的信号），则合作的效率将相当低，而且指派给每个参与人的角色将是参与人没有动力采用的极端复杂的混合策略（§10.5）。正如我们在第7章所述，此时，规范的社会心理学可以出场，提供一个机制诱导个人采取指派给他们的策略。在劳动分工中，社会规范可能为每个人提供规则，参与者可能对诚实具有普遍的偏好，而诚实使得他们可以把关于他人行为的私人信号与公共信号合二为一，公共信号可以充当协调集体惩罚和奖赏的基础，并且参与人可能有遵从其社会角色的个人规范倾向。因此，社会力量和经济力量将是互补的,而并非彼此矛盾的。

  Robert Aumann(1987)为经济学和社会学的融合做出了关键的解析贡献,他证明,博弈论中均衡的自然而然的概念,对于分享共同信念的理性行动者来说,并非纳什均衡,而是相关均衡。相关均衡是在原博弈上追加一个新的参与人所形成的博弈之纳什均衡,我将这个新的参与人称为设计者(Aumann 只是简单地称其为"关联机制"),他在给定参与人(公共)信念的条件下进行概率分布抽样并进而指示每个参与人采取何种行动。若大家都同时遵循设计者的话,则设计者推荐的行动将是彼此行动的最优反应,所以,除了遵循设计者建议,自虑的参与人并无更好的做法。

  结果,社会学以及更普遍的社会生物学(参阅第 11 章)的登台,不仅仅以社会规范的复杂形式提供了设计者,也提供了文化理论用以解释参与人何以具有对相关均衡不可或缺的共同信念。而认知心理学则解释了规范倾向,当确实存在着参与人有意选择的其他具有同等赢利甚至更高赢利的其他行动时,正是规范倾向诱导个人采纳了设计者的建议(即遵循社会规范)。

12.11 社会作为复杂适应性系统

  行为科学得以进步,不仅得益于解析和定量分析模型的发展,而且得益于历史的、描述性的和人种学的证据之积累,这些证据注意到了自然展示给我们的一系列奇妙形式中生命的精巧复杂。历史的偶然性对许多社会学、人类学、生态学、生物学、政治学乃至经济学的学生来说,是基本的重点。相反,自然科学却发现,与解析建模相比,叙事分析几乎没什么用处。

  自然科学和行为科学对照鲜明的原因在于,生命系统通常是复杂的、动态的适应性系统,具有解析模型无法捕捉到的涌现性,解析模型仅用于分析局部的互动。因而,博弈论的假设—演绎方法、BPC 系统模式,乃至基因—文化共同演化理论,它们都与行为科学家的研究互补(行为科学家更坚持历史和解释传统),也与某些研究者的研究互补(这些研究者运用基于主体规划方法[agent-based programming techniques]来探索近似于真实世界复杂适应性系统的动态行为)。

  复杂系统由为数众多的类似(用我们的话来说,就是人类个体)构成,这些实体通过规则化的渠道(例如网络、市场、社会制度)在显著的随机因素影响下相互作用,没有集中化的组织和控制体制(即,若某个国家仅仅控制了全部社会交往的某个部分,则该国家本身就是一个复杂系统)。若一个复杂系统经历着繁殖、突变和筛选的演化(遗传的、文化的、基于主体的,或其他的)过程,则它就是适应性的(Holland,1975)。以复杂适应性刻画系统,并不能解释其运行,也无法解决任何问题。然而它表明,某些在非复杂系统中没有多大用处的建模工具可能会非常有效。特别是,物理学和化学的传统数学方法必须辅之以其他建模工具,例如基于主体的仿真和网络理论。

现代物理学和化学的惊人成功，在于它们避免或控制涌现性的能力。自然科学的实验方法就是创造出高度简化的实验条件，使得建模分析在该条件下可以变得非常容易。在分析复杂的真实世界现象原型时，物理学并不比经济学或生物学更有效。工程学的不同分支（电力、化工、机械）之所以有效，是因为在日常生活中它们可以再创造出人工控制的、非复杂的、没有适应性的环境，在这样的环境中，物理和化学的发现可以被直接应用。行为科学家通常享受不到这种特权，他们几乎没有机会"操纵"社会的制度和文化。

12.12　观点碰撞：生物学

生物学家对本章导言所列五项原则中的三项，一般没有异议。唯有基因—文化共同演化和规范的社会心理学，遭到了激烈的反对。

自 20 世纪 80 年代以来，基因—文化共同演化理论才逐渐传开，且只应用于一个物种——智人。毫不奇怪，许多社会生物学家是慢慢地予以采纳，并运用了大量的种群生物学概念，以更常见的术语——特别是亲缘选择（Hamilton，1964）和互惠利他（Trivers，1971）——来解释人类的社会性。这些模型的解释力说服了一代研究者，使他们相信：看似利他的行为——个人为他人利益而做出牺牲——其实只不过是长期的利己行为而已，故而从人类学、社会学以及经济学中抽取出来精心构造的理论，对于解释人类的合作与冲突并无必要。

例如，Rechard Dawkins 曾在《自私的基因》（1989［1976］）中断言："我们是生存的机器——被盲目设计出用以保护的自私基因分子的机器人载体……这种基因自私性常常导致个人行为的自私性。"同样，在《道德体系的生物学》（1987，p. 3）中，R. D. Alexander 认为"伦理、道德、人的行为以及人类心理，只有在视社会为追逐私利之个体的集合时，才能被理解……"。与此类似，Michael Ghiselin（1974，p. 247）写道："要是情操搁置一旁，便没有真正的慈善迹象去改善我们的社会理想。那通向合作的道路，原本是巧取豪夺加上顺手牵羊……利他者的伤口上，只见到伪君子的血液流淌。"

作为人类社会生物学的主要贡献力量，演化心理学已将亲缘选择/互惠利他主义观点纳入到社会中文化作用（Barkow，Cosmides and Tooby，1992）以及基因—文化共同演化依赖的群体动态变化形式（Price，Cosmides and Tooby，2002）的猛烈批判中。我认为上述主张已经遭到了有效批驳（Richerson and Boyd，2004；Gintis et al.，2009），尽管种群生物学有关群体选择的颇为有趣的争论已经得到澄清，但并未彻底解决（Lehmann and Keller，2006；Lehmann et al.，2007；Wilson and Wilson，2007）。

12.13　观点碰撞：经济学

经济学家普遍信奉方法论个人主义教条，它主张：所有的社会行为都可由行为主体之间的策略互动予以解释。倘若这是正确的,基因—文化共同演化就是不必要的,复杂理论也是不相干的,而规范的社会心理学理论也可以从博弈论中推导出来。然而,我们在第 8 章曾断定,方法论个人主义与证据相抵触。

经济学家也普遍反对将社会视为复杂适应性系统的思想,理由是我们仍可调整瓦尔拉斯一般均衡的框架,通过精妙的数学方法适当加固这一框架,以便解释宏观经济行为。事实上,自从 20 世纪中叶证明了存在性之后(Arrow and Debreu,1954),一般均衡理论一直没有实质性的发展。特别值得注意的是,不存在任何可靠的稳定的模型(Fisher,1983)。的确,标准模型预示着价格动荡和混沌(Saari,1985;Bala and Majumdar,1992)。此外,超额需求函数的分析也表明,对偏好的限制不大可能得到瓦尔拉斯价格动态的稳定性(Sonnenschein,1972,1973;Debreu 1974;Kirman and Koch,1986)。

对此可悲的事态,我的回应表明,基于经济乃复杂非线性动态系统这一理念,广义交换的基于主体的模型表现出了高度的效率和稳定性(Gintis,2006;Gintis,2007a)。在经济学中运用基于主体的建模,似乎还没遇到任何学理上的障碍。

12.14　观点碰撞:心理学

以理性行动者模型为基础的决策理论,代表了从 17、18 世纪的 Bernoulli 和 Pascal 以来所有时期的伟大科学成就之一,并在 20 世纪早期和中叶的 Ramsey、de Finetti、Savage 以及 von Neumann 和 Morgenstern 等人的研究中达到顶峰。然而,它在研究人类选择的行为学科中的杰出表现,尤其是在现代经济理论中的基石地位,已使得决策理论的实证审视达到了极高的水平。由于我把理性行动者模型作为统一行为科学的五个组织原则之一,下面的批评值得认真考虑。

最突出的批评从 Daniel Kahneman 和 Amos Tversky 一系列妙不可言的实验中汲取了灵感。这些研究者证明了决策论标准原理与聪明而训练有素的个人之真实选择之间的几个关键而系统的偏离(参阅第 1 章)。损失厌恶、基率谬误、框架效应以及合成谬误,诸如此类的现象必须添加到传统的 Allais 和 Ellsberg 悖论,以代表传统决策理论之外的人类决策的基本方面(§1.7)。

心理学家不恰当地利用了上述贡献对理性行动者模型发起了持续的攻击,导致许多研究者放弃了传统决策理论,并在理性行动者模型之外——比如在神经网络计算机建模和脑功能神经科学研究之类领域——寻找替代的模型。抛弃传统的决策模型可能令人情绪上得到满足,但却是幼稚的、短视的并具有科学破坏性。在可预见的未来,传统决策理论模型仍无可替代,也不可能有替代的模型,原因很简单:该理论多半是正确的,在它失效的地方,解释失效的原理是补充了标准理论,而并非破坏了标准理论。例如,只要假定偏好函数纳入个人现状作为自变量,则记录在案的传统理性行动模型中的不一致性便可有效处理掉,故所有的评估都具有现状偏差性质。Kahneman 赖以获得诺贝尔奖的前景理论,正是这种形式,如时间不一致性和后悔现象的讨论一样。在其他情形中，若假设个人有他虑偏好(实验强烈支持这一点)，我们便可与理性意味着自私这一传统偏见彻底决裂。

为了化解决策制定的心理学和经济学模型之间的冲突，我提出四点建议。第一，两个学科应该意识到审慎决策和例行决策的区别；第二，大脑是一个适存性强化的适应器，心理学应该基于这一原则，将例行决策的演化引入到心理学的核心框架；第三，审慎决策制定是灵长类动物和原始人群对日益增加的社会复杂性的适应器；最后，在条件正好不完全清楚但却对理解人类选择具有潜在重要性的时候，理性决策制定就转化为审慎决策制定。

12.15　结论

在本章，我提出了五个分析工具，它们合力为各门行为科学提供了共同的基础。它们是基因—文化共同演化、规范的社会心理学理论、博弈论、理性行动者模型和复杂性理论。尽管，在上述工具和不同学科的主要概念工具之间，要提供精确的耦合无疑会面临难以克服的科学问题，例如，在融洽规范的社会心理学理论和重复博弈理论时所表现出的问题，但是，这些智力方面的问题相对于围绕现代行为学科半封建性质出现的社会问题可能就相形见绌了，这些社会问题甚至使得最为迫切的改革成为了永垂不朽的事业。如果这些制度障碍得以克服，则各门行为科学便可相互一致且彼此强化。

▶13

总　结

最重要的是:做真实的自我!
照此遵循不渝,如黑夜紧随白天,
这样你便不会对人虚情假意。

Shakespeare

在一本满是公式的长篇大作中,很容易逐末而舍本。本章是对全书主要观点的一个总结。

● 博弈论是人类行为建模中不可或缺的工具。抛弃或排斥博弈论的行为科学,在理论上是残缺的。

● 博弈论中传统的均衡概念,即纳什均衡,只有当参与人共同拥有关于博弈将如何进行的信念时,才会被理性的行动者采纳实施。

● 理性行动者模型并未包含可以推导出个体间信念共性的任何原理。由于这个原因,群体合作行为建模中所出现的纳什均衡,的确无法从理性主体的互动之间自发产生。相反,它们需要一个更高层次的相关机制或设计者。

● 因而,对于社会理论来说,纳什均衡并非一个合适的均衡概念。

● 对于具有共同先念的参与人集合,相关均衡是一个合适的均衡概念。恰当的相关机制可以完全等同于社会规范。

● 社会系统是复杂适应性系统。社会规范属于此类系统的涌现性。社会规范的范围,可以涵盖从简单惯例(如词汇和交通灯)到复杂的基因—文化产物(如地盘权和产权)。复杂的规范可以被传授、学习和内化,但个人在遗传方面也一定有承认和遵循社会规范的倾向。

● 因此,存在演化而来的以人脑之具体特征为基础的社会认识论,也存在文化意义上的具体社会制度的运行,这些社会制度影响了人们的信念共性。

● 即使存在信念共性以及引导相关均衡的社会规范,自虑的个人并没有动机去选择相关均衡。相反,人是他虑的:他们倾向于遵守社会规范,甚至在遵守规范代价不菲时也是如此。我们称之为规范倾向。

● 当代的各门行为学科有四个互不相容的人类行为模式。各门行为科学必须提出一个统一的选择模式，消除这些不相容性，而这个统一模式要能够以不同的方式进行特殊化，以满足不同学科的不同需求。

● 《理性的边界》证明，博弈论需要更广泛的社会理论来获得解释力，而没有博弈论的社会理论则是严重有害的，这有助于完成统一各门行为科学的任务。

● 理性的边界并非各种形式的非理性，而是各种形式的社会性。

符号表

$\{a, b, x\}$	拥有元素 a, b 和 x 的集合
$\{x \mid p(x)\}$	$p(x)$ 为真的 x 之集合
$p \wedge q$, $p \vee q$, $\neg p$	p 和 q, p 或 q, 非 p
iff	当且仅当
$p \Rightarrow q$	p 蕴含 q
$p \Leftrightarrow q$	p 当且仅当 q
(a, b)	有序对：$(a, b) = (c, d)$, 当且仅当 $a = c$, $b = d$
$a \in A$	a 属于 A
$A \times B$	$\{(a, b) \mid a \in A, b \in B\}$
$\mathbf{R}$	实数
$\mathbf{R}^n$	n 维实数
$(x_1, \cdots, x_n) \in \mathbf{R}^n$	n 维向量
$f: A \to B$	函数 $b = f(a)$, 这里 $a \in A$ 且 $b \in B$
$f(\cdot)$	省略了自变量的函数 f
$f^{-1}(y)$	$y = f(x)$ 的逆函数
$\displaystyle\sum_{x=a}^{b} f(x)$	$f(a) + \cdots + f(b)$
$S_1 \times \cdots \times S_n$	$\{(s_1, \cdots, s_n) \mid s_i \in S_i, i = 1, \cdots, n\}$
$\displaystyle\prod_{i=1}^{n} S_i$	$S_1 \times \cdots \times S_n$
ΔS	S 上的概率分布（彩票）集合
$\Delta^* \prod_i S_i$	$\prod_i \Delta S_i$（混合策略集合）
$[a, b]$, (a, b)	$\{x \in \mathbf{R} \mid a \leqslant x \leqslant b\}$, $\{x \in \mathbf{R} \mid a < x < b\}$
$[a, b)$, $(a, b]$	$\{x \in \mathbf{R} \mid a \leqslant x < b\}$, $\{x \in \mathbf{R} \mid a < x \leqslant b\}$
$A \cup B$	$\{x \mid x \in A$ 或 $x \in B\}$
$A \cap B$	$\{x \mid x \in A$ 且 $x \in B\}$
$\bigcup_\alpha A_\alpha$	$\{x \mid x \in A_\alpha$ 对于某些 $\alpha\}$

$\bigcap_\alpha A_\alpha$	$\{x \mid x \in A_\alpha$ 对于所有 $\alpha\}$
$A \subset B$	$A \neq B \wedge (x \in A \Rightarrow x \in B)$
$A \subseteq B$	$x \in A \Rightarrow x \in B$
$=_{\text{def}}$	定义等于
$\lceil \psi \rceil$	$\{\omega \in \Omega \mid \psi(\omega)$ 为真$\}$
$f \circ g(x)$	$f(g(x))$

第 11 章的符号

$\beta \in (0, 1]$	从争斗中受伤的程度
$\phi \in (0, 1]$	行为主体中先占者的比例
π_g	当前未受到挑衅的先占者的现值
π_b	正寻找地盘的流民的现值
$\rho \in (0, 1]$	流民落脚在某个地块上的概率
b	从占有物获得的收益
$c \in (0, 1]$	与地盘搜寻相关的适存性代价
$f \in (0, 1]$	肥沃地块的比例
$f_o \in (0, 1]$	采取还击的先占者之比例
n	没有占据地块时行为主体能够生存的天数
n_p	地块的数量
n_a	行为主体的数量
$p \in (0, 1]$	地块转为贫瘠的概率
$q \in (0, 1]$	贫瘠地块重焕生机的概率
$q_u \in (0, 1]$	先占者受到入侵者挑战的概率
$r \in (0, 1]$	找到肥沃地块的概率
$v \in (0, 1]$	投资一块新的肥沃地块的代价
$w \in (0, 1]$	找到肥沃的无主地块的概率
$p_d \in (0, 1]$	争夺导致受伤的概率
$p_u \in (0, 1]$	入侵者赢得争斗的概率
$s = \in (0, 1]$	预期从争斗中受到的损害
$s_o \in (0, 1]$	先占者承诺投入争斗的资源
$s_u \in (0, 1]$	入侵者承诺投入争斗的资源

Abbink, Klaus, Jordi Brandts, Benedikt Herrmann, and Henrik Orzen, "Inter-Group Conflict and Intra-Group Punishment in an Experimental Contest Game," 2007. CREED, University of Amsterdam.

Abbott, R. J., J. K. James, R. I. Milne, and A. C. M. Gillies, "Plant Introductions, Hybridization and Gene Flow," *Philosophical Transactions of the Royal Society of London B* 358 (2003):1123–1132.

Ahlbrecht, Martin, and Martin Weber, "Hyperbolic Discounting Models in Prescriptive Theory of Intertemporal Choice," *Zeitschrift für Wirtschafts- und Sozialwissenschaften* 115 (1995):535–568.

Ainslie, George, "Specious Reward: A Behavioral Theory of Impulsiveness and Impulse Control," *Psychological Bulletin* 82 (July 1975):463–496.

Ainslie, George, and Nick Haslam, "Hyperbolic Discounting," in George Loewenstein and Jon Elster (eds.) *Choice over Time* (New York: Russell Sage, 1992) pp. 57–92.

Akerlof, George A., "Labor Contracts as Partial Gift Exchange," *Quarterly Journal of Economics* 97,4 (November 1982):543–569.

Alcock, John, *Animal Behavior: An Evolutionary Approach* (Sunderland, MA: Sinauer, 1993).

Alexander, R. D., *The Biology of Moral Systems* (New York: Aldine, 1987).

Allais, Maurice, "Le comportement de l'homme rationnel devant le risque, critique des postulats et axiomes de l'école Américaine," *Econometrica* 21 (1953):503–546.

Allman, J., A. Hakeem, and K. Watson, "Two Phylogenetic Specializations in the Human Brain," *Neuroscientist* 8 (2002):335–346.

Anderson, Christopher, and Louis Putterman, "Do Non-strategic Sanctions Obey the Law of Demand? The Demand for Punishment in the Voluntary Contribution Mechanism," *Games and Economic Behavior* 54,1 (2006):1–24.

Andreoni, James, "Cooperation in Public Goods Experiments: Kindness or Confusion," *American Economic Review* 85,4 (1995):891–904.

Andreoni, James, and John H. Miller, "Rational Cooperation in the Finitely Repeated Prisoner's Dilemma: Experimental Evidence," *Economic Journal* 103 (May 1993):570–585.

—, "Giving According to GARP: An Experimental Test of the Consistency of Preferences for Altruism," *Econometrica* 70,2 (2002):737–753.

Andreoni, James, Brian Erard, and Jonathan Feinstein, "Tax Compliance," *Journal of Economic Literature* 36,2 (June 1998):818–860.

Anscombe, F., and Robert J. Aumann, "A Definition of Subjective Probability," *Annals of Mathematical Statistics* 34 (1963):199–205.

Arkes, Hal R., and Peter Ayton, "The Sunk Cost and *Concorde* Effects: Are Humans Less Rational Than Lower Animals?" *Psychological Bulletin* 125,5 (1999):591–600.

Arrow, Kenneth J., "An Extension of the Basic Theorems of Classical Welfare Economics," in J. Neyman (ed.) *Proceedings of the Seçond Berkeley Symposium on Mathematical Statistics and Probability* (Berkeley: University of California Press, 1951) pp. 507–532.

—, "Political and Economic Evaluation of Social Effects and Externalities," in M. D. Intriligator (ed.) *Frontiers of Quantitative Economics* (Amsterdam: North Holland, 1971) pp. 3–23.

Arrow, Kenneth J., and Frank Hahn, *General Competitive Analysis* (San Francisco: Holden-Day, 1971).

Arrow, Kenneth J., and Gerard Debreu, "Existence of an Equilibrium for a Competitive Economy," *Econometrica* 22,3 (1954):265–290.

Ashraf, Nava, Dean S. Karlan, and Wesley Yin, "Tying Odysseus to the Mast: Evidence from a Commitment Savings Product in the Philippines," *Quarterly Journal of Economics* 121,2 (2006):635–672.

Aumann, Robert J., "Subjectivity and Correlation in Randomizing Strategies," *Journal of Mathematical Economics* 1 (1974):67–96.

Aumann, Robert J., "Agreeing to Disagree," *Annals of Statistics* 4,6 (1976):1236–1239.

—, "Correlated Equilibrium and an Expression of Bayesian Rationality," *Econometrica* 55 (1987):1–18.

—, "Backward Induction and Common Knowledge of Rationality," *Games and Economic Behavior* 8 (1995):6–19.

Aumann, Robert J., and Adam Brandenburger, "Epistemic Conditions for Nash Equilibrium," *Econometrica* 65,5 (September 1995):1161–1180.

Bakeman, Roger, and John R. Brownlee, "Social Rules Governing Object Conflicts in Toddlers and Preschoolers," in Kenneth H. Rubin and Hildy S. Ross (eds.) *Peer Relationships and Social Skills in Childhood* (New York: Springer-Verlag, 1982) pp. 99–112.

Bala, V., and M. Majumdar, "Chaotic Tatonnement," *Economic Theory* 2 (1992):437–445.

Bandura, Albert, *Social Learning Theory* (Englewood Cliffs, NJ: Prentice Hall, 1977).

Barkow, Jerome H., Leda Cosmides, and John Tooby, *The Adapted Mind: Evolutionary Psychology and the Generation of Culture* (New York: Oxford University Press, 1992).

Baron, James, *Thinking and Deciding* (Cambridge: Cambridge University Press, 2007).

Basu, Kaushik, "On the Non-Existence of a Rationality Definition for Extensive Games," *International journal of Game Theory* 19 (1990):33–44.

—, "The Traveler's Dilemma: Paradoxes of Rationality in Game Theory," *American Economic Review* 84,2 (May 1994):391–395.

Battigalli, Pierpallo, "On Rationalizability in Extensive Form Games," *Journal of Economic Theory* 74 (1997):40–61.

Becker, Gary S., *Accounting for Tastes* (Cambridge, MA: Harvard University Press, 1996).

Becker, Gary S., and Casey B. Mulligan, "The Endogenous Determination of Time Preference," *Quarterly Journal of Economics* 112,3 (August 1997):729–759.

Becker, Gary S., and Kevin M. Murphy, "A Theory of Rational Addiction," *Journal of Political Economy* 96,4 (August 1988):675–700.

Beer, J. S., E. A. Heerey, D. Keltner, D. Skabini, and R. T. Knight, "The Regulatory Function of Self-conscious Emotion: Insights from Patients with Orbitofrontal Damage," *Journal of Personality and Social Psychology* 65 (2003):594–604.

Ben-Porath, Elchanan, "Rationality, Nash Equilibrium and Backward Induction in Perfect-Information Games," *Review of Economic Studies* 64 (1997):23–46.

Ben-Porath, Elchanan, and Eddie Dekel, "Signaling Future Actions and the Potential for Self-sacrifice," *Journal of Economic Theory* 57 (1992):36–51.

Berg, Joyce, John Dickhaut, and Kevin McCabe, "Trust, Reciprocity, and Social History," *Games and Economic Behavior* 10 (1995):122–142.

Bernheim, B. Douglas, "Rationalizable Strategic Behavior," *Econometrica* 52,4 (July 1984):1007–1028.

Betch, T., and H. Haberstroh, *The Routines of Decision Making* (Mahwah, NJ: Lawrence Erlbaum Associates, 2005).

Betzig, Laura, "Delated Reciprocity and Tolerated Theft," *Current Anthropology* 37 (1997):49–78.

Bewley, Truman F., *Why Wages Don't Fall During a Recession* (Cambridge: Cambridge University Press, 2000).

Bhaskar, V., "Informational Constraints and the Overlapping Generations Model: Folk and Anti-Folk Theorems," *Review of Economic Studies* 65,1 (January 1998):135–149.

—, "Noisy Communication and the Evolution of Cooperation," *Journal of Economic Theory* 82,1 (September 1998):110–131.

—, "The Robustness of Repeated Game Equilibria to Incomplete Payoff Information," 2000. University of Essex.

Bhaskar, V., and Ichiro Obara, "Belief-Based Equilibria: The Repeated Prisoner's Dilemma with Private Monitoring," *Journal of Economic Theory* 102 (2002):40–69.

Bhaskar, V., George J. Mailath, and Stephen Morris, "Purification in the Infinitely Repeated Prisoner's Dilemma," 2004. University of Essex.

Bicchieri, Cristina, "Self-Refuting Theories of Strategic Interaction: A Paradox of Common Knowledge," *Erkenntniss* 30 (1989):69–85.

—, *The Grammar of Society: The Nature and Dynamics of Social Norms* (Cambridge: Cambridge University Press, 2006).

Binmore, Kenneth G., "Modeling Rational Players: I," *Economics and Philosophy* 3 (1987):179–214.

—, *Game Theory and the Social Contract: Playing Fair* (Cambridge, MA: MIT Press, 1993).

—, "A Note on Backward Induction," *Games and Economic Behavior* 18 (1996):135–137.

—, *Game Theory and the Social Contract: Just Playing* (Cambridge, MA: MIT Press, 1998).

—, *Natural Justice* (Oxford: Oxford University Press, 2005).

Binmore, Kenneth G., and Larry Samuelson, "The Evolution of Focal Points," *Games and Economic Behavior* 55,1 (April 2006):21–42.

Binswanger, Hans, "Risk Attitudes of Rural Households in Semi-Arid Tropical India," *American Journal of Agricultural Economics* 62,3 (1980):395–407.

Binswanger, Hans, and Donald Sillers, "Risk Aversion and Credit Constraints in Farmers' Decision-Making: A Reinterpretation," *Journal of Development Studies* 20,1 (1983):5–21.

Bishop, D. T., and C. Cannings, "The Generalised War of Attrition," *Advances in Applied Probability* 10,1 (March 1978):6–7.

Black, Fisher, and Myron Scholes, "The Pricing of Options and Corporate Liabilities," *Journal of Political Economy* 81 (1973):637–654.

Bliege Bird, Rebecca L., and Douglas W. Bird, "Delayed Reciprocity and Tolerated Theft," *Current Anthropology* 38 (1997):49–78.

Blount, Sally, "When Social Outcomes Aren't Fair: The Effect of Causal Attributions on Preferences," *Organizational Behavior & Human Decision Processes* 63,2 (August 1995):131–144.

Blume, Lawrence E., and William R. Zame, "The Algebraic Geometry of Perfect and Sequential Equilibrium," *Econometrica* 62 (1994):783–794.

Blurton Jones, Nicholas G., "Tolerated Theft: Suggestions about the Ecology and Evolution of Sharing, Hoarding, and Scrounging," *Social Science Information* 26,1 (1987):31–54.

Bochet, Olivier, Talbot Page, and Louis Putterman, "Communication and Punishment in Voluntary Contribution Experiments," *Journal of Economic Behavior and Organization* 60,1 (2006):11–26.

Boehm, Christopher, "The Evolutionary Development of Morality as an Effect of Dominance Behavior and Conflict Interference," *Journal of Social and Biological Structures* 5 (1982):413–421.

—, *Hierarchy in the Forest: The Evolution of Egalitarian Behavior* (Cambridge, MA: Harvard University Press, 2000).

Boles, Terry L., Rachel T. A. Croson, and J. Keith Murnighan, "Deception and Retribution in Repeated Ultimatum Bargaining," *Organizational Behavior and Human Decision Processes* 83,2 (2000):235–259.

Bolton, Gary E., and Rami Zwick, "Anonymity versus Punishment in Ultimatum Games," *Games and Economic Behavior* 10 (1995):95–121.

Boldon, Gary E., Elena Katok, and Rami Zwick, "Dictator Game Giving: Rules of Fairness versus Acts of Kindness," *International Journal of Game Theory* 27,2 (July 1998):269–299.

Bonner, John Tyler, *The Evolution of Culture in Animals* (Princeton, NJ: Princeton University Press, 1984).

Börgers, Tillman, "Weak Dominance and Approximate Common Knowledge," *Journal of Economic Theory* 64 (1994):265–276.

Bowles, Samuel, *Microeconomics: Behavior, Institutions, and Evolution* (Princeton: Princeton University Press, 2004).

—, "Policies Designed for Self-interested Citizens May Undermine "the Moral Sentiments": Evidence from Economic Experiments," *Science* 320,5883 (2008).

Bowles, Samuel, and Herbert Gintis, "The Revenge of Homo economicus: Contested Exchange and the Revival of Political Economy," *Journal of Economic Perspectives* 7,1 (Winter 1993):83–102.

—, "The Origins of Human Cooperation," in Peter Hammerstein (ed.) *Genetic and Cultural Origins of Cooperation* (Cambridge, MA: MIT Press, 2004).

Boyd, Robert, and Peter J. Richerson, *Culture and the Evolutionary Process* (Chicago: University of Chicago Press, 1985).

—, "The Evolution of Reciprocity in Sizable Groups," *Journal of Theoretical Biology* 132 (1988):337–356.

Brosig, J., A. Ockenfels, and J. Weimann, "The Effect of Communication Media on Cooperation," *German Economic Review* 4 (2003):217–242.

Brown, J. H., and M. V. Lomolino, *Biogeography* (Sunderland, MA: Sinauer, 1998).

Burks, Stephen V., Jeffrey P. Carpenter, and Eric Verhoogen, "Playing Both Roles in the Trust Game," *Journal of Economic Behavior and Organization* 51 (2003):195–216.

Burrows, Anne M., "The Facial Expression Musculature in Primates and its Evolutionary Significance," *BioEssays* 30,3 (2008):212–225.

Bush, R. R., and F. Mosteller, *Stochastic Models for Learning* (New York: John Wiley & Sons, 1955).

Cabrales, Antonio, Rosemarie Nagel, and Roc Armenter, "Equilibrium Selection Through Incomplete Information in Coordination Games: An Experimental Study," *Experimental Economics* 10,3 (September 2007):221–234.

Camerer, Colin, "Prospect Theory in the Wild: Evidence from the Field," in Daniel Kahneman and Amos Tversky (eds.) *Choices, Values, and Frames* (Cambridge: Cambridge University Press, 2000) pp. 288–300.

—, *Behavioral Game Theory: Experiments in Strategic Interaction* (Princeton, NJ: Princeton University Press, 2003).

Camerer, Colin, and Richard Thaler, "Ultimatums, Dictators, and Manners," *Journal of Economic Perspectives* 9,2 (1995):209–219.

Camille, N., "The Involvement of the Orbitofrontal Cortex in the Experience of Regret," *Science* 304 (2004):1167–1170.

Campbell, Bernard G., James D. Loy, and Katherine Cruz-Uribe, *Humankind Emerging* (New York: Allyn and Bacon, 2005).

Carlsson, Hans, and Eric van Damme, "Global Games and Equilibrium Selection," *Econometrica* 61,5 (September 1993):989–1018.

Carpenter, Jeffrey, and Peter Matthews, "Norm Enforcement: Anger, Indignation, or Reciprocity," 2005. Department of Economics, Middlebury College, Working Paper 0503.

Carpenter, Jeffrey, Samuel Bowles, Herbert Gintis, and Sung Ha Hwang, "Strong Reciprocity and Team Production," 2009. Journal of Economic Behavior and Organization.

Casari, Marco, and Luigi Luini, "Group Cooperation Under Alternative Peer Punishment Technologies: An Experiment," 2007. Department of Economics, University of Siena.

Cavalli-Sforza, L., and M. W. Feldman, "Models for Cultural Inheritance: Within Group Variation," *Theoretical Population Biology* 42,4 (1973):42–55.

Cavalli-Sforza, Luca L., and Marcus W. Feldman, "Theory and Observation in Cultural Transmission," *Science* 218 (1982):19–27.

Cavalli-Sforza, Luigi L., and Marcus W. Feldman, *Cultural Transmission and Evolution* (Princeton, NJ: Princeton University Press, 1981).

Chaitin, Gregory, *Algorithmic Information Theory* (Cambridge: Cambridge University Press, 2004).

Charness, Gary, and Ernan Haruvy, "Altruism, Equity, and Reciprocity in a Gift-Exchange Experiment: An Encompassing Approach," *Games and Economic Behavior* 40 (2002):203–231.

Charness, Gary, and Martin Dufwenberg, "Promises and Partnership," October 2004. University of California at Santa Barbara.

Cho, In-Koo, and David M. Kreps, "Signalling Games and Stable Equilibria," *Quarterly Journal of Economics* 102,2 (May 1987):180–221.

Chow, Timothy Y., "The Surprise Examination or Unexpected Hanging Paradox," *American Mathematical Monthly* 105 (1998):41–51.

Chung, Shin-Ho, and Richard J. Herrnstein, "Choice and Delay of Reinforcement," *Journal of Experimental Analysis of Behavior* 10,1 (1967):67–74.

Cinyabuguma, Matthias, Talbott Page, and Louis Putterman, "On Perverse and Second-Order Punishment in Public Goods Experiments with Decentralized Sanctions," 2004. Department of Economics, Brown University.

Clements, Kevin C., and David W. Stephens, "Testing Models of Non-kin Cooperation: Mutualism and the Prisoner's Dilemma," *Animal Behaviour* 50 (1995):527–535.

Collins, John, "How We Can Agree to Disagree," 1997. Department of Philosophy, Columbia University.

Conte, Rosaria, and Cristiano Castelfranchi, "From Conventions to Prescriptions. Towards an Integrated View of Norms," *Artificial Intelligence and Law* 7 (1999):323–340.

Cooper, W. S., "Decision Theory as a Branch of Evolutionary Theory," *Psychological Review* 4 (1987):395–411.

Cosmides, Leda, and John Tooby, "Cognitive Adaptations for Social Exchange," in Jerome H. Barkow, Leda Cosmides, and John Tooby (eds.) *The Adapted Mind: Evolutionary Psychology and the Generation of Culture* (New York: Oxford University Press, 1992 pp. 163–228).

Cox, James C., "How to Identify Trust and Reciprocity," *Games and Economic Behavior* 46 (2004):260–281.

Cubitt, Robin P., and Robert Sugden, "Common Knowledge, Salience and Convention: A Reconstruction of David Lewis' Game Theory," *Economics and Philosophy* 19 (2003):175–210.

Damasio, Antonio R., *Descartes' Error: Emotion, Reason, and the Human Brain* (New York: Avon Books, 1994).

Dana, Justin, Daylian M. Cain, and Robyn M. Dawes, "What You Don't Know Won't Hurt Me: Costly (But Quiet) Exit in Dictator Games," *Organizational Behavior and Human Decision Processes* 100 (2006):193–201.

Darwin, Charles, *The Origin of Species by Means of Natural Selection* 6th Edition (London: John Murray, 1872).

—, *The Expression of Emotions in Man and Animals* Paul Eckman (ed.) (Oxford: Oxford University Press, 1998).

Davies, N. B., "Territorial Defence in the Speckled Wood Butterfly (*Pararge Aegeria*): The Resident Always Wins," *Animal Behaviour* 26 (1978):138–147.

Davis, Douglas D., and Charles A. Holt, *Experimental Economics* (Princeton, NJ: Princeton University Press, 1993).

Dawes, R. M., A. J. C Van de Kragt, and J. M. Orbell, "Not me or Thee but We: The Importance of Group Identity in Eliciting Cooperation in Dilemma Situations: Experimental Manipulations," *Acta Psychologica* 68 (1988):83–97.

Dawkins, Richard, *The Selfish Gene* (Oxford: Oxford University Press, 1976).

—, *The Extended Phenotype: The Gene as the Unit of Selection* (Oxford: Freeman, 1982).

—, *The Selfish Gene*, 2nd Edition (Oxford: Oxford University Press, 1989).

Dawkins, Richard., and H. J. Brockmann, "Do Digger Wasps Commit the *Concorde* Fallacy?" *Animal Behaviour* 28 (1980):892–896.

de Laplace, Marquis, *A Philosophical Essay on Probabilities* (New York: Dover, 1996).

Debreu, Gérard, *Theory of Value* (New York: John Wiley & Sons, 1959).

Debreu, Gerard, "Excess Demand Function," *Journal of Mathematical Economics* 1 (1974):15–23.

Dekel, Eddie, and Faruk Gul, "Rationality and Knowledge in Game Theory," in David M. Kreps and K. F. Wallis (eds.) *Advances in Economics and Econometrics*, Vol. I (Cambridge: Cambridge University Press, 1997) pp. 87–172.

Denant-Boemont, Laurent, David Masclet, and Charles Noussair, "Punishment, Counterpunishment and Sanction Enforcement in a Social Dilemma Experiment," *Economic Theory* 33,1 (October 2007):145–167.

deQuervain, Dominique J.-F., Urs Fischbacher, Valerie Treyer, Melanie Schellhammer, Ulrich Schnyder, Alfred Buck, and Ernst Fehr, "The Neural Basis of Altruistic Punishment," *Science* 305 (27 August 2004):1254–1258.

di Finetti, Benedetto, *Theory of Probability* (Chichester: John Wiley & Sons, 1974).

Dunbar, R. I. M., "Coevolution of Neocortical Size, Group Size and Language in Humans," *Behavioral and Brain Sciences* 16,4 (1993):681–735.

Durkheim, Emile, *The Division of Labor in Society* (New York: The Free Press, 1933 [1902]).

Eason, P. K., G. A. Cobbs, and K. G. Trinca, "The Use of Landmarks to Define Territorial Boundaries," *Animal Behaviour* 58 (1999):85–91.

Easterlin, Richard A., "Does Economic Growth Improve the Human Lot? Some Empirical Evidence," in *Nations and Households in Economic Growth: Essays in Honor of Moses Abramovitz* (New York: Academic Press, 1974).

—, "Will Raising the Incomes of All Increase the Happiness of All?" *Journal of Economic Behavior and Organization* 27,1 (June 1995):35–47.

Edgerton, Robert B., *Sick Societies: Challenging the Myth of Primitive Harmony* (New York: The Free Press, 1992).

Edgeworth, Francis Ysidro, *Papers Relating to Political Economy I* (London: Macmillan, 1925).

Ellis, Lee, "On the Rudiments of Possessions and Property," *Social Science Information* 24,1 (1985):113–143.

Ellsberg, Daniel, "Risk, Ambiguity, and the Savage Axioms," *Quarterly Journal of Economics* 75 (1961):643–649.

Elster, Jon, *The Cement of Society* (Cambridge: Cambridge University Press, 1989).

—, "Social Norms and Economic Theory," *Journal of Economic Perspectives* 3,4 (1989):99–117.

Ely, Jeffrey C., and Juuso Välimäki, "A Robust Folk Theorem for the Prisoner's Dilemma," *Journal of Economic Theory* 102 (2002):84–105.

Ertan, Arhan, Talbot Page, and Louis Putterman, "Can Endogenously Chosen Institutions Mitigate the Free-Rider Problem and Reduce Perverse Punishments?" 2005. Working Paper 2005-13, Department of Economics, Brown University.

Eshel, Ilan, and Marcus W. Feldman, "Initial Increase of New Mutants and Some Continuity Properties of ESS in two Locus Systems," *American Naturalist* 124 (1984):631–640.

Eshel, Ilan, Marcus W. Feldman, and Aviv Bergman, "Long-term Evolution, Short-term Evolution, and Population Genetic Theory," *Journal of Theoretical Biology* 191 (1998):391–396.

Fagin, Ronald, Joseph Y. Halpern, Yoram Moses, and Moshe Y. Vardi, *Reasoning about Knowledge* (Cambridge, MA: MIT Press, 1995).

Fehr, Ernst, and Klaus M. Schmidt, "A Theory of Fairness, Competition, and Co-operation," *Quarterly Journal of Economics* 114 (August 1999):817–868.

Fehr, Ernst, and Lorenz Goette, "Do Workers Work More If Wages Are High? Evidence from a Randomized Field Experiment," *American Economic Review* 97,1 (March 2007):298–317.

Fehr, Ernst, and Peter Zych, "The Power of Temptation: Irrationally Myopic Excess Consumption in an Addiction Experiment," September 1994. University of Zurich.

Fehr, Ernst, and Simon Gächter, "How Effective Are Trust- and Reciprocity-Based Incentives?" in Louis Putterman and Avner Ben-Ner (eds.) *Economics, Values and Organizations* (New York: Cambridge University Press, 1998) pp. 337–363.

—, "Cooperation and Punishment," *American Economic Review* 90,4 (September 2000):980–994.

—, "Altruistic Punishment in Humans," *Nature* 415 (10 January 2002):137–140.

Fehr, Ernst, and Urs Fischbacher, "Third Party Punishment and Social Norms," *Evolution & Human Behavior* 25 (2004):63–87.

Fehr, Ernst, Georg Kirchsteiger, and Arno Riedl, "Does Fairness Prevent Market Clearing?" *Quarterly Journal of Economics* 108,2 (1993):437–459.

—, "Gift Exchange and Reciprocity in Competitive Experimental Markets," *European Economic Review* 42,1 (1998):1–34.

Fehr, Ernst, Simon Gächter, and Georg Kirchsteiger, "Reciprocity as a Contract Enforcement Device: Experimental Evidence," *Econometrica* 65,4 (July 1997):833–860.

Feldman, Marcus W., and Lev A. Zhivotovsky, "Gene-Culture Coevolution: Toward a General Theory of Vertical Transmission," *Proceedings of the National Academy of Sciences* 89 (December 1992):11935–11938.

Feller, William, *An Introduction to Probability Theory and Its Applications* Vol. 1 (New York: John Wiley & Sons, 1950).

Fisher, Franklin M., *Disequilibrium Foundations of Equilibrium Economics* (Cambridge, UK: Cambridge University Press, 1983).

Fisher, Ronald A., *The Genetical Theory of Natural Selection* (Oxford: Clarendon Press, 1930).

Fong, Christina M., Samuel Bowles, and Herbert Gintis, "Reciprocity and the Welfare State," in Herbert Gintis, Samuel Bowles, Robert Boyd, and Ernst Fehr (eds.) *Moral Sentiments and Material Interests: On the Foundations of Cooperation in Economic Life* (Cambridge, MA: MIT Press, 2005).

Forsythe, Robert, Joel Horowitz, N. E. Savin, and Martin Sefton, "Replicability, Fairness and Pay in Experiments with Simple Bargaining Games," *Games and Economic Behavior* 6,3 (May 1994):347–369.

Frederick, S., George F. Loewenstein, and T. O'Donoghue, "Time Discounting: A Critical Review," *Journal of Economic Literature* 40 (2002):351–401.

Friedman, Milton, and Leonard J. Savage, "The Utility Analysis of Choices Involving Risk," *Journal of Political Economy* 56 (1948):279–304.

Fudenberg, Drew, and Eric Maskin, "The Folk Theorem in Repeated Games with Discounting or with Incomplete Information," *Econometrica* 54,3 (May 1986):533–554.

Fudenberg, Drew, and Jean Tirole, "Perfect Bayesian Equilibrium and Sequential Equilibrium," *journal of Economic Theory* 53 (1991):236–260.

Fudenberg, Drew, David K. Levine, and Eric Maskin, "The Folk Theorem with Imperfect Public Information," *Econometrica* 62 (1994):997–1039.

Fudenberg, Drew, David M. Kreps, and David Levine, "On the Robustness of Equilibrium Refinements," *Journal of Economic Theory* 44 (1988):354–380.

Furby, Lita, "The Origins and Early Development of Possessive Behavior," *Political Psychology* 2,1 (1980):30–42.

Gächter, Simon, and Ernst Fehr, "Collective Action as a Social Exchange," *Journal of Economic Behavior and Organization* 39,4 (July 1999):341–369.

Gadagkar, Raghavendra, "On Testing the Role of Genetic Asymmetries Created by Haplodiploidy in the Evolution of Eusociality in the Hymenoptera," *Journal of Genetics* 70,1 (April 1991):1–31.

Gauthier, David, *Morals by Agreement* (Oxford: Clarendon Press, 1986).

Genesove, David, and Christopher Mayer, "Loss Aversion and Seller Behavior: Evidence from the Housing Market," *Quarterly Journal of Economics* 116,4 (November 2001):1233–1260.

Ghiselin, Michael T., *The Economy of Nature and the Evolution of Sex* (Berkeley: University of California Press, 1974).

Gigerenzer, Gerd, and P. M. Todd, *Simple Heuristics That Make Us Smart* (New York: Oxford University Press, 1999).

Gigerenzer, Gerd, and Reinhard Selten, *Bounded Rationality* (Cambridge, MA: MIT Press, 2001).

Gillies, Donald, *Philosophical Theories of Probability* (London: Routledge, 2000).

Gintis, Herbert, "Consumer Behavior and the Concept of Sovereignty," *American Economic Review* 62,2 (May 1972):267–278.

—, "A Radical Analysis of Welfare Economics and Individual Development," *Quarterly Journal of Economics* 86,4 (November 1972):572–599.

—, "Welfare Criteria with Endogenous Preferences: The Economics of Education," *International Economic Review* 15,2 (June 1974):415–429.

—, "Welfare Economics and Individual Development: A Reply to Talcott Parsons," *Quarterly Journal of Economics* 89,2 (February 1975):291–302.

—, "The Nature of the Labor Exchange and the Theory of Capitalist Production," *Review of Radical Political Economics* 8,2 (Summer 1976):36–54.

—, "Some Implications of Endogenous Contract Enforcement for General Equilibrium Theory," in Fabio Petri and Frank Hahn (eds.) *General Equilibrium: Problems and Prospects* (London: Routledge, 2002) pp. 176–205.

—, "The Hitchhiker's Guide to Altruism: Genes, Culture, and the Internalization of Norms," *Journal of Theoretical Biology* 220,4 (2003):407–418.

—, "Solving the Puzzle of Human Prosociality," *Rationality and Society* 15,2 (May 2003):155–187.

—, "Behavioral Game Theory and Contemporary Economic Theory," *Analyze & Kritik* 27,1 (2005):48–72.

—, "The Emergence of a Price System from Decentralized Bilateral Exchange," *Contributions to Theoretical Economics* 6,1,13 (2006). Available at www.bepress.com/bejte/contributions/vol6/iss1/art13.

—, "The Dynamics of General Equilibrium," *Economic Journal* 117 (October 2007):1289–1309.

—, "The Evolution of Private Property," *Journal of Economic Behavior and Organization* 64,1 (September 2007):1–16.

—, "A Framework for the Unification of the Behavioral Sciences," *Behavioral and Brain Sciences* 30,1 (2007):1–61.

—, *Game Theory Evolving* 2nd Edition, (Princeton, NJ: Princeton University Press, 2009).

Gintis, Herbert, Joseph Henrich, Samuel Bowles, Robert Boyd, and Ernst Fehr, "Strong Reciprocity and the Roots of Human Morality," *Social Justice Research* (2009).

Gintis, Herbert, Samuel Bowles, Robert Boyd, and Ernst Fehr, *Moral Sentiments and Material Interests: On the Foundations of Cooperation in Economic Life* (Cambridge: MIT Press, 2005).

Glaeser, Edward, David Laibson, Jose A. Scheinkman, and Christine L. Soutter, "Measuring Trust," *Quarterly Journal of Economics* 65 (2000):622–846.

Glimcher, Paul W., *Decisions, Uncertainty, and the Brain: The Science of Neuroeconomics* (Cambridge, MA: MIT Press, 2003).

Glimcher, Edward, and Aldo Rustichini, "Neuroeconomics: The Consilience of Brain and Decision," *Science* 306 (15 October 2004):447–452.

Glimcher, Edward, Michael C. Dorris, and Hannah M. Bayer, "Physiological Utility Theory and the Neuroeconomics of Choice," 2005. Center for Neural Science, New York University.

Gneezy, Uri, "Deception: The Role of Consequences," *American Economic Review* 95,1 (March 2005):384–394.

Gneezy, Uri, and Aldo Rustichini, "A Fine Is a Price," *Journal of Legal Studies* 29 (2000):1–17.

Goffman, Erving, *The Presentation of Self in Everyday Life* (New York: Anchor, 1959).

Govindan, Srihari, Phillip J. Reny, and Arthur J. Robson, "A Short Proof of Harsanyi's PUrification Theorem," 2003. University of Western Ontario and University of Chicago.

Grafen, Alan, "The Logic of Divisively Asymmetric Contests: Respect for Ownership and the Desperado Effect," *Animal Behavior* 35 (1987):462–467.

—, "Formal Darwinism, the Individual-as-Maximizing-Agent: Analogy, and Bethedging," *Proceedings of the Royal Society of London B* 266 (1999):799–803.

—, "Developments of Price's Equation and Natural Selection Under Uncertainty," *Proceedings of the Royal Society of London B* 267 (2000):1223–1227.

—, "A First Formal Link between the Price Equation and an Optimization Program," *Journal of Theoretical Biology* 217 (2002):75–91.

Green, Leonard, Joel Myerson, Daniel D. Holt, John R. Slevin, and Sara J. Estle, "Discounting of Delayed Food Rewards in Pigeons and Rats: Is There a Magnitude Effect?" *Journal of the Experimental Analysis of Behavior* 81 (2004):31–50.

Greenberg, M. S., and D. M. Frisch, "Effect of Intentionality on Willingness to Reciprocate a Favor," *Journal of Experimental Social Psychology* 8 (1972):99–111.

Grether, David, and Charles Plott, "Economic Theory of Choice and the Preference Reversal Phenomenon," *American Economic Review* 69,4 (September 1979):623–638.

Gruber, J., and B. Köszegi, "Is Addiction Rational? Theory and Evidence," *Quarterly Journal of Economics* 116,4 (2001):1261–1305.

Grusec, Joan E., and Leon Kuczynski, *Parenting and Children's Internalization of Values: A Handbook of Contemporary Theory* (New York: John Wiley & Sons, 1997).

Gul, Faruk, "A Comment on Aumann's Bayesian View," *Econometrica* 66,4 (1998):923–928.

Gunnthorsdottir, Anna, Kevin McCabe, and Vernon Smith, "Using the Machiavellianism Instrument to Predict Trustworthiness in a Bargaining Game," *Journal of Economic Psychology* 23 (2002):49–66.

Güth, Werner, and Reinhard Tietz, "Ultimatum Bargaining Behavior: A Survey and Comparison of Experimental Results," *Journal of Economic Psychology* 11 (1990):417–449.

Güth, Werner, R. Schmittberger, and B. Schwarze, "An Experimental Analysis of Ultimatum Bargaining," *Journal of Economic Behavior and Organization* 3 (May 1982):367–388.

Guzman, R. A., Carlos Rodriguez Sickert, and Robert Rowthorn, "When in Rome Do as the Romans Do: The Coevolution of Altruistic Punishment, Conformist Learning, and Cooperation," *Evolution and Human Behavior* 28 (2007):112–117.

Haldane, J. B. S., *The Causes of Evolution* (London: Longmans, Green & Co., 1932).

Hamilton, William D., "The Genetical Evolution of Social Behavior, I & II," *Journal of Theoretical Biology* 7 (1964):1–16,17–52.

Hammerstein, Peter, "Darwinian Adaptation, Population Genetics and the Streetcar Theory of Evolution," *Journal of Mathematical Biology* 34 (1996):511–532.

—, "Why Is Reciprocity So Rare in Social Animals?" in Peter Hammerstein (ed.) *Genetic and Cultural Evolution of Cooperation* (Cambridge, MA: MIT Press, 2003) pp. 83–93.

Hammerstein, Peter, and Reinhard Selten, "Game Theory and Evolutionary Biology," in Robert J. Aumann and Sergiu Hart (eds.) *Handbook of Game Theory with Economic Applications* (Amsterdam: Elsevier, 1994) pp. 929–993.

Harsanyi, John C., "Games with Incomplete Information Played by Bayesian Players, Parts I, II, and III," *Behavioral Science* 14 (1967):159–182, 320–334, 486–502.

—, "Games with Randomly Disturbed Payoffs: A New Rationale for Mixed-Strategy Equilibrium Points," *International Journal of Game Theory* 2 (1973):1–23.

Harsanyi, John C., and Reinhard Selten, *A General Theory of Equilibrium Selection in Games* (Cambridge, MA: MIT Press, 1988).

Hauser, Marc, *Wild Minds* (New York: Henry Holt, 2000).

Hawkes, Kristen, "Why Hunter-Gatherers Work: An Ancient Version of the Problem of Public Goods," *Current Anthropology* 34,4 (1993):341–361.

Hayashi, N., E. Ostrom, J. Walker, and T. Yamagishi, "Reciprocity, Trust, and the Sense of Control: A Cross-societal Study," *Rationality and Society* 11 (1999):27–46.

Heinemann, Frank, Rosemarie Nagel, and Peter Ockenfels, "The Theory of Global Games on Test: Experimental Analysis of Coordination Games with Public and Private Information," *Econometrica* 72,5 (September 2004):1583–1599.

Heiner, Ronald A., "The Origin of Predictable Behavior," *American Economic Review* 73,4 (1983):560–595.

Helson, Harry, *Adaptation Level Theory: An Experimental and Systematic Approach to Behavior* (New York: Harper and Row, 1964).

Henrich, Joseph, and Francisco Gil-White, "The Evolution of Prestige: Freely Conferred Status as a Mechanism for Enhancing the Benefits of Cultural Transmission," *Evolution and Human Behavior* 22 (2001):165–196.

Henrich, Joseph, and Robert Boyd, "The Evolution of Conformist Transmission and the Emergence of Between-Group Differences," *Evolution and Human Behavior* 19 (1998):215–242.

—, "Why People Punish Defectors: Weak Conformist Transmission Can Stabilize Costly Enforcement of Norms in Cooperative Dilemmas," *Journal of Theoretical Biology* 208 (2001):79–89.

Henrich, Joseph, Richard McElreath, Abigail Barr, Jean Ensminger, Clark Barrett, Alexander Bolyanatz, Juan Camilo Cardenas, Michael Gurven, Edwins Gwako, Natalie Henrich, Carolyn Lesorogol, Frank Marlowe, David Tracer, , and John Ziker, "Costly Punishment Across Human Societies," *Science* 312 (2006):1767–1770.

Henrich, Joseph, Robert Boyd, Samuel Bowles, Colin Camerer, Ernst Fehr, and Herbert Gintis, *Foundations of Human Sociality: Economic Experiments and Ethnographic Evidence from Fifteen Small-scale Societies* (Oxford: Oxford University Press, 2004).

Herrmann, Benedikt, Christian Thöni, and Simon Gächter, "Anti-social Punishment Across Societies," *Science* 319 (7 March 2008):1362–1367.

Herrnstein, Richard J., and Drazen Prelec, "A Theory of Addiction," in George Loewenstein and Jon Elster (eds.) *Choice over Time* (New York: Russell Sage, 1992) pp. 331–360.

Herrnstein, Richard J., David Laibson, and Howard Rachlin, *The Matching Law: Papers on Psychology and Economics* (Cambridge, MA: Harvard University Press, 1997).

Hinton, Geoffrey, and Terrence J. Sejnowski, *Unsupervised Learning: Fundation of Neural Computation* (Cambridge, MA: MIT Press, 1999).

Hirshleifer, Jack, "The Analytics of Continuing Conflict," *Synthése* 76 (1988):201–233.

Hobbes, Thomas, *Leviathan* (New York: Penguin, 1968[1651]). Edited by C. B. MacPherson.

Holden, C. J., "Bantu Language Trees Reflect the Spread of Farming Across Sub-Saharan Africa: A Maximum-parsimony Analysis," *Proceedings of the Royal Society of London B* 269 (2002):793–799.

Holden, C. J., and Ruth Mace, "Spread of Cattle Led to the Loss of Matrilineal Descent in Africa: A Coevolutionary Analysis," *Proceedings of the Royal Society of London B* 270 (2003):2425–2433.

Holland, John H., *Adaptation in Natural and Artificial Systems* (Ann Arbor: University of Michigan Press, 1975).

Holt, Charles A., *Industrial Organization: A Survey of Laboratory Research* (Princeton, NJ: Princeton University Press, 1995).

Holt, Charles A., Loren Langan, and Anne Villamil, "Market Power in an Oral Double Auction," *Economic Inquiry* 24 (1986):107–123.

Hörner, Johannes, and Wojciech Olszewski, "The Folk Theorem for Games with Private Almost-Perfect Monitoring," *Econometrica* 74,6 (2006):1499–1545.

Huxley, Julian S., "Evolution, Cultural and Biological," *Yearbook of Anthropology* (1955):2–25.

Jablonka, Eva, and Marion J. Lamb, *Epigenetic Inheritance and Evolution: The Lamarckian Case* (Oxford: Oxford University Press, 1995).

James, William, "Great Men, Great Thoughts, and the Environment," *Atlantic Monthly* 46 (1880):441–459.

Jaynes, E. T., *Probability Theory: The Logic of Science* (Cambridge: Cambridge University Press, 2003).

Jones, Owen D., "Time-Shifted Rationality and the Law of Law's Leverage: Behavioral Economics Meets Behavioral Biology," *Northwestern University Law Review* 95 (2001):1141–1206.

Jurmain, Robert, Harry Nelson, Lynn Kilgore, and Wenda Travathan, *Introduction to Physical Anthropology* (Cincinatti: Wadsworth Publishing Company, 1997).

Juslin, P., and H. Montgomery, *Judgment and Decision Making: New-Burswikian and Process-Tracing Approaches* (Hillsdale, NJ: Lawrence Erlbaum Associates, 1999).

Kachelmaier, S. J., and M. Shehata, "Culture and Competition: A Laboratory Market Comparison between China and the West," *Journal of Economic Behavior and Organization* 19 (1992):145–168.

Kagel, John H., and Alvin E. Roth, *Handbook of Experimental Economics* (Princeton, NJ: Princeton University Press, 1995).

Kagel, John H., Raymond C. Battalio, and Leonard Green, *Economic Choice Theory: An Experimental Analysis of Animal Behavior* (Cambridge: Cambridge University Press, 1995).

Kahneman, Daniel, and Amos Tversky, *Choices, Values, and Frames* (Cambridge: Cambridge University Press, 2000).

Kahneman, Daniel, Jack L. Knetsch, and Richard H. Thaler, "Experimental Tests of the Endowment Effect and the Coase Theorem," *Journal of Political Economy* 98,6 (December 1990):1325–1348.

—, "The Endowment Effect, Loss Aversion, and Status Quo Bias," *Journal of Economic Perspectives* 5,1 (Winter 1991):193–206.

Kahneman, Daniel, Paul Slovic, and Amos Tversky, *Judgment under Uncertainty: Heuristics and Biases* (Cambridge, UK: Cambridge University Press, 1982).

Karlan, Dean, "Using Experimental Economics to Measure Social Capital and Predict Real Financial Decisions," *American Economic Review* 95,5 (December 2005):1688–1699.

Keynes, John Maynard, *A Treatise on Probability* (New York: Dover, 2004).

Kirby, Kris N., and Richard J. Herrnstein, "Preference Reversals Due to Myopic Discounting of Delayed Reward," *Psychological Science* 6,2 (March 1995):83–89.

Kirman, Alan P., and K. J. Koch, "Market Excess Demand in Exchange Economies with Identical Preferences and Collinear Endowments," *Review of Economic Studies* LIII (1986):457–463.

Kiyonari, Toko, Shigehito Tanida, and Toshio Yamagishi, "Social Exchange and Reciprocity: Confusion or a Heuristic?," *Evolution and Human Behavior* 21 (2000):411–427.

Koehler, D., and N. Harvey, *Blackwell Handbook of Judgment and Decision Making* (New York: Blackwell, 2004).

Kohlberg, Elon, and Jean-Franois Mertens, "On the Strategic Stability of Equilibria," *Econometrica* 54,5 (September 1986):1003–1037.

Kolmogorov, A. N., *Foundations of the Theory of Probability* (New York: Chelsea, 1950).

Konow, James, and Joseph Earley, "The Hedonistic Paradox: Is Homo Economicus Happier?" *Journal of Public Economics* 92 (2008):1–33.

Koopmans, Tjalling, "Allocation of Resources and the Price System," in *Three Essays on the State of Economic Science* (New York: McGraw-Hill, 1957) pp. 4–95.

Krantz, D. H., "From Indices to Mappings: The Representational Approach to Measurement," in D. Brown and J. Smith (eds.) *Frontiers of Mathematical Psychology* (Cambridge: Cambridge University Press, 1991) pp. 1–52.

Krebs, J. R., and N. B. Davies, *Behavioral Ecology: An Evolutionary Approach*, 4th Edition, (Oxford: Blackwell Science, 1997).

Kreps, David M., *Notes on the Theory of Choice* (London: Westview, 1988).

Kreps, David M., and Robert Wilson, "Sequential Equilibria," *Econometrica* 50,4 (July 1982):863–894.

Kummer, Hans, and Marina Cords, "Cues of Ownership in Long-tailed Macaques, *Macaca fascicularis*," *Animal Behavior* 42 (1991):529–549.

Kurz, Mordecai, "Endogenous Economic Fluctuations and Rational Beliefs: A General Perspective," in Mordecai Kurz (ed.) *Endogenous Economic Fluctuations: Studies in the Theory of Rational Beliefs* (Berlin: Springer-Verlag, 1997) pp. 1–37.

Laibson, David, "Golden Eggs and Hyperbolic Discounting," *Quarterly Journal of Economics* 112,2 (May 1997):443–477.

Lane, Robert E., *The Market Experience* (Cambridge: Cambridge University Press, 1991).

Lane, Robert E., "Does Money Buy Happiness?" *The Public Interest* 113 (Fall 1993):56–65.

Ledyard, J. O., "Public Goods: A Survey of Experimental Research," in John H. Kagel and Alvin E. Roth (eds.) *The Handbook of Experimental Economics* (Princeton, NJ: Princeton University Press, 1995) pp. 111–194.

Lehmann, Laurent, and Laurent Keller, "The Evolution of Cooperation and Altruism—A General Framework and a Classification of Models," *Journal of Evolutionary Biology* 19 (2006):1365–1376.

Lehmann, Laurent, F. Rousset, D. Roze, and Laurent Keller, "Strong Reciprocity or Strong Ferocity? A Population Genetic View of the Evolution of Altruistic Punishment," *American Naturalist* 170,1 (July 2007):21–36.

Lerner, Abba, "The Economics and Politics of Consumer Sovereignty," *American Economic Review* 62,2 (May 1972):258–266.

Levine, David K., "Modeling Altruism and Spitefulness in Experiments," *Review of Economic Dynamics* 1,3 (1998):593–622.

Levy, Haim, "First Degree Stochastic Dominance Violations: Decision-Weights and Bounded Rationality," *Economic Journal* 118 (April 2008):759–774.

Lewis, David, *Conventions: A Philosophical Study* (Cambridge, MA: Harvard University Press, 1969).

Lewontin, Richard C., *The Genetic Basis of Evolutionary Change* (New York: Columbia University Press, 1974).

Liberman, Uri, "External Stability and ESS Criteria for Initial Increase of a New Mutant Allele," *Journal of Mathematical Biology* 26 (1988):477–485.

Lichtenstein, Sarah, and Paul Slovic, "Reversals of Preferences Between Bids and Choices in Gambling Decisions," *Journal of Experimental Psychology* 89 (1971):46–55.

Loewenstein, George, "Anticipation and the Valuation of Delayed Consumption," *Economic Journal* 97 (1987):666–684.

Loewenstein, George, and Daniel Adler, "A Bias in the Prediction of Tastes," *Economic Journal* 105 (431) (July 1995):929–937.

Loewenstein, George, and Drazen Prelec, "Anomalies in Intertemporal Choice: Evidence and an Interpretation," *Quarterly Journal of Economics* 57 (May 1992):573–598.

Loewenstein, George, and Nachum Sicherman, "Do Workers Prefer Increasing Wage Profiles?" *Journal of Labor Economics* 91,1 (1991):67–84.

Loewenstein, George F., Leigh Thompson, and Max H. Bazerman, "Social Utility and Decision Making in Interpersonal Contexts," *Journal of Personality and Social Psychology* 57,3 (1989):426–441.

Loomes, Graham, "When Actions Speak Louder than Prospects," *American Economic Review* 78,3 (June 1988):463–470.

Lorini, Emiliano, Luca Tummolini, and Andreas Herzig, "Establishing Mutual Beliefs by Joint Attention: Towards and Formal Model of Public Events," 2005. Institute of Cognitive Sciences, Rome.

Lucas, Robert, *Studies in Business Cycle Theory* (Cambridge, MA: MIT Press, 1981).

Mace, Ruth, and Mark Pagel, "The Comparative Method in Anthropology," *Current Anthropology* 35 (1994):549–564.

Machina, Mark J., "Choice Under Uncertainty: Problems Solved and Unsolved," *Journal of Economic Perspectives* 1,1 (Summer 1987):121–154.

Mailath, George J., and Stephen Morris, "Coordination Failure in Repeated Games with Almost-public Monitoring," *Theoretical Economics* 1 (2006):311–340.

Mandeville, Bernard, *The Fable of the Bees: Private Vices, Publick Benefits* (Oxford: Clarendon, 1924 [1705]).

Mas-Colell, Andreu, Michael D. Whinston, and Jerry R. Green, *Microeconomic Theory* (New York: Oxford University Press, 1995).

Masclet, David, Charles Noussair, Steven Tucker, and Marie-Claire Villeval, "Monetary and Nonmonetary Punishment in the Voluntary Contributions Mechanism," *American Economic Review* 93,1 (March 2003):366–380.

Maynard Smith, John, *Evolution and the Theory of Games* (Cambridge, UK: Cambridge University Press, 1982).

Maynard Smith, John, and Eors Szathmáry, *The Major Transitions in Evolution* (Oxford: Oxford University Press, 1997).

Maynard Smith, John, and G. A. Parker, "The Logic of Asymmetric Contests," *Animal Behaviour* 24 (1976):159–175.

Maynard Smith, John, and G. R. Price, "The Logic of Animal Conflict," *Nature* 246 (2 November 1973):15–18.

McClure, Samuel M., David I. Laibson, George Loewenstein, and Jonathan D. Cohen, "Separate Neural Systems Value Immediate and Delayed Monetary Rewards," *Science* 306 (15 October 2004):503–507.

McKelvey, R. D., and T. R. Palfrey, "An Experimental Study of the Centipede Game," *Econometrica* 60 (1992):803–836.

McLennan, Andrew, "Justifiable Beliefs in Sequential Equilibrium," *Econometrica* 53,4 (July 1985):889–904.

Mednick, S. A., L. Kirkegaard-Sorenson, B. Hutchings, J Knop, R. Rosenberg, and F. Schulsinger, "An Example of Bio-social Interaction Research: The Interplay of Socio-environmental and Individual Factors in the Etiology of Criminal Behavior," in S. A. Mednick and K. O. Christiansen (eds.) *Biosocial Bases of Criminal Behavior* (New York: Gardner Press, 1977) pp. 9–24.

Meltzhoff, Andrew N., and J. Decety, "What Imitation Tells Us About Social Cognition: A Rapprochement Between Developmental Psychology and Cognitive Neuroscience," *Philosophical Transactions of the Royal Society of London B* 358 (2003):491–500.

Mesoudi, Alex, Andrew Whiten, and Kevin N. Laland, "Towards a Unified Science of Cultural Evolution," *Behavioral and Brain Sciences* (2006).

Mesterton-Gibbons, Mike, "Ecotypic Variation in the Asymmetric Hawk-Dove Game: When Is Bourgeois an ESS?" *Evolutionary Ecology* 6 (1992):1151–1186.

Mesterton-Gibbons, Mike, and Eldridge S. Adams, "Landmarks in Territory Partitioning," *American Naturalist* 161,5 (May 2003):685–697.

Miller, B. L., A. Darby, D. F. Benson, J. L. Cummings, and M. H. Miller, "Aggressive, Socially Disruptive and Antisocial Behaviour Associated with Fronto-temporal Dementia," *British Journal of Psychiatry* 170 (1997):150–154.

Moll, Jorge, Roland Zahn, Ricardo di Oliveira-Souza, Frank Krueger, and Jordan Grafman, "The Neural Basis of Human Moral Cognition," *Nature Neuroscience* 6 (October 2005):799–809.

Montague, P. Read, and Gregory S. Berns, "Neural Economics and the Biological Substrates of Valuation," *Neuron* 36 (2002):265–284.

Moran, P. A. P., "On the Nonexistence of Adaptive Topographies," *Annals of Human Genetics* 27 (1964):338–343.

Morowitz, Harold, *The Emergence of Everything: How the World Became Complex* (Oxford: Oxford University Press, 2002).

Morris, Stephen, "The Common Prior Assumption in Economic Theory," *Economics and Philosophy* 11 (1995):227–253.

Moulin, Hervé, *Game Theory for the Social Sciences* (New York: New York University Press, 1986).

Myerson, Roger B., "Refinements of the Nash Equilibrium Concept," *International Journal of Game Theory* 7,2 (1978):73–80.

Nagel, Rosemarie, "Unravelling in Guessing Games: An Experimental Study," *American Economic Review* 85 (1995):1313–1326.

Nash, John F., "Equilibrium Points in *n*-Person Games," *Proceedings of the National Academy of Sciences* 36 (1950):48–49.

Nerlove, Marc, and Tjeppy D. Soedjiana, "Slamerans and Sheep: Savings and Small Ruminants in Semi-Subsistence Agriculture in Indonesia," 1996. Department of Agriculture and Resource Economics, University of Maryland.

Newell, Benjamin R., David A. Lagnado, and David R. Shanks, *Straight Choices: The Psychology of Decision Making* (New York: Psychology Press, 2007).

Newman, Mark, Albert-Laszlo Barabasi, and Duncan J. Watts, *The Structure and Dynamics of Networks* (Princeton, NJ: Princeton University Press, 2006).

Nikiforakis, Nikos S., "Punishment and Counter-punishment in Public Goods Games: Can we Still Govern Ourselves?" *Journal of Public Economics* 92,1–2 (2008):91–112.

Nisbett, Richard E., and Dov Cohen, *Culture of Honor: The Psychology of Violence in the South* (Boulder, CO: Westview Press, 1996).

Oaksford, Mike, and Nick Chater, *Bayesian Rationality: The Probabilistic Approach to Human Reasoning* (Oxford: Oxford University Press, 2007).

O'Brian, M. J., and R. L. Lyman, *Applying Evolutionary Archaeology* (New York: Kluwer Academic, 2000).

Odling-Smee, F. John, Kevin N. Laland, and Marcus W. Feldman, *Niche Construction: The Neglected Process in Evolution* (Princeton, NJ: Princeton University Press, 2003).

O'Donoghue, Ted, and Matthew Rabin, "Doing It Now or Later," *American Economic Review* 89,1 (March 1999):103–124.

—, "Incentives for Procrastinators," *Quarterly Journal of Economics* 114,3 (August 1999):769–816.

—, "The Economics of Immediate Gratification," *Journal of Behavioral Decision-Making* 13,2 (April/June 2000):233–250.

—, "Choice and Procrastination," *Quarterly Journal of Economics* 116,1 (February 2001):121–160.

Ok, Efe A., and Yusufcan Masatlioglu, "A General Theory of Time Preference," 2003. Economics Department, New York University.

Orbell, John M., Robyn M. Dawes, and J. C. Van de Kragt, "Organizing Groups for Collective Action," *American Political Science Review* 80 (December 1986):1171–1185.

Osborne, Martin J., and Ariel Rubinstein, *A Course in Game Theory* (Cambridge, MA: MIT Press, 1994).

Ostrom, Elinor, James Walker, and Roy Gardner, "Covenants with and without a Sword: Self-Governance Is Possible," *American Political Science Review* 86,2 (June 1992):404–417.

Oswald, Andrew J., "Happiness and Economic Performance," *Economic Journal* 107,445 (November 1997):1815–1831.

Page, Talbot, Louis Putterman, and Bulent Unel, "Voluntary Association in Public Goods Experiments: Reciprocity, Mimicry, and Efficiency," *Economic Journal* 115 (October 2005):1032–1053.

Parker, A. J., and W. T. Newsome, "Sense and the Single Neuron: Probing the Physiology of Perception," *Annual Review of Neuroscience* 21 (1998):227–277.

Parsons, Talcott, *The Structure of Social Action* (New York: McGraw-Hill, 1937).

—, "Evolutionary Universals in Society," *American Sociological Review* 29,3 (June 1964):339–357.

—, *Sociological Theory and Modern Society* (New York: Free Press, 1967).

Pearce, David, "Rationalizable Strategic Behavior and the Problem of Perfection," *Econometrica* 52 (1984):1029–1050.

Pettit, Philip, and Robert Sugden, "The Backward Induction Paradox," *The Journal of Philosophy* 86,4 (1989):169–182.

Piccione, Michele, "The Repeated Prisoner's Dilemma with Imperfect Private Monitoring," *Journal of Economic Theory* 102 (2002):70–83.

Pinker, Steven, *The Blank Slate: The Modern Denial of Human Nature* (New York: Viking, 2002).

Plott, Charles R., "The Application of Laboratory Experimental Methods to Public Choice," in Clifford S. Russell (ed.) *Collective Decision Making: Applications from Public Choice Theory* (Baltimore, MD: Johns Hopkins University Press, 1979) pp. 137–160.

Popper, Karl, "The Propensity Interpretation of Probability," *British Journal of the Philosophy of Science* 10 (1959):25–42.

Popper, Karl, *Objective knowledge: An Evolutionary Approach* (Oxford: Clarendon Press, 1979).

Poundstone, William, *Prisoner's Dilemma* (New York: Doubleday, 1992).

Premack, D. G., and G. Woodruff, "Does the Chimpanzee Have a Theory of Mind?" *Behavioral and Brain Sciences* 1 (1978):515–526.

Price, Michael, Leda Cosmides, and John Tooby, "Punitive Sentiment as an Anti-Free Rider Psychological Device," *Evolution & Human Behavior* 23,3 (May 2002):203–231.

203

Rabbie, J. M., J. C. Schot, and L. Visser, "Social Identity Theory: A Conceptual and Empirical Critique from the Perspective of a Behavioral Interaction Model," *European Journal of Social Psychology* 19 (1989):171–202.

Rabin, Matthew, "Incorporating Fairness into Game Theory and Economics," *American Economic Review* 83,5 (1993):1281–1302.

Rabin, Matthew, "Risk Aversion and Expected-Utility Theory: A Calibration Theorem," *Econometrica* 68,5 (2000):1281–1292.

Rand, A. S., "Ecology and Social Organization in the Iguanid Lizard *Anolis lineatopus*," *Proceedings of the US National Museum* 122 (1967):1–79.

Real, Leslie A., "Animal Choice Behavior and the Evolution of Cognitive Architecture," *Science* 253 (30 August 1991):980–986.

Real, Leslie, and Thomas Caraco, "Risk and Foraging in Stochastic Environments," *Annual Review of Ecology and Systematics* 17 (1986):371–390.

Relethford, John H., *The Human Species: An Introduction to Biological Anthropology* (New York: McGraw-Hill, 2007).

Reny, Philip J., "Common Belief and the Theory of Games with Perfect Information," *Journal of Economic Theory* 59 (1993):257–274.

Reny, Philip J., and Arthur J. Robson, "Reinterpreting Mixed Strategy Equilibria: A Unification of the Classical and Bayesian Views," *Games and Economic Behavior* 48 (2004):355–384.

Richerson, Peter J., and Robert Boyd, "The Evolution of Ultrasociality," in I. Eibl-Eibesfeldt and F.K. Salter (eds.) *Indoctrinability, Idology and Warfare* (New York: Berghahn Books, 1998) pp. 71–96.

—, *Not By Genes Alone* (Chicago: University of Chicago Press, 2004).

Riechert, S. E., "Games Spiders Play: Behavioural Variability in Territorial Disputes," *Journal of Theoretical Biology* 84 (1978):93–101.

Rivera, M. C., and J. A. Lake, "The Ring of Life Provides Evidence for a Genome Fusion Origin of Eukaryotes," *Nature* 431 (2004):152–155.

Rizzolatti, G., L. Fadiga, L Fogassi, and V. Gallese, "From Mirror Neurons to Imitation: Facts and Speculations," in Andrew N. Meltzhoff and Wolfgang Prinz (eds.) *The Imitative Mind: Development, Evolution and Brain Bases* (Cambridge: Cambridge University Press, 2002) pp. 247–266.

Robson, Arthur J., "A Biological Basis for Expected and Non-Expected Utility," March 1995. Department of Economics, University of Western Ontario.

Rosenthal, Robert W., "Games of Perfect Information, Predatory Pricing and the Chain-Store Paradox," *Journal of Economic Theory* 25 (1981):92–100.

Rosenzweig, Mark R., and Kenneth I. Wolpin, "Credit Market Constraints, Consumption Smoothing, and the Accumulation of Durable Production Assets in

Low-Income Countries: Investment in Bullocks in India," *Journal of Political Economy* 101,2 (1993):223–244.

Roth, Alvin E., Vesna Prasnikar, Masahiro Okuno-Fujiwara, and Shmuel Zamir, "Bargaining and Market Behavior in Jerusalem, Ljubljana, Pittsburgh, and Tokyo: An Experimental Study," *American Economic Review* 81,5 (December 1991):1068–1095.

Rozin, Paul, L. Lowery, S. Imada, and Jonathan Haidt, "The CAD Triad Hypothesis: A Mapping Between Three Moral Emotions (Contempt, Anger, Disgust) and Three Moral Codes (Community, Autonomy, Divinity)," *Journal of Personality & Social Psychology* 76 (1999):574–586.

Rubinstein, Ariel, "Comments on the Interpretation of Game Theory," *Econometrica* 59,4 (July 1991):909–924.

—, "Dilemmas of an Economic Theorist," *Econometrica* 74,4 (July 2006):865–883.

Saari, Donald G., "Iterative Price Mechanisms," *Econometrica* 53 (1985):1117–1131.

Saffer, Henry, and Frank Chaloupka, "The Demand for Illicit Drugs," *Economic Inquiry* 37,3 (1999):401–411.

Saha, Atanu, Richard C. Shumway, and Hovav Talpaz, "Joint Estimation of Risk Preference Structure and Technology Using Expo-Power Utility," *American Journal of Agricultural Economics* 76,2 (May 1994):173–184.

Sally, David, "Conversation and Cooperation in Social Dilemmas," *Rationality and Society* 7,1 (January 1995):58–92.

Samuelson, Paul, *The Foundations of Economic Analysis* (Cambridge: Harvard University Press, 1947).

Sato, Kaori, "Distribution and the Cost of Maintaining Common Property Resources," *Journal of Experimental Social Psychology* 23 (January 1987):19–31.

Savage, Leonard J., *The Foundations of Statistics* (New York: John Wiley & Sons, 1954).

Schall, J. D., and K. G. Thompson, "Neural Selection and Control of Visually Guided Eye Movements," *Annual Review of Neuroscience* 22 (1999):241–259.

Schelling, Thomas C., *The Strategy of Conflict* (Cambridge, MA: Harvard University Press, 1960).

Schlatter, Richard Bulger, *Private Property: History of an Idea* (New York: Russell & Russell, 1973).

Schulkin, J., *Roots of Social Sensitivity and Neural Function* (Cambridge, MA: MIT Press, 2000).

Schultz, W., P. Dayan, and P. R. Montague, "A Neural Substrate of Prediction and Reward," *Science* 275 (1997):1593–1599.

Seeley, Thomas D., "Honey Bee Colonies are Group-Level Adaptive Units," *American Naturalist* 150 (1997):S22–S41.

Sekiguchi, Tadashi, "Efficiency in Repeated Prisoner's Dilemma with Private Monitoring," *Journal of Economic Theory* 76 (1997):345–361.

Selten, Reinhard, "Re-examination of the Perfectness Concept for Equilibrium Points in Extensive Games," *International Journal of Game Theory* 4 (1975):25–55.

—, "A Note on Evolutionarily Stable Strategies in Asymmetric Animal Conflicts," *Journal of Theoretical Biology* 84 (1980):93–101.

Senar, J. C., M. Camerino, and N. B. Metcalfe, "Agonistic Interactions in Siskin Flocks: Why are Dominants Sometimes Subordinate?" *Behavioral Ecology and Sociobiology* 25 (1989):141–145.

Shafir, Eldar, and Amos Tversky, "Thinking Through Uncertainty: Nonconsequential Reasoning and Choice," *Cognitive Psychology* 24,4 (October 1992):449–474.

—, "Decision Making," in Edward E. Smith and Daniel N. Osherson (eds.) *Thinking: An Invitation to Cognitive Science*, Vol. 3, 2nd Edition (Cambridge, MA: MIT Press, 1995) pp. 77–100.

Shennan, Stephen, *Quantifying Archaeology* (Edinburgh: Edinburgh University Press, 1997).

Shizgal, Peter, "On the Neural Computation of Utility: Implications from Studies of Brain Stimulation Reward," in Daniel Kahneman, Edward Diener, and Norbert Schwarz (eds.) *Well-Being: The Foundations of Hedonic Psychology* (New York: Russell Sage, 1999) pp. 502–526.

Sigg, Hans, and Jost Falett, "Experiments on Respect of Possession and Property in Hamadryas Baboons *Papio hamadryas)*," *Animal Behaviour* 33 (1985):978–984.

Simon, Herbert, "Theories of Bounded Rationality," in C. B. McGuire and Roy Radner (eds.) *Decision and Organization* (New York: American Elsevier, 1972) pp. 161–176.

—, *Models of Bounded Rationality* (Cambridge, MA: MIT Press, 1982).

—, "A Mechanism for Social Selection and Successful Altruism," *Science* 250 (1990):1665–1668.

Skibo, James M., and R. Alexander Bentley, *Complex Systems and Archaeology* (Salt Lake City: University of Utah Press, 2003).

Sloman, S. A., "Two Systems of Reasoning," in Thomas Gilovich, Dale Griffin, and Daniel Kahneman (eds.) *Heuristics and Biases: The Psychology of Intuitive Judgment* (Cambridge: Cambridge University Press, 2002) pp. 379–396.

Smith, Adam, *The Theory of Moral Sentiments* (New York: Prometheus, 2000 [1759]).

Smith, Eric Alden, and B. Winterhalder, *Evolutionary Ecology and Human Behavior* (New York: Aldine de Gruyter, 1992).

Smith, Vernon, "Microeconomic Systems as an Experimental Science," *American Economic Review* 72 (December 1982):923–955.

Smith, Vernon, and Arlington W. Williams, "Experimental Market Economics," *Scientific American* 267,6 (December 1992):116–121.

Sonnenschein, Hugo, "Market Excess Demand Functions," *Econometrica* 40 (1972):549–563.

—, "Do Walras' Identity and Continuity Characterize the Class of Community Excess Demand Functions?" *Journal of Ecomonic Theory* 6 (1973):345–354.

Spence, A. Michael, "Job Market Signaling," *Quarterly Journal of Economics* 90 (1973):225–243.

Stake, Jeffrey Evans, "The Property Instinct," *Philosophical Transactions of the Royal Society of London B* 359 (2004):1763–1774.

Stephens, W., C. M. McLinn, and J. R. Stevens, "Discounting and Reciprocity in an Iterated Prisoner's Dilemma," *Science* 298 (13 December 2002):2216–2218.

Stevens, Elisabeth Franke, "Contests Between Bands of Feral Horses for Access to Fresh Water: The Resident Wins," *Animal Behaviour* 36,6 (1988):1851–1853.

Strotz, Robert H., "Myopia and Inconsistency in Dynamic Utility Maximization," *Review of Economic Studies* 23,3 (1955):165–180.

Sugden, Robert, *The Economics of Rights, Co-operation and Welfare* (Oxford: Basil Blackwell, 1986).

—, "An Axiomatic Foundation for Regret Theory," *Journal of Economic Theory* 60,1 (June 1993):159–180.

—, "Reference-dependent Subjective Expected Utility," *Journal of Economic Theory* 111 (2003):172–191.

Sugrue, Leo P., Gregory S. Corrado, and William T. Newsome, "Choosing the Greater of Two Goods: Neural Currencies for Valuation and Decision Making," *Nature Reviews Neuroscience* 6 (2005):363–375.

Sutton, R., and A. G. Barto, *Reinforcement Learning* (Cambridge, MA: The MIT Press, 2000).

Tajfel, Henri, "Experiments in Intercategory Discrimination," *Annual Review of Psychology* 223,5 (1970):96–102.

Tajfel, Henri, M. Billig, R.P. Bundy, and Claude Flament, "Social Categorization and Intergroup Behavior," *European Journal of Social Psychology* 1 (1971):149–177.

Tan, Tommy Chin-Chiu, and Sergio Ribeiro da Costa Werlang, "The Bayesian Foundations of Solution Concepts of Games," *Journal of Economic Theory* 45 (1988):370–391.

Taylor, Peter, and Leo Jonker, "Evolutionarily Stable Strategies and Game Dynamics," *Mathematical Biosciences* 40 (1978):145–156.

Thaler, Richard H., *The Winner's Curse* (Princeton: Princeton University Press, 1992).

Tomasello, Michael, *The Cultural Origins of Human Cognition* (Cambridge, MA: Harvard University Press, 1999).

Tooby, John, and Leda Cosmides, "The Psychological Foundations of Culture," in Jerome H. Barkow, Leda Cosmides, and John Tooby (eds.) *The Adapted Mind: Evolutionary Psychology and the Generation of Culture* (New York: Oxford University Press, 1992) pp. 19–136.

Torii, M., "Possession by Non-human Primates," *Contemporary Primatology* (1974):310–314.

Trivers, Robert L., "The Evolution of Reciprocal Altruism," *Quarterly Review of Biology* 46 (1971):35–57.

—, "Parental Investment and Sexual Selection, 1871–1971," in B. Campbell (ed.) *Sexual Selection and the Descent of Man* (Chicago: Aldine, 1972) pp. 136–179.

Turner, John C., "Social Identification and Psychological Group Formation," in Henri Tajfel (ed.) *The Social Dimension* (Cambridge, UK: Cambridge University Press, 1984) pp. 518–538.

Tversky, Amos, and Daniel Kahneman, "Judgment under Uncertainty: Heuristics and Biases," *Science* 185 (September 1974):1124–1131.

—, "The Framing of Decisions and the Psychology of Choices," *Science* 211 (January 1981):453–458.

—, "Loss Aversion in Riskless Choice: A Reference-Dependent Model," *Quarterly Journal of Economics* 106,4 (November 1981):1039–1061.

—, "Extensional versus Intuitive Reasoning: The Conjunction Fallacy in Probability Judgment," *Psychological Review* 90 (1983):293–315.

Tversky, Amos, Paul Slovic, and Daniel Kahneman, "The Causes of Preference Reversal," *American Economic Review* 80,1 (March 1990):204–217.

van Damme, Eric, *Stability and Perfection of Nash Equilibria* (Berlin: Springer-Verlag, 1987).

Vanderschraaf, Peter, and Giacomo Sillari, "Common Knowledge," in Edward N. Zalta (ed.) *The Stanford Encyclopedia of Philosophy* (plato.stanford.edu/archives/spr2007/entries/common-knowledge: Stanford Univerisity, 2007).

Varian, Hal R., "The Nonparametric Approach to Demand Analysis," *Econometrica* 50 (1982):945–972.

Vega-Redondo, Fernando, *Economics and the Theory of Games* (Cambridge: Cambridge University Press, 2003).

von Mises, Richard, *Probability, Statistics, and Truth* (New York: Dover, 1981).

Von Neumann, John, and Oskar Morgenstern, *Theory of Games and Economic Behavior* (Princeton, NJ: Princeton University Press, 1944).

Watabe, M., S. Terai, N. Hayashi, and T. Yamagishi, "Cooperation in the One-Shot Prisoner's Dilemma based on Expectations of Reciprocity," *Japanese Journal of Experimental Social Psychology* 36 (1996):183–196.

Weigel, Ronald M., "The Application of Evolutionary Models to the Study of Decisions Made by Children During Object Possession Conflicts," *Ethnology and Sociobiology* 5 (1984):229–238.

Wiessner, Polly, "Norm Enforcement Among the Ju/'hoansi Bushmen: A Case of Strong Reciprocity?" *Human Nature* 16,2 (June 2005):115–145.

Williams, J. H. G., A. Whiten, T. Suddendorf, and D. I Perrett, "Imitation, Mirror Neurons and Autism," *Neuroscience and Biobehavioral Reviews* 25 (2001):287–295.

Wilson, David Sloan, "Hunting, Sharing, and Multilevel Selection: The Tolerated Theft Model Revisited," *Current Anthropology* 39 (1998):73–97.

Wilson, David Sloan, and Edward O. Wilson, "Rethinking the Theoretical Foundation of Sociobiology," *The Quarterly Review of Biology* 82,4 (December 2007):327–348.

Wilson, E. O., and Bert Holldobler, "Eusociality: Origin and Consequences," *PNAS* 102,38 (2005):13367–71.

Wilson, Edward O., *Consilience: The Unity of Knowledge* (New York: Knopf, 1998).

Winter, Sidney G., "Satisficing, Selection and the Innovating Remnant," *Quarterly Journal of Economics* 85 (1971):237–261.

Woodburn, James, "Egalitarian Societies," *Man* 17,3 (1982):431–451.

Wright, Sewall, "Evolution in Mendelian Populations," *Genetics* 6 (1931):111–178.

Wrong, Dennis H., "The Oversocialized Conception of Man in Modern Sociology," *American Sociological Review* 26 (April 1961):183–193.

Yamagishi, Toshio, "The Provision of a Sanctioning System as a Public Good," *Journal of Personality and Social Psychology* 51 (1986):110–116.

—, "The Provision of a Sanctioning System in the United States and Japan," *Social Psychology Quarterly* 51,3 (1988):265–271.

—, "Seriousness of Social Dilemmas and the Provision of a Sanctioning System," *Social Psychology Quarterly* 51,1 (1988):32–42.

—, "Group Size and the Provision of a Sanctioning System in a Social Dilemma," in W. B. G. Liebrand, David M. Messick, and H. A. M. Wilke (eds.) *Social Dilemmas: Theoretical Issues and Research Findings* (Oxford: Pergamon Press, 1992) pp. 267–287.

Yamagishi, Toshio, N. Jin, and Toko Kiyonari, "Bounded Generalized Reciprocity: In-group Boasting and In-group Favoritism," *Advances in Group Processes* 16 (1999):161–197.

Young, H. Peyton, *Individual Strategy and Social Structure: An Evolutionary Theory of Institutions* (Princeton, NJ: Princeton University Press, 1998).

Zajonc, R. B., "Feeling and Thinking: Preferences Need No Inferences," *American Psychologist* 35,2 (1980):151–175.

Zajonc, Robert B., "On the Primacy of Affect," *American Psychologist* 39 (1984):117–123.

Zambrano, Eduardo, "Testable Implications of Subjective Expected Utility Theory," *Games and Economic Behavior* 53,2 (2005):262–268.

图书在版编目(CIP)数据

理性的边界:博弈论与各门行为科学的统一/ 金迪斯(Gintis，H.)著;董志强译.—上海:格致出版社:上海人民出版社,2010(2022.2 重印)
(当代经济学系列丛书/当代经济学教学参考书系)
书名原文:The Bounds of Reason：Game Theory and the Unification of the Behavioral Sciences
ISBN 978 - 7 - 5432 - 1851 - 2

Ⅰ. ①理…　Ⅱ. ①金…　②董…　Ⅲ. ①对策论-研究
②行为科学-研究　Ⅳ. ①O225　②C

中国版本图书馆 CIP 数据核字(2010)第 213630 号

责任编辑　忻雁翔
装帧设计　敬人设计工作室
　　　　　　吕敬人

理性的边界
——博弈论与各门行为科学的统一

[美]赫伯特·金迪斯　著
董志强　译

出　　版　格致出版社
　　　　　上海三联书店
　　　　　上海人民出版社
　　　　　(201101　上海市闵行区号景路 159 弄 C 座)
发　　行　上海人民出版社发行中心
印　　刷　浙江临安曙光印务有限公司
开　　本　787×1092　1/16
印　　张　14.75
插　　页　3
字　　数　287,000
版　　次　2011 年 4 月第 1 版
印　　次　2022 年 2 月第 4 次印刷
ISBN 978 - 7 - 5432 - 1851 - 2/F · 341
定　　价　58.00 元

上海市版权局著作权合同登记号　图字 09-2009-652